·高等学校计算机基础教育教材精选·

界面设计与Visual Basic
（第3版）

崔武子　齐华山　主编

于宁　李红豫　孙力红　编著

清华大学出版社

北京

内 容 简 介

本书是以 Visual Basic 程序设计零起点读者作为主要对象的程序设计教材,2004 年 8 月和 2009 年 12 月分别出版了第 1 版和第 2 版(均被评为北京高等教育精品教材),本次再版进一步强化了编程能力并提高了趣味性。

全书选用趣味性、针对性强的例题组织所有内容,并将语法介绍和控件使用融为一体,克服了语法知识的枯燥性。全书共分 9 章,分别是 Visual Basic 概述(使用窗体、标签等)、顺序结构程序设计(使用图像框、多窗体等)、分支结构程序设计(使用单选按钮、形状等)、循环结构程序设计(使用 Pset 等)、过程(使用标准模块等)、数组(使用控件数组、列表框等)、文件(使用文件系统控件等)、菜单设计(使用 ActiveX 等)及访问数据库(使用 ADO 等)。全书各章内容分成基础部分和提高部分,并在各章首部提供本章例题的知识要点;每章增设"贯穿实例"和上机训练;通过具体实例分阶段介绍调试程序的方法;提供对象、基本语法的特殊索引、上机考试样题、单号习题答案;配备电子教案和源代码等素材。

本书是高等院校 Visual Basic 程序设计课程的教材,也可作为自学者的指导书。

图书在版编目(CIP)数据

界面设计与 Visual Basic/崔武子,齐华山主编. —3 版. —北京:清华大学出版社,2014(2019.3 重印)
高等学校计算机基础教育教材精选
ISBN 978-7-302-37450-3

Ⅰ. ①界… Ⅱ. ①崔… ②齐… Ⅲ. ①BASIC 语言-程序设计-高等学校-教材 Ⅳ. ①TP312

中国版本图书馆 CIP 数据核字(2014)第 170687 号

责任编辑:谢 琛
封面设计:傅瑞学
责任校对:梁 毅
责任印制:刘祎淼

出版发行:清华大学出版社
   网 址:http://www.tup.com.cn,http://www.wqbook.com
   地 址:北京清华大学学研大厦 A 座   邮 编:100084
   社 总 机:010-62770175   邮 购:010-62786544
   投稿与读者服务:010-62776969,c-service@tup.tsinghua.edu.cn
   质量反馈:010-62772015,zhiliang@tup.tsinghua.edu.cn
   课件下载:http://www.tup.com.cn,010-62795954
印 装 者:北京九州迅驰传媒文化有限公司
经 销:全国新华书店
开 本:185mm×260mm   印 张:22.75   字 数:564 千字
版 次:2004 年 8 月第 1 版 2014 年 12 月第 3 版 印 次:2019 年 3 月第 4 次印刷
定 价:39.50 元

产品编号:054625-01

出版说明

在教育部关于高等学校计算机基础教育三层次方案的指导下,我国高等学校的计算机基础教育事业蓬勃发展。经过多年的教学改革与实践,全国很多学校在计算机基础教育这一领域中积累了大量宝贵的经验,取得了许多可喜的成果。

随着科教兴国战略的实施以及社会信息化进程的加快,目前我国的高等教育事业正面临着新的发展机遇,但同时也必须面对新的挑战。这些都对高等学校的计算机基础教育提出了更高的要求。为了适应教学改革的需要,进一步推动我国高等学校计算机基础教育事业的发展,我们在全国各高等学校精心挖掘和遴选了一批经过教学实践检验的优秀的教学成果,编辑出版了这套教材。教材的选题范围涵盖了计算机基础教育的三个层次,包括面向各高校开设的计算机必修课、选修课以及与各类专业相结合的计算机课程。

为了保证出版质量,同时更好地适应教学需求,本套教材将采取开放的体系和滚动出版的方式(即成熟一本、出版一本,并保持不断更新),坚持宁缺毋滥的原则,力求反映我国高等学校计算机基础教育的最新成果,使本套丛书无论在技术质量上还是文字质量上均成为真正的"精选"。

清华大学出版社一直致力于计算机教育用书的出版工作,在计算机基础教育领域出版了许多优秀的教材。本套教材的出版将进一步丰富和扩大我社在这一领域的选题范围、层次和深度,以适应高校计算机基础教育课程层次化、多样化的趋势,从而更好地满足各学校由于条件、师资和生源水平、专业领域等的差异而产生的不同需求。我们热切期望全国广大教师能够积极参与到本套丛书的编写工作中来,把自己的教学成果与全国的同行们分享;同时也欢迎广大读者对本套教材提出宝贵意见,以便我们改进工作,为读者提供更好的服务。

我们的电子邮件地址是 xiech@tup.tsinghua.edu.cn。联系人:谢琛。

清华大学出版社

前言

学习 Visual Basic 的目的是利用其可视化的编程工具,开发应用程序。为此需要做两方面的工作:设计用户界面和编写程序代码。由于设计界面相对容易,因此开发 Visual Basic 应用程序的关键是如何编写能够实现相应功能的程序代码。

本书 2004 年 8 月和 2009 年 12 月分别出版了第 1 版和第 2 版,均被评为北京高等教育精品教材,本次再版进一步强化了编程能力并提高了趣味性。

本书采用独特、灵活的内容组织形式,深入浅出地介绍了界面设计和代码编写的思想方法,在着力增加趣味性的前提下,强化本课程的实践性,达到事半功倍的教学效果。目前,许多高等院校将《Visual Basic 程序设计》作为第一门程序设计课程,本书是作者在围绕"教师方便教,学生容易学"为主题,开展一系列的探索与实践活动后,以零起点读者作为主要对象编写的程序设计教材,因此可作为高等院校,尤其是应用性本科的教材,也可作为自学者的指导书。

本书特点:

(1) 每章内容分成基础部分和提高部分。将常用对象的属性、事件、方法以及语法知识等必须掌握的内容放在基础部分中;将具有扩展性和提高性的内容安排在提高部分中。通过基础部分的学习,掌握常用对象的使用方法和基本语法,初步建立可视化程序设计的思维方式,具备编写一般应用程序的能力。提高部分可根据学生能力或课时安排等因素自主选学,但其不影响后续章节的学习。

(2) 所有教学内容组织成例题。根据知识要点精心编写例题,提供大量、有趣的规范化程序。通过对例题的分析和讲解,强化语法知识、归纳对象的使用特点。

(3) 涉及算法的例题增设编程点拨。针对学生"设计界面易,编写代码难"的情况,书中凡涉及算法的例题,在给出其代码之前,都增设了编程点拨。

(4) 分阶段介绍调试方法。为了培养学生调试程序、排除错误的能力,教材分阶段通过具体例题介绍了调试程序的方法。

(5) 提供贯穿整个教学过程的实例。本书以"小型书店图书管理系统"为实例,按章节对系统提出设计要求,并随着各章的学习,由浅入深,逐步完善整个系统。通过对贯穿实例的学习,不但可以巩固本章所学内容,而且训练学生的综合设计能力,培养严谨的设计思维。

(6) 习题形式新颖,提供单号习题答案。与教材内容相对应,各章习题也分为基础和提高两部分。为了逐步提高学生的编程能力,精心编写了形式新颖的习题,并提供单号习题答案,以方便学生自测和教师布置作业。

(7) 配备课件。提供包括电子教案、全部例题代码及习题可执行文件在内的学习资料。为了减轻教师备课负担,本教材将基础部分中的所有内容制作成生动的电子教案。通过运行习题的可执行文件,使读者在着手做题前充分了解习题的功能要求与运行效果。

(8) 在各章开头提供本章例题的知识要点列表;在各章末尾提供上机训练环节,每道训练题均包含题目、目标、步骤、提示和扩展等模块;在附录中提供对象、基本语法的特殊形式索引、上机考试样题。

使用建议:

(1) 必学基础部分。基础部分是学生必须掌握的知识,但在教学过程中教师可将部分例题留给学生自学。

(2) 选学提高部分。书中的提高部分是为了帮助读者更上一层楼,教师可以根据实际情况,选择其中部分内容进行介绍。为了提高学生的上机编程和调试能力,建议教师指导学生学习其中的"贯穿实例"。

(3) 上机训练中提供的步骤和提示仅供参考,有余力的学生应继续完成扩展功能。

(4) 单、双号习题成对做。单号习题提供参考答案,双号习题则在类型上与前一单号习题相同,知识点也接近。基础部分中提供的习题都是最基本的,题量也不多,建议读者全部完成,提高部分中的习题可根据情况选做。

本书中的所有程序均在 Visual Basic 6.0 版本下运行通过。

全书由崔武子、齐华山主编和统稿,于宁、李红豫和孙力红参加了部分内容的编写。

在使用前两版教材和编写第 3 版的过程中,得到了多年共同参加精品课程建设的全体团队成员的大力支持和帮助,在此表示衷心的感谢。

限于作者水平,书中难免有错误和疏漏之处,恳请读者批评和指正。

作　者
2014 年 3 月

本书特点

1. 全书所有教学内容组织成例题,将语法介绍和控件使用融为一体,克服了语法知识的枯燥性,分散难点,使学生在学习有趣的例题中,学习语法、了解对象的使用方法;

2. 每章内容分成基础部分和提高部分,有利于分层教学,缓解课时紧张问题;

3. 为涉及算法的例题增设编程点拨;

4. 通过具体例题分阶段介绍调试方法;

5. 本书增设具有连续拓展性的贯穿实例。根据各章所学内容,对同一实例逐步提高设计要求,并最终实现具有较强实用性的图书管理系统;

6. 每章增设上机训练,其中包括基本功能、目标、步骤及功能扩展等要求;

7. 每章首部提供各例题的知识要点,在附录中提供对象、基本语法的特殊形式的索引、上机考试样题和单号习题答案;

8. 配备课件,该课件包括电子教案、全书所有例题的代码以及习题的可执行文件。

目录

第 1 章 Visual Basic 概述

本章内容

基础部分：

- Visual Basic 的概念、特点及 VB 集成开发环境简介。
- 设计 Visual Basic 程序的基本步骤。
- 对象的属性、事件和方法。
- 窗体、命令按钮和标签等控件的简单使用。

提高部分：

- Visual Basic 集成开发环境的进一步介绍。
- 对象和类的概念，对象的属性、事件和方法的进一步讨论。
- 贯穿实例。

各例题知识要点

例 1.1　Visual Basic 集成开发环境，窗体和命令按钮，Print 方法。
例 1.2　标签，Cls 方法，设计 Visual Basic 程序的基本步骤。
例 1.3　Enabled、Visible 属性，Load、MouseMove 事件，End 语句，添加注释。
贯穿实例：书店图书管理系统(1)。

1.1　什么是 Visual Basic

　　要使计算机能够按照人的意志去实现某些功能，人就必须要与计算机进行信息交换，这就需要语言工具，将这种语言称为计算机语言。用计算机语言编写的代码称为程序。

　　最初，计算机中使用的是用二进制代码表达的语言——机器语言，后来又采用了与机器语言相对应、借助于助记符表达的语言——汇编语言(上述两种语言都称为低级语言)。

由于用低级语言编写的程序代码很长,又依赖于具体的计算机,因此编码、调试和阅读程序都很困难,通用性也差,所以人们又开始使用更接近于人类自然语言的表达语言——高级语言,BASIC 语言就是其中的一种。用高级语言编写的程序,功能强大、可读性强。但早期的高级语言采用面向过程的程序设计方法,这种编程方法要求编程者必须详细指出每一时刻计算机所要执行的任务以及完成该任务的具体操作步骤。也就是说,编程者必须编写出符合语法规则且逻辑结构严谨的程序代码,这无疑给编程人员提出了很高的专业要求。另一方面,由于在这种编程方法中代码和数据是分离的,因而增加了程序的调试难度,降低了程序的可维护性。这就推动了面向对象语言的发展,Visual Basic 便是其中之一。

Visual Basic 即可视化 BASIC 语言,简称 VB,它既保留了 BASIC 语言简单和易用的特点,又扩充了可视化设计的工具,因此使用 Visual Basic 可以轻松地设计出界面美观、使用方便和功能强大的应用程序。

1.2　设计 Visual Basic 程序的步骤

下面从简单的例子出发,学习开发 VB 程序。

【例 1.1】　在窗体上添加 1 个命令按钮。程序运行时,单击窗体,在窗体上显示"漫游 Visual Basic 世界";单击"确定"按钮时,则显示"祝你 VB 旅途愉快!"。运行结果如图 1-1 所示。

图 1-1　例 1.1 的运行结果

【解】　第 1 步:启动 Visual Basic。

启动 Visual Basic 系统的方法是:在 Windows 的【开始】菜单下,依次选择【程序】|【Microsoft Visual Basic 6.0 中文版】|【Microsoft Visual Basic 6.0 中文版】,在弹出的【新建工程】对话框中,选择【新建】选项卡中的【标准 EXE】图标,并单击【打开】按钮,便进入了 VB 集成开发环境,如图 1-2 所示。

在 VB 集成开发环境中,新建一个工程就是新建一个完整的应用程序,它包含了程序运行时所需的全部信息。

在 Visual Basic 6.0 的集成开发环境中,除了具有与 Windows 窗体风格相一致的标题栏、菜单栏等标准组成部分外,还有窗体设计器、工程资源管理器、工具箱、对象属性窗口、立即窗口和窗体布局窗口等开发工具。此外,在实际开发过程中还可以根据不同需要,通过【视图】菜单打开或关闭其他工具或窗口,如调色板、监视窗口等。下面仅就常用工具进行简单介绍,更详细的内容将在 1.4.1 节中介绍。

(1) 窗体设计器。所谓窗体,就是程序运行时显示在屏幕上的图形界面,即 Windows 系统中所说的"窗口"。而窗体设计器就是程序开发人员设计、构造这些程序窗口的场所。开发人员按照设计需要,将工具箱中以图标形式存在的工具(VB 中称为控件)一一摆放到窗体设计器中,并对这些控件的位置、大小及外观等特征属性进行必要的设置和修改,直至达到满意的显示效果为止。一个工程中可包含多个窗体,每个窗体都拥有自己的窗

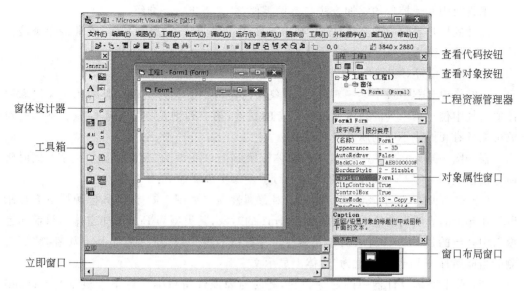

图 1-2　VB 集成开发环境

体设计器。窗体就是一个容器,其上可以放置其他控件。

（2）工具箱。工具箱中包含了设计窗体所需的常用工具,即控件,这些控件属于标准控件。用户还可以根据需要向工具箱内添加其他扩展的工具(参见 1.4.1 节)。

（3）工程资源管理器。简称工程管理器,其作用类似于 Windows 中的资源管理器,以树型结构列出程序中所包含的所有工程、窗体及模块等。

（4）对象属性窗口。窗体和窗体上的控件统称为对象,每一对象都具有多种属性,通过设置其属性值来描述对象的特性和外观。对象属性窗口就是以列表的形式显示一个对象的相关属性及属性值,设计人员可以在设计阶段通过此窗口设置或修改各对象的属性值。

（5）【查看代码】按钮和【查看对象】按钮。设计一个 VB 应用程序,通常需要同时完成两方面的任务,即在对象窗口中设计用户界面和在代码窗口中编写程序代码。通过【查看代码】按钮和【查看对象】按钮可以快速地在代码窗口和对象窗口之间进行切换。

第 2 步:设计用户界面。

从图 1-1 中可以看到,程序运行时窗体上有一个命令按钮。在窗体上添加命令按钮的方法是:单击工具箱中的命令按钮图标，然后在窗体设计器中按下鼠标并进行拖动,当拖曳出的命令按钮大小满足要求后释放鼠标即可。此外,通过双击工具箱中的命令按钮图标也可以快捷地在窗体中央添加一个命令按钮。

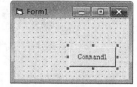

图 1-3　选中命令按钮

单击窗体设计器中的命令按钮,其四周出现控制柄(如图 1-3 所示),表明该按钮已处于"选中"状态,此时用鼠标拖动某控制柄可以改变其大小和形状,用鼠标直接拖动该按钮则可调整其位置。注意,在设置或修改对象前必须要先选中该对象,也称"激活对象"。

工具箱中其他控件的添加方法与本例类似,此后不再一一介绍。

设计的用户界面应做到简洁、美观,同时还应兼顾用户的操作习惯,通常将命令按钮放在窗体的右下方。

第3步:设置对象属性。

在窗体设计器中选中某一对象后,对象属性窗口中就会列出该对象的相关属性和属性值。其中位于第一列的是该对象所具有的属性,第二列则是相应的属性值。不同的对象可能具有相同或不同的属性及属性值。

根据图1-1所示,应将图1-3中的窗体标题Form1更改为"窗体上显示文字",同时将命令按钮上的文字Command1更改为"确定"。操作步骤如下:

(1) 单击窗体,选中该窗体。此时的对象属性窗口如图1-4所示,其标题栏下方显示Form1 Form,表明当前选中的是名为Form1的对象,其类型为Form,即窗体。目前属性窗口中列出的是Form1对象的相关属性。在窗口的第一列中找到Caption属性,将其右侧的当前属性值Form1修改为"窗体上显示文字"。

(2) 单击窗体设计器中的命令按钮,此时对象属性窗口标题栏下方显示Command1 CommandButton,表明当前选中的是名为Command1的对象,其类型为CommandButton,即命令按钮。在对象属性窗口中找到Caption属性,将其属性值修改为"确定"。

在创建一个对象时,系统将为其大多数属性提供默认值。一般情况下,设计者只需对其中的部分属性进行必要的设置或修改即可。

第4步:运行程序。

虽然当前仅完成窗体界面的搭建,但该工程已经可以运行了。

单击工具栏中的【启动】按钮 ▶ ,运行该程序,显示如图1-5所示的窗口,但单击窗体或命令按钮时,程序没有任何反应,这是因为还没有编写相应的程序代码。单击工具栏中的【结束】按钮 ■ ,停止工程运行。

图1-4 对象属性窗口

图1-5 程序运行状态

第5步:编写代码。

(1) 编写程序代码,实现单击窗体时的功能。

编写程序代码,需要在代码窗口中完成。双击窗体或单击【查看代码】按钮可以进入当前窗体所对应的代码窗口,其标题栏下有两个列表框。当鼠标停置于左侧的对象框时,出现提示信息"对象",如图1-6所示,单击对象框右侧的下拉箭头,其中列出了窗体及窗体中所包含的所有对象名称,如图 1-7 所示,其中 Command1 是命令按钮,Form 是窗体。当鼠标停置于右侧的事件框时,出现提示信息"过程",单击其右侧的下拉箭头,其中列出了对象框当前所选对象所能识别的所有事件,如图 1-8 所示。

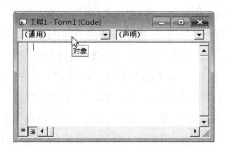

图 1-6　代码窗口

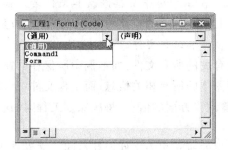

图 1-7　对象框

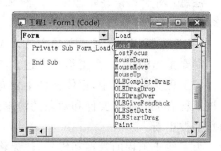

图 1-8　事件框

在对象框和事件框的下面是编写代码的代码区。

为了实现单击窗体时的程序功能,在对象框中选择"Form",在事件框中选择"Click",此时代码区中出现如下过程框架:

```
Private Sub Form_Click()

End Sub
```

在框架内添加代码如下:

```
Private Sub Form_Click()
    Print "漫游 Visual Basic 世界"
End Sub
```

其中新加语句的作用是在窗体上输出"漫游 Visual Basic 世界"。

再次运行程序并单击窗体,可以验证代码的正确性。

(2) 编写程序代码,实现单击命令按钮时的功能。

在代码窗口的对象框中选择"Command1",在事件框中选择"Click",此时代码区中又出现新的过程框架:

```
Private Sub Command1_Click()
```

End Sub

在框架中添加语句 Print "祝你 VB 旅途愉快!",就可以实现单击命令按钮时的功能。

第 6 步:保存程序。

保存程序时必须分别保存窗体文件和工程文件,具体步骤是:

(1) 保存窗体。在工程资源管理器中,单击选中 Form1(Form1)后,执行菜单命令【文件】|【保存 Form1】,在弹出的【文件另存为】对话框中指定保存位置为"D:\MyVB",文件名为 frmEx1_1(默认扩展名为 frm),然后单击【保存】按钮。

(2) 保存工程。执行【文件】|【保存工程】命令,在弹出的【工程另存为】对话框中指定工程文件名为 prjEx1_1(默认扩展名为 vbp),保存位置仍是"D:\MyVB"。

在程序的设计和修改过程中,应随时对已经完成的任务加以保存。如果不是首次保存,则可以直接单击工具栏中的【保存】按钮。

注意:对于已保存的窗体或工程文件,不能在 Windows 中直接修改其文件名。如需重命名,必须在 VB 中再次打开该工程,然后通过执行【文件】菜单中的【窗体另存为】和【工程另存为】命令,分别以新的文件名保存相应窗体和工程文件。

需要指出的是,一个工程中应包含与该工程有关的所有文件,如本例中所保存的窗体文件和工程文件。其中,窗体文件中含有构成该窗体的所有相关信息;而工程文件中含有与该工程有关的所有文件和对象的清单以及环境设置方面的信息,每次保存工程时,这些信息都被更新。

为了便于工程的管理和维护,建议将同一工程的所有相关文件保存在同一文件夹中。

第 7 步:退出 Visual Basic。

执行【文件】|【退出】命令,或单击集成环境中右上角的▣按钮都可关闭程序,退出 Visual Basic 6.0。

程序说明:

(1) 用 VB 开发一个项目,其主要任务就是设计用户界面和编写程序代码。

(2) VB 中的所有对象,如窗体、命令按钮等都有自己的属性。窗体的常用属性有:(名称)、Caption、ControlBox、Font、MaxButton、MinButton、Picture 等;命令按钮的常用属性有:(名称)、Caption、Enabled、Font、Visible 等。关于属性的进一步讨论参见 1.4.3 节。设置对象属性时一定要先选中该对象(如单击命令按钮),然后在属性窗口中选择相应的属性名(如 Caption),以修改其具体的属性值(如"确定")。

(3) 实现功能的语句必须书写在合适的位置。

在 VB 中,将发生在一个对象上且能被该对象所识别的动作称为事件。例如,鼠标单击命令按钮时,就会产生该命令按钮的 Click 事件。而对于 VB 中的每个控件或窗体,系统都已为其提供了预定义事件集。

当一个对象发生了某一事件后,所要执行的代码称为该对象的这一事件过程。

与 C 语言等其他高级语言不同,VB 采用的是事件驱动的运行机制。在程序运行过程中,一旦系统识别出在某个对象上发生了某个事件,系统就会立即在代码窗口中搜索是否存在该对象的这一事件过程,若存在,则执行该过程中的代码。鉴于 VB 的这一运行特点,在编写程序代码时首先要明确的问题就是应将实现功能的操作代码书写在什么位置,即写在哪个对象的哪个事件过程中。具体步骤是：第一，在代码窗口的对象框中选定对象（即确定对哪个对象进行操作）；第二，在事件框中选定事件（即确定对该对象执行何种操作）；第三，在自动生成的事件过程框架中编写程序代码（即实现具体功能）。以本例中的题目要求为例，单击命令按钮时，要在窗体上输出"祝你 VB 旅途愉快！"，为此在对象框中选定 Command1，在事件框中选定 Click 事件，编写事件过程代码如下：

```
Private Sub Command1_Click()
    Print "祝你 VB 旅途愉快!"
End Sub
```

在语句 Print "祝你 VB 旅途愉快！"中，Print 是窗体的输出方法。与事件相似，VB中的每一个对象都具有自己的方法集，一个方法实现一个具体的功能。在使用这些方法时并不需要了解功能是如何被实现的，而只需知道其调用格式即可。程序中通过调用Print 方法来实现窗体的输出动作。有关方法的进一步讨论参见 1.4.3 节。

（4）命令按钮还可以制作成图形形式（参见训练题 1.1）。通过设置命令按钮的 Style属性和 Picture 属性实现。此外，通过设置 ToolTipText 属性还可以为命令按钮指定功能提示信息，当鼠标停留在该命令按钮上时自动显示功能提示信息。

（5）为了提高程序的可读性，在编写程序代码时建议采用如下缩进格式。

```
Private Sub cmdFirst_Click()
    Dim i As Integer, j As Integer
    For i=1 To 10
        For j=1 To 10
            Print "*";
        Next j
        Print
    Next i
End Sub
```

功能强大的程序其编码量相应也会增加，各语句间的层次、嵌套关系错综复杂。采用上述逐层缩进形式，能使语句间的层次、包含关系一目了然，不仅有助于阅读和理解程序，而且便于日后的调试和纠错。本书代码均采用规范格式，以供学习效仿。

（6）鉴于 VB 的运行特点，在编写代码时可采取"逐过程编写、逐过程测试"的方法及时对已完成的编码进行测试。

本例中，在编写完成窗体的单击事件过程后，便可运行程序以测试该过程代码是否正确。运行程序并单击窗体，窗体上显示"漫游 Visual Basic 世界"，验证了代码的正确性。接下来，继续编写命令按钮的单击事件过程。随后再次运行程序并单击命令按钮，测试新编代码的正确性。

由于本例功能简单，在测试时仅需考虑单击窗体和单击按钮这两种操作情况就可以了。但随着所学知识的不断丰富，开发出来的程序将愈加复杂。此时对程序的测试就要考虑全面，应该对程序运行时所有可能出现的情况加以分析，有针对性地选取测试用例，直到程序通过了所有测试，达到了预期的全部功能为止。绝不能只测试了部分功能就主观地判定整个程序的正确性。

【例 1.2】 在窗体上添加 1 个标签和 2 个命令按钮,要求窗体无最大、最小化按钮,且标签为黄色背景。程序运行时,单击"显示"按钮,在窗体上显示"漫游 Visual Basic 世界",同时在标签中显示"祝你 VB 旅途愉快!",如图 1-9 所示;单击"清除"按钮时,清空窗体和标签中的内容,如图 1-10 所示。

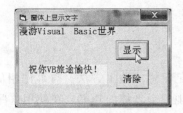

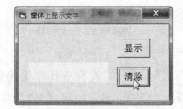

图 1-9　单击"显示"按钮后的运行结果　　　　图 1-10　单击"清除"按钮后的运行结果

【解】 在 VB 集成环境中,执行【文件】|【新建工程】命令,并在弹出的【新建工程】对话框中选择【标准 EXE】后,单击【确定】按钮即可建立新的工程。

第 1 步:设计界面。

在窗体上添加 1 个标签和 2 个命令按钮,如图 1-11 所示。"标签"在工具箱中的图标为 **A** 。标签控件常用于显示数据。

第 2 步:设置对象属性。

(1) 选中窗体,在属性窗口中设置窗体的如下属性:

将"(名称)"属性设置为 frmEx1_2;

将 Caption 属性设置为"窗体上显示文字";

将 MaxButton 属性设置为 False(作用:窗体右上角没有最大化按钮);

图 1-11　例 1.2 的初始窗体界面

将 MinButton 属性设置为 False(作用:窗体右上角没有最小化按钮);

(2) 选中 Command1 命令按钮,在属性窗口中设置其如下属性:

将"(名称)"属性设置为 cmdShow。

将 Caption 属性设置为"显示";

(3) 选中 Command2 命令按钮,在属性窗口中设置其如下属性:

将"(名称)"属性设置为 cmdClear;

将 Caption 属性设置为"清除"。

VB 中的窗体和控件都具有"(名称)"属性,它是编写代码时为引用一个对象而使用的标识名称,一定要注意该属性与 Caption 属性的区别。对象的 Caption 属性通常是显示在该对象上的提示性内容,运行程序时用户根据其内容可以区分各对象;而"(名称)"属性只在代码中才会出现,运行程序时用户是看不到的,该属性用于使程序识别各对象。简单地说,Caption 属性是提供给运行程序的人员使用,而"(名称)"属性则是用于给编程的人员使用。

为了直观地反映出一个控件的类型和功能,控件的名称通常由两部分构成。其中第一部分表示控件的类型,也称"控件前缀";第二部分表示控件的功能。以本例题中的"显示"按钮为例,其名称为 cmdShow,其中 cmd 表示控件的类型为命令按钮,Show(第一个字母一般采用大写)表示该按钮的功能为显示。建议在今后的程序设计中均采用上述控件命名规则。附录 B 中给出了系统推荐使用的常用控件前缀。

(4) 选中 Label1 标签,在对象属性窗口中设置其如下属性:

将"(名称)"属性设置为 lblShow;

将 Caption 属性设置为空(即删除原有的默认属性值);

将 BackColor 属性设置为黄色(选中 BackColor 属性,单击属性值右侧的 ▼ 按钮,并在下拉对话框的【调色板】选项卡中单击"黄色"色块即可)。

本书中,所有例题的窗体和工程的"(名称)"属性都采用下述命名方法:在该例题号前添加 frmEx 命名窗体,添加 prjEx 命名工程。例如,在例 1.2 中将窗体的"(名称)"属性设置为 frmEx1_2。为了节省篇幅,在以后的例题中不再列举此属性值。

第 3 步:编写代码并运行。

(1) 编写"显示"命令按钮的"单击"事件过程。

切换到代码窗口,在对象框中选择 cmdShow,事件框中选择 Click 事件,并在自动生成的过程框架中编写如下代码:

```
Private Sub cmdShow_Click()
    Print "漫游 Visual  Basic 世界"
    lblShow.Caption="祝你 VB 旅途愉快!"
End Sub
```

语句 lblShow.Caption="祝你 VB 旅途愉快!"的作用是把标签的 Caption 属性值设为"祝你 VB 旅途愉快!",即在标签中显示文字"祝你 VB 旅途愉快!"。在 VB 中,绝大多数的控件属性既可以在对象属性窗口中设置,也可以在代码中设置,但有些控件的个别属性却只能在属性窗口或代码中设置。

(2) 编写"清除"命令按钮的"单击"事件过程。

在窗体设计器中双击"清除"命令按钮可以直接切换到代码窗口,且系统会自动生成所需事件过程的代码框架。编写"清除"按钮的"单击"事件过程如下:

```
Private Sub cmdClear_Click()
    Cls
    lblShow.Caption=""
End Sub
```

与 Print 一样,Cls 也是窗体的一个方法,其功能是清除窗体上用 Print 方法输出的文本。语句 lblShow.Caption=""的功能是将名称为 lblShow 的标签内容置空。在 VB 中,""表示空字符串。

至此,已完成本例题所要求的全部功能,单击工具栏中的【运行】按钮即可得到正确的运行结果。

第 4 步:产生可执行程序。

当完成一个 VB 程序的测试与调试,并达到预期目标后,可以进一步将该工程编译为能够脱离 VB 环境而独立运行的可执行程序(EXE 文件)。具体方法是:执行【文件】|【生成 prjEx1_2.exe】命令,在弹出的【生成工程】对话框中指定程序的存储位置和文件名。

退出 VB 环境,在 Windows 资源管理器中找到刚刚生成的可执行程序,双击该文件名即可运行。

程序说明:

(1) 对象的大多数属性不仅能在窗体设计阶段通过对象属性窗口进行设置,还可以通过代码进行设置。在程序代码中设置对象属性的语句格式为:

[对象名.]属性名=属性值

本书中"[ ]"表示其中的内容可以省略。省略"对象名"时,系统默认对象名为当前窗体。

(2) 调用对象的一个方法,实际上就是调用系统提供的一个特殊过程(参见第 5 章)。用户只需事先知道该方法的具体功能并按照一定的调用格式去调用即可,而无须了解它的具体实现步骤。方法只能在代码中调用,其调用格式为:

[对象名.]方法名　[参数表]

在 cmdShow_Click 事件过程中,语句 Print "漫游 Visual Basic 世界"表示调用 Print 方法在窗体中输出字符串"漫游 Visual Basic 世界"。语句中作为参数出现的字符串"漫游 Visual Basic 世界"指定了调用 Print 方法时所需输出的具体内容。而在 cmdClear_Click 事件过程中,通过调用 Cls 方法来清除窗体上此前由 Print 方法所输出的全部文本,Cls 方法不需要参数。

(3) 注意区分属性赋值与方法调用的语句格式。

属性赋值:[对象名.]属性名=属性值
方法调用:[对象名.]方法　　[参数表]

当在程序代码中通过语句给对象属性赋值时,必须给出确定的属性值,并且通过赋值运算符=将属性值赋予对象的相应属性(有关赋值运算符参见 2.3 节);而在调用对象的方法时,参数表不是必选项,有些方法不需要参数,并且在方法名和参数表之间必须使用空格加以分隔。

(4) 通常情况下,显示在窗体上的鼠标指针是一个白色箭头。通过设置对象的 MousePointer 属性和 MouseIcon 属性可以改变鼠标在对象上停留或经过时的指针形状(参见训练题 1.1)。

从例 1.1 和例 1.2 可以看出,设计 Visual Basic 程序的一般操作步骤如下:

第 1 步:设计用户界面的布局。利用工具箱中的控件,设计出满足用户操作需要的初始程序界面。

第 2 步:设置对象属性。完成界面布局的设计后,还需要通过对象属性窗口分别对窗体及窗体上的控件进行属性设置,以使用户界面达到满意的显示效果。需要说明的是,此时设计完成的窗体即为程序运行时窗体的最初显示效果。程序运行时往往会因用户的某些操作而引发执行相应的事件过程,从而改变窗体的显示内容,甚至改变窗体的布局等。

第3步：编写程序代码。为了使程序运行时能够对用户的操作做出反应，接下来就需在代码窗口中编写相应的事件过程。对象可以识别多种事件，但编程人员只需要编写对用户的操作有所反应的那些相关事件过程。在编写代码时，必须要明确两件事，一是如何用具体的 VB 语句实现指定的功能，二是实现这些功能的语句应写在哪个对象的哪个事件过程中。

第4步：保存窗体和工程。在程序设计和修改的过程中，应随时对已经完成的任务加以保存。

第5步：测试和调试程序。通过以上步骤设计程序后，还应根据题目要求，客观、全面地测试程序，尽可能发现程序中存在的错误及不足，通过调试程序快速、准确地定位错误并加以修改或完善。正是在这种反复的测试和修改中才能使程序最终达到满意的运行结果。

当确信程序正确无误后，可将程序编译成可执行程序，以使其脱离 VB 环境而独立运行。

例 1.3 是参照以上操作步骤编写的一个应用程序。

【例 1.3】 在窗体上添加 1 个标签和 2 个命令按钮。要求标签的边框下凹，其上居中显示文字"你一来我就走"。程序运行时，"显示"命令按钮处于不可用状态，如图 1-12 所示；当鼠标移动到标签上时，标签消失，同时"显示"按钮变为可用状态，如图 1-13 所示；单击"显示"按钮时标签重现，而"显示"按钮又处于不可用状态；单击"退出"按钮，结束整个程序的运行。

图 1-12　运行程序时的初始界面　　　　图 1-13　鼠标移动到标签上时的程序界面

【解】 按题目要求在窗体上添加 1 个标签和 2 个命令按钮并按照表 1-1 给出的内容设置各对象的属性。

表 1-1　例 1.3 对象的属性值

对　　象	属 性 名	属 性 值	作　　用
窗体	Caption	标签与命令按钮	窗体的标题
标签	（名称）	lblHide	标签的名称
	Alignment	2-Center	文字对齐方式（居中）
	BorderStyle	1-Fixed Single	边框样式（边界下凹）
	Caption	你一来我就走	标签上显示的文字
	Font	宋体、三号	设置字体、字号、字形等

对　象	属性名	属性值	作　用
命令按钮 1	（名称）	cmdDisplay	命令按钮的名称
	Caption	显示	命令按钮上显示的文字
	Font	宋体、四号	设置字体、字号、字形等
命令按钮 2	（名称）	cmdExit	命令按钮的名称
	Caption	退出	命令按钮上显示的文字
	Font	宋体、四号	设置字体、字号、字形等

程序代码如下：

```
Private Sub Form_Load()
    cmdDisplay.Enabled=False           '使"显示"按钮处于不可用状态
End Sub


Private Sub lblHide_MouseMove(Button As Integer, Shift As Integer, X As Single, Y
As Single)
    lblHide.Visible=False              '使标签处于不可见状态,即隐藏标签
    cmdDisplay.Enabled=True            '使"显示"按钮处于可用状态
End Sub


Private Sub cmdDisplay_Click()
    lblHide.Visible=True               '使标签处于可见状态,即显示标签
    cmdDisplay.Enabled=False           '使"显示"按钮处于不可用状态
End Sub


Private Sub cmdExit_Click()
    End                                '结束程序运行
End Sub
```

程序说明：

（1）程序包含多个事件过程时,先编写哪个过程没有特别规定。本书的代码是按照题目要求中所提到的功能顺序编写。

（2）大多数对象均有 Enabled 和 Visible 这两种属性,它们的值只能为 True(真)或 False(假)。当对象的 Enabled 属性值为 True 时,该对象能够对用户产生的事件做出反应,而值为 False 时则不能。类似地,对象的 Visible 属性用于指定该对象是否可见,即是否显示在窗体上,值为 True 时可见,值为 False 时不可见。

（3）运行程序时,系统会触发窗体的 Load 事件,将该窗体装入内存。通常情况下,在窗体的 Load 事件过程中,同时进行窗体和一些控件的初始属性值设置和变量初始化等操作。本例题中就是在窗体的 Load 事件中将"显示"按钮的 Enabled 属性设置为 False,使其运行初始状态为"不可用"。

在一个对象上移动鼠标时,将产生该对象的 MouseMove 事件。本例题中,一旦鼠标移动到标签上,将触发该标签的 MouseMove 事件,执行 lblHide_MouseMove 事件过程,使标签不可见,同时将"显示"按钮恢复为可用状态。与此过程相反,执行 cmdDisplay_Click 事件过程,使标签可见,而将"显示"按钮设为不可用状态。

(4) 程序中""后面的内容(如"结束程序运行")是注释部分,对程序运行不产生任何影响。为了提高程序的可读性和可维护性,编写代码时应尽可能添加详细注释。

(5) End 语句。End 语句可以出现在过程中的任何位置,用于结束程序的执行。

(6) 通过复制和粘贴的方法可以在窗体中快速复制具有相同外观的控件。以本例题中的命令按钮为例,首先在窗体中添加"显示"命令按钮并设置好其相关属性,随后选中该按钮并依次执行【复制】和【粘贴】操作,此时将弹出如图 1-14 所示的对话框,选择【否】按钮后,将在窗体左上角产生一个外观完全相同的命令按钮(如图 1-15),将其移动到合适的位置并修改其"(名称)"属性为 cmdExit、Caption 属性为"退出"即可。若多次执行"粘贴"命令,则可连续产生多个外观相同的命令按钮。若在图 1-14 所示的对话框中选择【是】按钮,则创建控件数组,有关控件数组参见 6.2 节。

图 1-14　执行"粘贴"操作时打开的对话框

图 1-15　复制产生的命令按钮

1.3　Visual Basic 的特点

下面介绍 Visual Basic 最基本的特点。

1. 面向对象

VB 采用了面向对象的程序设计方法。它把数据和处理这些数据的子程序封装在一起,作为一个整体对象进行处理。在编写程序时,编程人员只要将所需的对象添加到程序中,就可直接调用该对象的子程序实现有关功能。以窗体为例,为了在窗体的标题栏中显示指定的文字,只需要在对象属性窗口中修改其 Caption 属性即可;而为了在窗体中输出或删除文字,只要调用窗体的 Print 或 Cls 方法就可以简单地实现。至于该对象是如何被建立的、子程序又是如何一步一步实现具体功能的则不需要做任何解释,这就大大简化了程序的开发工作,使得非专业编程人员也可以加入到编程者的行列,尽情享受编程所带来的无穷乐趣。

2. 事件驱动

在 VB 中采用了事件驱动的运行机制。所谓"事件驱动"是指当某个对象发生了某一事件后,就会驱动系统去执行预先编好的、与这一事件相对应的一段程序。例如,在程序运行时如果单击命令按钮,系统就会自动搜索并执行该命令按钮的 Click 事件过程。

当面对一个较大的 VB 程序时,用户往往要通过多个不同对象的对应事件,驱动系统连续执行一个个相应的子程序,以便完成整个程序的运行操作。

3. 数据库

在 VB 中,除了它自身带有一个完整的数据库系统,提供数据库的全部功能外,还提供了较好的数据库接口,能够访问包括 Access、Excel 和 FoxPro 等在内的多种格式的数据库。另外,也可以通过它的 ODBC(open data base connectivity,开放的数据连接)功能实现对后台大型网络数据库的操作。如今,VB 已被广泛地应用于数据库管理软件的开发之中。

4. 帮助

VB 中提供了强大的帮助系统。在 VB 开发环境中,设计任何一个 VB 应用程序时,均可随时进入 VB 的联机帮助系统。通过帮助系统,可以系统地学习 VB 知识,方便地查找有关信息,解决编程过程中所遇到的疑难问题。它是学习和使用 VB 的强有力助手,希望学习者在学习过程中充分利用该功能。

1.4 提 高 部 分

1.4.1 可视化集成开发环境

在 1.1 节和 1.2 节中已简单介绍了 VB 集成开发环境,并在此开发环境中设计出几个简单的应用程序。有了这些感性认识之后,这里再进行补充介绍,以使操作更加自如。

启动 VB 时弹出的【新建工程】对话框中有【新建】、【现存】和【最新】选项卡:

(1)【新建】选项卡。

该选项卡中列举了可以创建的所有工程类型。选择不同的图标可以建立不同类型的新工程。在例 1.1~例 1.3 中,均选用了标准 EXE 图标,这是在实际应用中,使用最多的选项,它用于创建一个标准的可执行文件。

(2)【现存】选项卡。

该选项卡用于打开一个已经存在的工程,其功能与执行 VB 中的【文件】|【打开工程】相同。

(3)【最新】选项卡。

该选项卡中列举了近期曾打开过的工程文件列表及其文件所在位置,选择某一文件并单击【打开】按钮，即可快速将其打开或添加到工程中。

通过【新建工程】对话框创建或打开一个工程后，便进入图 1-2 所示的 VB 集成环境。下面针对该环境中的一些重要组成部分做进一步介绍。

（1）窗体设计器。

用于设计程序运行时的用户操作界面。窗体设计器的大小可调整，其上可放置其他控件。

（2）工具箱。

VB 中的控件分为三类：标准控件、ActiveX 控件和可插入对象。在默认状态下，工具箱中只提供标准控件（也称内部控件）。ActiveX 控件也称外部控件，可根据需要适时地添加到工具箱后使用。向工具箱中添加 ActiveX 的方法参见例 7.2。可插入对象是指那些由其他应用程序生成的文件，VB 提供了 OLE(object link and embedding，对象链接与嵌入）功能，能够将 Word、Excel 等其他应用程序所生成的文件，以对象的形式直接链接或嵌入到 VB 程序中。有关可插入对象的内容本书不做介绍。

（3）代码窗口。

大多数的程序代码都是在代码窗口中编写的，一个窗体对应一个代码窗口，双击一个窗体可快速地进入该窗体的代码窗口。

VB 所提供的编码辅助功能为输入程序代码提供了极大的方便。例如，每当在代码中输入了正确的对象名及连接符“.”后（注意：对象名和连接符之间无空格），就会出现下拉列表，其中列出了该控件当前可用的所有属性和方法。输入属性名或方法名的前几个字母，系统就会立即定位到列表中相应位置，按空格键或双击列表中所需属性或方法名即可将它们添加到代码中。使用这种自动列表功能的好处是：

① 确保属性或方法名的正确输入；

② 提高代码输入速度；

③ 自动检测对象名输入是否正确。当输入的对象名有误时，不会出现下拉列表。

此外，当输入了合法的 VB 函数名和（之后，也会立即出现相应的语法提示。

通过【工具】|【选项】命令可设置或修改代码窗口的编码辅助功能。

（4）工程资源管理器。

它列举了当前工程包含的所有窗体和模块。图 1-16 详细标注出工程管理器各组成部分的名称及作用。

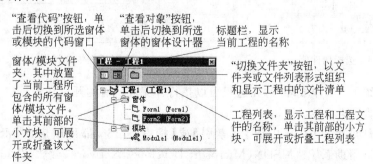

图 1-16　工程资源管理器的组成

（5）对象属性窗口。

列举出所选对象（窗体或控件）的属性及属性值。图 1-17 显示了窗体 Form1 的属性窗口,图中给出属性窗口中各组成部分的说明。

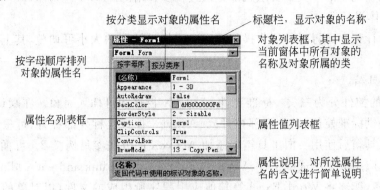

图 1-17　属性窗口的组成及说明

在对象属性窗口中可以设置各属性值,不同的属性,其设置方法有所不同。

① 只能由用户从键盘输入(如窗体的(名称)和 Caption 属性)。在属性名列表框中单击属性名,然后在属性值列表框的对应栏中直接输入属性值。

② 只能在系统已列出的选项中选择(如窗体的 BorderStyle 和 Enabled 属性)。单击属性名,此时在该属性值的最右侧出现 ▼ 标记,单击 ▼ 打开属性值下拉列表,即可选择所需属性值,如图 1-18 所示。

③ 在系统提供的对话框中选择(如窗体的 Font 和 Picture 属性)。单击属性名,此时在该属性值的最右侧出现 ... 标记,单击 ... 打开属性对话框即可选择,如图 1-19 所示。

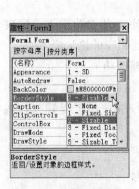

图 1-18　选择属性值

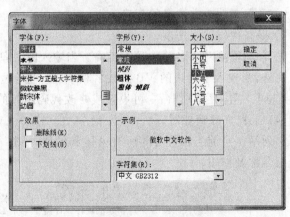

图 1-19　在对话框中选择属性值

以上介绍了 VB 集成环境,在这里可以执行并完成所有的开发任务。

（6）帮助系统。

执行【帮助】菜单中的【内容】、【索引】或【搜索】命令,都可以启动 MSDN Library Visual Studio 帮助系统。MSDN(Microsoft Developer Network,微软(公司)开发网络)为使用 Microsoft 开发工具(如 VB、VC++等)的编程人员提供了强有力的帮助,可以采用目录、索引和搜索这三种方式查找有关的技术信息,甚至是程序示例。对于出现在代码窗口中的所有关键字,只要将其选中并按下 F1 键,就可直接获得与其相关的帮助信息。有关 MSDN 的安装与使用,请查阅相关资料。

1.4.2　对象和类的概念

在日常生活中,人们可以把接触到的每一个实物都看作是一个对象,如一台电视机或一张桌子。每一个对象都具有其自身的基本结构和功能特性,可以对它们执行一定范围内的操作。例如,打开或关闭电视、调节电视音量、更换电视频道等。这就是说,每一个对象都具有两方面的特征:对象的构造特性以及可以对该对象执行的操作。在计算机中,把一组有关联的数据及其与这些数据相关的操作集成到一起,作为一个整体处理,称为对象。简单地说,对象就是数据和数据操作的集合。在 VB 中,使用工具箱中的工具在窗体中创建的每一个控件都是一个独立的对象,它们具有自身的属性、事件和方法。

一个对象所从属的类型称为类,类代表了某一类对象的总体特征,是对对象进行抽象化的结果。例如,一台 40 英寸的电视和一台 52 英寸的电视是两个不同的对象,它们具有不同的屏幕尺寸,但是它们却有着相同的构造特点和操作范围,都属于同一个类型——电视。

由此可见,对象是类的具体实现,是被赋予了特殊含义的实体。每个对象都属于一个特定的类。VB 工具箱中所提供的各种工具就是一个个的控件类,使用工具在窗体上创建控件的过程就是类的实现过程,并最终生成一个类的具体实例——对象。

1.4.3　再论属性、事件和方法

属性、事件和方法是对象的三大要素,前面已经介绍并在程序中运用。鉴于它们在VB 程序中的重要性,在此再做进一步的说明。

属性就是对象的特性。同一类对象具有相同的属性,不同类对象,某些属性相同(如都具有"名称"属性),某些属性不同(如标签具有 Caption 属性,文本框具有 Text 属性)。对象的属性都有默认值,在设计 VB 程序时,只需选择性地修改部分属性值就可以了。

通常情况下,对象的属性既可以在设计阶段设置,也可以在运行阶段设置,只有个别对象的个别属性,只能在设计阶段或者只能在运行阶段设置。例如,窗体的 MaxButton和 MinButton 属性就只能在设计阶段进行设置,而窗体的 CurrentX 和 CurrentY 属性(指定下一次输出位置)就只能在代码中设置(如 Form1. CurrentX=300)。

此外,在对象的众多属性中,有些属性间还存在着制约关系。以命令按钮的 Style 属性和 Picture 属性为例,只有将命令按钮的 Style 属性值设置为 1-Graphical(图形化)时,才可以进一步设置按钮的 Picture 属性值,为该按钮指定一个图形文件并显示到按钮上。若设置命令按钮的 Style 属性值为 0-Standard(标准化),则对按钮 Picture 属性值的设置就变得没有任何实际意义,不会对按钮产生任何效果。对象属性间的这种相互制约关系是普遍存在的。

事件就是发生在一个对象上,能够被该对象识别的动作。VB 中采用事件驱动的运行机制,其好处是:编程者只需要编写响应具体动作的小程序(如单击某命令按钮时的代码),不受各小程序编写顺序的限制,每编写完一个事件过程就可独立地先行测试。

方法就是系统提供的一个特殊的过程(参见第 5 章)。调用对象的一个方法,实际上就是调用系统提供的一个特殊过程,但是调用方法与调用过程的形式不同。

1.4.4 贯穿实例——图书管理系统(1)

为了使学生分步学习、逐步学会整个编程过程,达到理论教学体系与实践教学体系互相渗透、有机结合、提高学生的综合编程能力和动手能力的目的,本书各章陆续介绍图书管理系统。

贯穿实例的最终目标是围绕某小型书店日常图书业务,设计一个较完整的书店图书管理系统,实现图书业务的自动化管理。系统主要包括会员信息管理、图书入库管理、图书销售管理、综合信息查询(图书信息、销售信息、会员信息等)等功能,基本满足小型书店日常业务管理的需求。

本系统的使用用户分两种:系统管理人员和普通工作人员。系统管理人员具有使用本系统的所有功能,可以浏览、修改、查询、统计图书信息;添加、修改会员信息;管理图书入库等。普通工作人员可以浏览、查询图书信息,负责书店日常销售管理业务。

图书管理系统之一:为书店图书管理系统设计初始界面。

图 1-20 主窗体

在系统主窗体上设置背景,添加 1 个标签和 3 个命令按钮,如图 1-20 所示。程序运行时,单击【退出(X)】按钮或按 Alt+X 键,结束程序运行。

【解】 在系统主窗体(名称为 frmMain)上添加所需控件后,按表 1-2 设置各对象的属性。

表 1-2 主窗体各对象的属性值

对　　　象	属 性 名	属 性 值	作　　用
窗体	Caption	图书管理系统	窗体的标题
	Picture	背景图片	窗体的背景
	StartUpPosition	2-屏幕中心	窗体显示在屏幕中心
标签 1	(名称)	lblCaption	标签的名称
	BackStyle	0-Transparent	标签的背景风格
	Caption	图书管理系统	标签上显示的内容
	Font	黑体,常规,二号	标签上显示内容的字体、字形、字号
	ForeColor	&H00FFFFFF&	标签上显示内容的前景色

对　象	属 性 名	属 性 值	作　用
命令按钮 1	（名称）	cmdAdmin	命令按钮的名称
	Caption	系统管理人员（&A)	命令按钮上的标题
命令按钮 2	（名称）	cmdStaff	命令按钮的名称
	Caption	普通工作人员（&S)	命令按钮上的标题
命令按钮 3	（名称）	cmdExit	命令按钮的名称
	Caption	退出（X)	命令按钮上的标题

程序代码如下：

```
Private Sub cmdExit_Click()
    End
End Sub
```

1.5　上 机 训 练

【训练 1.1】　在窗体上添加 1 个标签和 1 个命令按钮。要求标签的背景色为黄色，边框下凹且文字居中对齐，其上显示"单击这里"；命令按钮为图形化按钮。程序运行时，当鼠标指针停留在命令按钮上，则出现提示信息"退出"，如图 1-21 所示；当鼠标移动到标签上，鼠标指针立即变为小老鼠，如图 1-22 所示；单击标签则其上的文字变为"我叫标签"；单击命令按钮结束整个程序的运行。

图 1-21　鼠标停留在按钮上时　　　　　　图 1-22　鼠标移动到标签上时

1. 目标

（1）熟悉 Visual Basic 集成开发环境。

（2）掌握 Visual Basic 程序的设计步骤。

（3）掌握标签和命令按钮的使用方法。

2. 步骤

（1）启动 Visual Basic。

（2）设计用户界面，并设置属性。

在窗体上添加标签和命令按钮后，按照表 1-3 给出的内容设置各对象的属性。

表 1-3　训练 1.1 对象的属性值

对　象	属　性　名	属　性　值	作　用
窗体	Caption	标签与命令按钮	窗体的标题
标签	（名称）	lblDisplay	标签的名称
	Alignment	2-Center	文字居中对齐
	BackColor	&H0000FFFF&	背景色为黄色
	BorderStyle	1-Fixed Single	边框下凹
	Caption	单击这里	标签上的文字
	Font	宋体、加粗、三号	更改字体、字号、字形
	MousePointer	99-Custom	自定义鼠标的指针图标
	MouseIcon	指定图标文件	指定鼠标的指针图标
命令按钮	（名称）	cmdExit	命令按钮的名称
	Caption	（置空）	命令按钮上无文字
	Style	1-Graphical	图形化命令按钮
	Picture	指定图标文件	按钮上显示的图片
	ToolTipText	退出	鼠标悬浮时的提示信息

（3）编写代码、运行程序、保存窗体和工程文件。

① 在标签的 Click 事件过程中编写代码：lblDisplay.Caption＝"我叫标签"；在命令按钮的 Click 事件过程中编写代码：End。

② 运行程序，验证代码的正确性。建议每编写完成一个事件过程，就立即运行程序以测试该事件过程的正确性，在确认该段代码没有任何语法和逻辑错误后再继续编写下一个事件过程。

③ 保存窗体和工程文件。

3．提示

（1）制作图形按钮时，首先将它的 Style 属性设置成 1-Graphical，然后再为 Picture 属性指定图形文件。

（2）为了改变鼠标的指针形状，需要设置对象的 MousePointer 属性。该属性提供了 16 种 Windows 风格的指针形状（分别对应属性值 0～15），并允许用户自定义其他的指针形状。在本训练题中，要求鼠标移动到标签上时指针形状为"小老鼠"。为此，首先将标签的 MousePointer 属性设置成 99-Custom（用户自定义形状），然后再设置 MouseIcon 属性为图形文件 Mouse.ico。对象的 MousePointer 和 MouseIcon 属性间存在着制约关系。

（3）为对象添加提示文本时，需要设置对象的 ToolTipText 属性。

4．扩展

（1）将命令按钮的 DownPicture 属性设置为图形文件"笑脸"，然后运行程序并单击命令按钮，观察按下鼠标时的按钮显示效果。

（2）将窗体的 MousePointer 属性分别修改为 2、11 和 15，运行程序后观察鼠标指针在窗体中的形状变化。

【训练 1.2】 在窗体上添加 1 个标签和 3 个命令按钮。要求窗体的背景色为粉色，且没有最大、最小化按钮；标签中的文字为隶书、粗体、二号、居中对齐。程序运行时，单击"姓名"按钮，在标签中显示本人姓名，如图 1-23 所示；单击"学号"按钮，则显示本人学号，如图 1-24 所示；单击"清除"按钮，删除标签中的内容；双击窗体，结束整个程序的运行。

图 1-23　单击"姓名"按钮时　　　　图 1-24　单击"学号"按钮时

1．目标

（1）巩固 Visual Basic 集成开发环境的使用方法。

（2）熟练掌握标签和命令按钮的使用方法。

（3）了解窗体的常用属性和事件。

2．步骤

（1）执行【文件】|【新建工程】菜单命令，在弹出的【新建工程】对话框中选择【标准EXE】图标并单击【确定】按钮，创建新的工程文件。

（2）设计用户界面，并设置属性。

在窗体上添加 1 个标签和 3 个命令按钮后，按照表 1-4 给出的内容设置各对象的属性。

表 1-4　训练 1.2 对象的属性值

对　　象	属性名	属性值	作　　用
窗体	BackColor	&H00C0C0FF&	背景颜色
	Caption	姓名学号	窗体的标题
	MaxButton	False	无窗体的最大化按钮
	MinButton	False	无窗体的最小化按钮

对　象	属性名	属性值	作　用
标签	（名称）	lblMsg	标签的名称
	Alignment	2-Center	居中对齐
	BackStyle	0-Transparent	背景样式（透明）
	Caption	（置空）	标签中无内容
	Font	隶书、粗体、二号	窗体的字形、字号
命令按钮 1	（名称）	cmdName	命令按钮的名称
	Caption	姓名	命令按钮上的标题
命令按钮 2	（名称）	cmdNum	命令按钮的名称
	Caption	学号	命令按钮上的标题
命令按钮 3	（名称）	cmdClear	命令按钮的名称
	Caption	清除	命令按钮上的标题

（3）编写代码、运行程序、保存窗体和工程。

① 编写"姓名"按钮的 Click 事件过程，代码如下：

```
Private Sub cmdName_Click()
    lblMsg.Caption="张三"
End Sub
```

② 运行程序，验证"姓名"按钮的 Click 事件过程的正确性。

③ 用类似的方法编写"学号"按钮的 Click 事件过程，并运行程序验证。

④ 用类似的方法编写"清除"按钮的 Click 事件过程，并运行程序验证。

⑤ 编写窗体的 DblClick 事件过程，并运行程序验证。

⑥ 保存窗体和工程。

3. 提示

（1）将标签的 BackStyle 属性设置为 0-Transparent，此时若标签中无显示文字，则感觉不到标签的存在。也可以通过设置标签的 BackColor 属性为 &H00C0C0FF&（粉色），实现上述显示效果。

（2）在窗体中显示文字信息时，通常会使用标签控件，而很少使用窗体的 Print 方法。使用标签控件可以方便地定位文字的显示位置。

4. 扩展

为窗体添加背景图片（设置窗体的 Picture 属性）；当鼠标移动到"姓名"或"学号"命令按钮上，鼠标指针立即变为"小老鼠"，而当鼠标移动到"清除"命令按钮上，鼠标指针立即变为"小手"。

【训练 1.3】 在窗体上添加 2 个标签和 2 个命令按钮,如图 1-25 所示。程序运行时,"隐藏"按钮和显示有文字的标签不可见,如图 1-26 所示;单击"显示"按钮,该按钮隐藏,而"隐藏"按钮显示,同时可以看到显示有文字的标签,如图 1-27 所示;单击"隐藏"按钮,则重新回到图 1-26 所示的界面,即文字及"隐藏"按钮消失,而"显示"按钮再次出现。要求窗体的大小固定,但可以使用最小化按钮。

图 1-25 界面设计

图 1-26 程序运行时

图 1-27 单击"显示"按钮后

1. 目标

(1) 熟练掌握标签和命令按钮的使用方法。
(2) 了解窗体的常用属性和事件。

2. 步骤

(1) 创建新的工程。
(2) 设计用户界面,并设置属性。

在窗体上添加 2 个标签和 2 个命令按钮后,按照表 1-5 给出的内容设置各对象属性。

表 1-5 训练 1.3 对象的属性值

对 象	属 性 名	属 性 值	作 用
窗体	BorderStyle	1-Fixed Single	边框样式(大小固定)
	Caption	显示与隐藏	窗体的标题
	MinButton	True	最小化按钮可用
标签 1	BackColor	黑色	标签的背景色
	Caption	(置空)	标签上无显示内容
标签 2	(名称)	lblVB	标签的名称
	BackStyle	0-Transparent	背景样式(透明)
	Caption	趣味"VB"	标签上显示的文字
	Font	粗体、二号	标签的字体、字号、字形
	ForeColor	黄色	前景色(文字颜色)
	Visible	False	标签不可见

对象	属性名	属性值	作用
命令按钮1	（名称）	cmdShow	命令按钮的名称
	Caption	显示	命令按钮的标题
命令按钮2	（名称）	cmdHide	命令按钮的名称
	Caption	隐藏	命令按钮的标题
	Visible	False	命令按钮不可见

（3）编写代码、运行程序、保存窗体和工程。

① 编写"显示"按钮的 Click 事件过程，代码如下：

```
Private Sub cmdShow_Click()
    lblVB.Visible=True
    cmdShow.Visible=False
    cmdHide.Visible=True
End Sub
```

② 运行程序，验证"显示"按钮的 Click 事件过程的正确性。

③ 用类似的方法编写"隐藏"按钮的 Click 事件过程，并运行程序验证。

④ 保存窗体和工程。

3. 提示

（1）窗体的 BorderStyle 属性值为 1-Fixed Single 时，窗体的大小固定，此时最大化、最小化按钮自动变为不可用状态。如需最小化按钮有效，再设置其 MinButton 属性为 True。注意，必须先设置 BorderStyle 属性，后设置 MinButton 属性。

（2）标签的 BackStyle 属性设置为 0-Transparent 时，其背景样式为透明。

（3）按照图 1-25 所示设计界面并编写代码，待程序运行无误后再调整标签和命令按钮的位置重叠。

4. 扩展

修改窗体，改用 1 个标签和 2 个命令按钮实现原程序功能。

习 题 1

基础部分

1. 下面关于 Visual Basic 的叙述中，哪些是正确的，哪些是错误的？

① VB"面向对象"的特点就是指在编写程序代码时应以对象为主体，指出对象所需

完成的操作以及执行操作的具体步骤。

②完成 VB 程序的编写后,需要分别保存窗体和工程文件。

③开发 VB 程序主要包括两方面任务:设计用户界面和编写程序代码。

④Visual Basic 虽然具有界面设计简单、代码编写量少等优点,但是使用它开发出的程序却无法脱离 VB 环境而单独运行,这在一定程度上限制了 VB 的应用范围。

2.下面关于 Visual Basic 的叙述中,哪些是正确的,哪些是错误的?

①对象的"事件"是指发生在一个对象上的动作,此动作能够被该对象所识别。

②进入 Visual Basic 集成环境后,工具箱中包含了 VB 所提供的全部控件工具,用户可方便地使用它们。

③在资源管理器中可以直接修改 VB 程序的文件名。

④在对象属性窗口中列出了当前所选对象的全部属性及属性值,可以对该对象的任一属性进行设置。

3.编写程序。窗体中有 1 个标签和 2 个命令按钮,要求窗体的背景颜色为浅橘黄色(&H00C0E0FF&),标签的背景为白色、边框下凹、其上显示的文字为红色(需要设置ForeColor 属性)、一号粗体字、采用华文彩云字体、居中对齐。程序运行时的初始界面如图 1-28 所示。单击"中文"按钮后,该按钮消失并在相同位置出现"英文"按钮,同时标签中的内容变为"你好",单击"英文"按钮后又返回到初始界面。

4.编写程序。窗体中有 2 个命令按钮。程序运行时,单击"显示"按钮,在窗体中显示文字"欢迎进入 Visual Basic 世界";单击"清除"按钮则删除窗体中的所有文字;双击窗体结束程序运行。要求窗体中文字是:隶书、粗斜体和红色,字体大小为小四,如图 1-29 所示(需要设置窗体的 Font 属性和 ForeColor 属性)。

提示:双击窗体时的操作代码要编写在窗体的 DblClick 事件过程中。

图 1-28　程序运行初始界面

图 1-29　单击"显示"按钮后的界面

提高部分

5.下面有关对象的论述中,哪些是正确的,哪些是错误的?

①不同类的对象具有不同的属性,它们不可能存在相同的属性名。

②类是对象的抽象,对象是类的具体实例;没有类就没有对象,没有对象也就没有类。

③在属性窗口中可以找到对象的全部属性,并可在那里为对象的所有属性赋值。

6.下面有关对象的论述中,哪些是正确的,哪些是错误的?

① 同一类型的对象具有相同的属性,但它们会具有不同的属性值。

② 类就是对象的类型,每一个对象都属于不同的类。

③ 对象的所有属性均可在属性窗口中设置,也均可在过程代码中设置。

7. 编写程序。窗体中有 1 个命令按钮和 1 个标签。程序运行时,当鼠标指向窗体上的某个对象时,鼠标指针变成"手指"形状(point02.ico)并显示该对象的名称(如图 1-30 所示);当单击窗体中的某一对象时,该对象上显示对象名称并变为灰色(不可用),单击其他对象时,此对象恢复可用状态,而被单击对象又变为不可用;双击窗体结束程序运行。

8. 编写程序。窗体中添加 1 个标签和 2 个图形按钮(如图 1-31 所示),要求标签上显示文字"欢迎光临",文字颜色为蓝色,字体大小为二号,且初始状态为"不可见";"隐藏"按钮 的初始状态为"不可用"。程序运行时,当鼠标停留在按钮上时提示该按钮的功能(如图 1-32 所示)。单击"显示"按钮,标签出现(可见),同时隐藏按钮可以使用;单击"隐藏"按钮则标签消失且该按钮变为不可用。

图 1-30 鼠标移到标签时

图 1-31 程序界面

图 1-32 鼠标停留在"显示"按钮上

第 2 章　顺序结构程序设计

本章内容

基础部分：

- 三种基本结构的概念；VB 语句书写规则；常量和变量的概念；VB 常用数据类型。
- 算术运算符与表达式；字符串连接符；数据的赋值、输入和输出。
- 顺序结构及流程图。
- 文本框、图像框、图片框、消息框、输入框、计时器和滚动条的使用；设计多窗体程序。
- 数据交换、产生指定范围内的随机整数、设置颜色。

提高部分：

- 再论窗体和常用控件：文本框、标签、命令按钮、图像框、图片框、计时器和滚动条。
- 消息框和输入框。
- 数据类型的进一步讨论；常用内部函数汇总；文件路径的概念。
- 贯穿实例。

各例题知识要点

例 2.1　文本框；Val 函数；顺序结构及流程图表示。

例 2.2　常量和变量的概念；变量的命名；Integer 型变量的定义与使用。

例 2.3　产生随机数；Long 和 Double 型变量；重复使用 Form_Load 内代码的方法。

例 2.4　String 型变量；字符串处理函数：Left、Mid 和 Right；文本框 MaxLength 属性；字符串连接符 &。

例 2.5　算术表达式。

例 2.6　赋值语句；数据交换算法。

例 2.7　图像框；图像框 Stretch 属性；LoadPicture 函数。

例 2.8　文本框的 Change 事件；SetFocus 方法；UCase 函数。

例 2.9　属性介绍：Left、Top、BackStyle、Enabled、Visible 等。

例 2.10　MsgBox 方法。

例 2.11　多窗体设计；Show 和 Hide 方法。

例 2.12　使用计时器实现动画；对象的 Left、Top 属性。

例 2.13　用文本框输入数据；TabStop 与 TabIndex 属性；RGB 函数。

例 2.14　用 InputBox 函数输入数据。

例 2.15　用滚动条输入数据；滚动条的 Max、Min、LargerChange、SmallChange、Value 属性；Scroll 和 Change 事件。

贯穿实例　书店图书管理系统(2)。

2.1　结构化程序设计的三种基本结构

要使计算机按确定的步骤进行操作，需要通过程序的控制结构实现。计算机语言提供三种基本控制结构——顺序结构、分支结构和循环结构。使用这三种基本控制结构可以解决任何复杂的问题。

1. 顺序结构

在第 1 章中介绍的例题都是通过顺序结构实现的。顺序结构的特点是：程序按照语句在代码中出现的顺序自上而下逐条执行；顺序结构中的每一条语句都被执行，而且只能被执行一次。顺序结构是程序设计中最简单的一种结构。

图 2-1　计算两数之和

【例 2.1】　顺序结构程序示例。在窗体上添加 2 个文本框、2 个标签和 1 个命令按钮。程序运行时，在两个文本框中各输入一个整数，单击＝按钮后，在黄色标签中显示这两个整数的和，如图 2-1 所示。

【解】　在窗体上添加所需控件后，按照表 2-1 给出的内容设置各对象的属性。

表 2-1　例 2.1 对象的属性值

对　　象	属 性 名	属 性 值	作　　用
窗体	Caption	计算和	窗体的标题
文本框 1	(名称)	txtOp1	文本框的名称
	Text	(置空)	文本框中显示的内容
文本框 2	(名称)	txtOp2	文本框的名称
	Text	(置空)	文本框中显示的内容

对　象	属性名	属性值	作　用
标签 1	（名称）	lblPlus	标签的名称
	Caption	＋	标签上显示的内容
标签 2	（名称）	lblAnswer	标签的名称
	BackColor	&H0000FFFF&	标签的背景色为黄色
	Caption	（置空）	标签上显示的内容
命令按钮	（名称）	cmdCal	命令按钮的名称
	Caption	＝	命令按钮上的标题

程序代码如下：

```
Private Sub cmdCal_Click()
    a=Val(txtOp1.Text)        '将文本框 txtOp1 中的数字字符串转换成数值后赋给 a
    b=Val(txtOp2.Text)        '将文本框 txtOp2 中的数字字符串转换成数值后赋给 b
    c=a+b                     '计算 a 与 b 的和,结果放在 c 中
    lblAnswer.Caption=c       '将计算结果显示在标签 lblAnswer 中
End Sub
```

程序说明：

（1）添加文本框。文本框控件在工具箱中的图标是 [abl]，常用于数据的输入、编辑或显示。

（2）本例题中同时使用了文本框和标签两种控件，二者在使用上既有相同之处，也有不同之处。文本框和标签都可以用于显示信息，但文本框还可以实现输入和编辑文本的功能。程序运行时，用户通过单击文本框可以直接在框内输入文本或对框内已有文本进行编辑，同时框内的文本将作为字符串保存到文本框的 Text 属性中，而标签则只能用于数据的显示。在本例题中，因为参与运算的两个运算数需要由用户输入，为此使用了两个文本框控件，而用于显示符号"＋"和计算结果的控件则选用了标签。注意，文本框是通过 Text 属性显示信息的，标签则通过 Caption 属性显示信息。

（3）在文本框中输入或显示的数据均以字符串的形式存于其 Text 属性中。例如，当用户在两个文本框中分别输入 123 和 456 后，两个文本框的 Text 属性值分别是字符串 "123" 和 "456"，而不是数值 123 和 456。Val 是 VB 提供的内部函数，其功能是将数字字符串转换成相应的数值（有关内部函数将在 2.6.4 节中介绍），如 Val("123") 的值为 123。语句 a＝Val(txtOp1.Text) 的作用是将文本框 txtOp1 中的数字字符串转换为数值，并赋值给变量 a。

执行语句 lblAnswer.Caption＝c 时，系统先将 c 中的值自动转化为数字字符串后再赋给标签 lblAnswer 的 Caption 属性。数据赋值方法将在 2.3 节中介绍。

（4）cmdCal_Click 事件过程中含有 4 条语句，当程序执行此过程时将从第一条语句开始，由上到下按顺序逐条执行，因此是顺序结构。在编写代码时，各语句书写位置应符

合逻辑顺序。例如,将 4 条语句的顺序改写成以下形式是错误的。

```
lblAnswer.Caption=c
a=Val(txtOp1.Text)
b=Val(txtOp2.Text)
c=a+b
```

为便于理解,给出 cmdCal_Click 事件过程的流程图,如图 2-2 所示。在程序流程图中,开始和结束框用圆角矩形表示,输入输出框用平行四边形,处理框用矩形,各框之间的流程则用带箭头的流程线表示。在编写较复杂程序时,应根据对问题的分析,先精心设计流程图,然后再严格按流程图所表示的算法编写程序。由于本书中的程序示例较简单,所以只提供部分代码的流程图。

本章中所有例题均属于顺序结构。

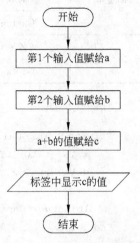

图 2-2　顺序结构流程图

2. 分支结构

分支结构的流程是根据判断项的值有条件地执行相应语句,分支结构也称选择结构。分支结构将在第 3 章介绍。

3. 循环结构

循环结构的流程是根据判断项的值有条件地反复执行程序中的某些语句。循环结构将在第 4 章介绍。

2.2　VB 语言基础

2.2.1　VB 语句的书写规则

用 VB 编写程序时,有一定的书写规则:

(1)通常一行书写一条语句,每行语句可以从任意列开始,但一行内不能超过 255 个字符。

(2)在一行内可以书写多条语句,但各语句间需要用“:”分隔。

例如:

```
a=3  :  b=4  :  c=a+b
```

(3)一条语句可以写在连续的多行上,在每行行尾处需使用续行符。续行符由一个空格和一个下划线“_”组成。

(4)不区分大小写字母。

对于初学者建议每行只写一条语句,每行语句的起始位置应根据需要适当缩进,同时在程序的关键地方可增加一些注释,这对读懂程序和调试程序很有帮助。本书中的所有程序均采用上述规范格式书写。

2.2.2 常量、变量及变量定义

【例2.2】 在窗体上添加1个文本框、5个标签和1个命令按钮，如图2-3所示。程序运行时，在文本框中输入整数后，单击"计算"按钮，则在黄色标签和粉色标签中分别显示该整数的3倍数和5倍数。

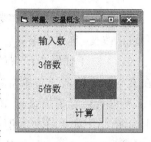

【解】 在窗体上添加所需控件后，按照表2-2给出的内容设置各对象的属性。

图2-3 例2.2的界面设计

表2-2 例2.2对象的属性值

对　象	属 性 名	属 性 值	作　　用
窗体	Caption	常量、变量概念	窗体的标题
文本框	（名称）	txtNum	文本框的名称
	Text	（置空）	文本框中的内容
标签1	Caption	输入数	标签上显示的内容
标签2	Caption	3倍数	标签上显示的内容
标签3	Caption	5倍数	标签上显示的内容
标签4	（名称）	lblNum3	标签的名称
	BackColor	&H0000FFFF&	标签背景为黄色
	Caption	（置空）	标签上显示的内容
标签5	（名称）	lblNum5	标签的名称
	BackColor	&H00FF00FF&	标签背景为粉色
	Caption	（置空）	标签上显示的内容
命令按钮	（名称）	cmdCal	命令按钮的名称
	Caption	计算	命令按钮上的标题

程序代码如下：

```
Private Sub cmdCal_Click()
    Dim a As Integer
    Dim b As Integer
    a=Val(txtNum.Text)
    b=3*a                    '计算3倍数
    lblNum3.Caption=b
    b=5*a                    '计算5倍数
    lblNum5.Caption=b
```

End Sub

程序说明：

(1) 代码中出现的整数 3 和 5 代表固定的数值，在整个程序运行过程中其值始终不会发生改变，称为常量。

(2) 对于代码中出现的 a 和 b，在程序运行过程中它们的值随时变化。例如，当用户在文本框中输入 5 并单击"计算"按钮后，a 中的值为 5，执行语句 b＝3＊a 后，b 中的值为 15，所以黄色标签上显示 15；继续执行语句 b＝5＊a 后，b 中的值变为 25，因此粉色标签上显示 25。如果将文本框中的内容修改为 50 后再单击"计算"按钮，则 a 中的值变为 50，执行语句 b＝3＊a 后，b 的值变为 150，而执行语句 b＝5＊a 后，b 的值又变为 250。这种在程序运行过程中，其值可以改变的量称为变量。变量的命名规则如下：

① 变量名必须由字母、数字和下划线组成，且以字母开头，其中不能含有小数点和空格等字符。例如，answer,b1,x_3 等是合法的变量名，而 x.y(含小数点)，x－3(含减号)，my program(含空格)和 2ab(数字开头)等都是不合法的变量名。

② 变量名中的字符个数不能超过 255 个。

③ 不能使用 VB 的保留字作为变量名。VB 的保留字是指 VB 已定义的语句、函数名和运算符名等，如 End、Val、Dim。

为了增加程序的可读性，变量名应尽可能简单明了、见名知意。例如，用于存放和值的变量名可用 sum，用于存放最大值的变量可用 max，而存放最小值的变量则用 min。

(3) 变量就像一个存放"物品"的容器，而"物品"就是数据。一个变量只能存放一个数据，向变量中存放数据的操作称为赋值。可以给同一个变量多次赋值，但每进行一次赋值操作后，变量中原有的数据就会被新数据所替代，因此变量中存放的总是最后一次赋予它的值。在 VB 中，未经赋值的变量，其值默认为 0。

容器有类型和大小之分，在使用时应根据存放物品的种类及数量进行适当选择。类似地，变量也有类型和大小之分。根据变量中所能存放数据的种类不同，可将变量分为整型、实型和字符型等多种类型。语句 Dim a As Integer 的作用是：定义一个变量 a，其类型为 Integer 型(基本整型)。Integer 类型的变量在内存中占两个字节，用于存放 $-32768 \sim 32767(-2^{15} \sim 2^{15}-1)$ 范围内的整数。程序运行时，如果用户在文本框中输入 45000，则单击"计算"按钮后将弹出错误提示框。这是因为在执行语句 a＝Val(txtNum.Text)时，因 45000 超出了变量 a 所能容纳的数值范围而导致"溢出"。同理，语句 Dim b As Integer 的作用是：定义变量 b 用于存放一个[－32768,32767]范围内的整数。

VB 中并不强制要求所有的变量都要进行定义，但建议在使用变量前先进行定义，以利于程序的后续调试与维护。

【例 2.3】 在窗体上添加 8 个标签和 2 个命令按钮。程序运行时，随机生成 2 个三位整数分别显示在两绿色标签上；单击"计算"按钮，计算两个整数的积与商并分别显示在黄色和粉色标签上，如图 2-4 所示。单击"下一题"按钮，重新生成 2 个新三位数显示在绿色标签上，同时清空黄色和粉色标签中的内容。

【解】 在窗体上添加所需控件后，按照表 2-3 给出的内容设置各对象的属性。

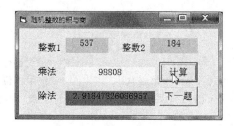

图 2-4 例 2.3 的运行界面

表 2-3 例 2.3 对象的属性值

对　　象	属 性 名	属 性 值	作　　用
窗体	Caption	随机整数的积与商	窗体的标题
标签 1	Caption	整数 1	标签上显示的内容
标签 2	（名称）	lblOp1	标签的名称
	Alignment	2-Center	居中对齐
	BackColor	&H0000FF00&	标签背景为绿色
	Caption	（置空）	标签上显示的内容
标签 3	Caption	整数 2	标签上显示的内容
标签 4	（名称）	lblOp2	标签的名称
	Alignment	2-Center	居中对齐
	BackColor	&H0000FF00&	标签背景为绿色
	Caption	（置空）	标签上显示的内容
标签 5	Caption	乘法	标签上显示的内容
标签 6	（名称）	lblV1	标签的名称
	Alignment	2-Center	居中对齐
	BackColor	&H0000FFFF&	标签背景为黄色
	Caption	（置空）	标签上显示的内容
标签 7	Caption	除法	标签上显示的内容
标签 8	（名称）	lb1V2	标签的名称
	Alignment	2-Center	居中对齐
	BackColor	&H00FF00FF&	标签背景为粉色
	Caption	（置空）	标签上显示的内容
命令按钮 1	（名称）	cmdCala	命令按钮的名称
	Caption	计算	命令按钮上的标题
命令按钮 2	（名称）	cmdNext	命令按钮的名称
	Caption	下一题	命令按钮上的标题

程序代码如下：

```
Private Sub Form_Load()
    Randomize                                '每次运行程序时产生不同的随机数
    lblOp1.Caption=Int(Rnd * 900)+100        '产生 3 位整数显示在标签 lblOp1 上
    lblOp2.Caption=Int(Rnd * 900)+100        '产生 3 位整数显示在标签 lblOp2 上
End Sub


Private Sub cmdCala_Click()
    Dim a As Long                            '定义长整型变量 a
    Dim b As Double                          '定义双精度型变量 b
    a=Val(lblOp1.Caption) * Val(lblOp2.Caption)   '计算两数的乘积
    b=Val(lblOp1.Caption)/Val(lblOp2.Caption)     '计算两数的商
    lblV1.Caption=a
    lblV2.Caption=b
End Sub


Private Sub cmdNext_Click()
    Form_Load                                '相当于将 Form_Load 事件中的所有语句复制到此处
    lblV1.Caption=""
    lblV2.Caption=""
End Sub
```

程序说明：

(1) 本例题中使用了系统提供的函数 Rnd 和 Int 函数，其中 Rnd 函数的功能是产生一个 $(0,1)$ 范围内的随机小数。$Int(x)$ 的功能是求不超过 x 的最大整数，如 $Int(2.6)$ 的值为 2，而 $Int(-2.6)$ 的值为 -3。表达式 $Int(Rnd * 900)+100$ 的值是一个 $[100,999]$ 范围内的随机整数。该表达式的执行顺序如下：

① Rnd 产生开区间 $(0,1)$ 内的随机数，该数为实数；

② Rnd * 900 产生开区间 $(0,900)$ 内的实数；

③ $Int(Rnd * 900)$ 产生闭区间 $[0,899]$ 内的整数；

④ $Int(Rnd * 900)+100$ 产生闭区间 $[100,999]$ 内的整数，即 3 位整数。

产生指定范围 $[M,N]$ 内随机整数的方法是：$Int(Rnd * (N-M+1))+M$。

(2) 语句 Randomize 的作用是初始化随机数生成器。每次运行程序时会产生不同的随机数序列。为了了解 Randomize 的作用，不妨将该语句改为注释，然后再多次运行此程序。可以看到，每次运行程序时所产生的随机数序列相同。

(3) 语句 Dim a As Long 定义了 a 为长整型变量。与 Integer 型变量类似，Long 型变量也用于存放整数，但因 Long 型变量在内存中占据 4 个字节，所以其可以存放的整数范围是 $-2147483648 \sim 2147483647 (-2^{31} \sim 2^{31}-1)$。此处将变量 a 定义成 Long 型是因为两个 3 位整数的乘积有可能超出 Integer 型变量所能容纳的范围。

(4) 语句 Dim b As Double 定义了 b 为双精度实型变量。Double 型变量用于存放带有小数点的实型数据，其在内存中占据 8 个字节，提供 15 位有效数字，基本上可以满足存放所有数值数据的需要,但因其存在误差而无法精确地保存数据。此外,VB 中还提供了 Single 单精度实型,该类型的变量也用于存放实型数据,具体说明参见 2.6.3 节。

(5) 在 cmdNext_Click 事件中,语句 Form_Load 的作用是使程序流程转去执行 Form_Load 事件过程,待执行完毕后再返回到 cmdNext_Click 事件中,继续执行该语句后的下一条语句。这就如同将 Form_Load 事件中的所有语句复制到此处一样,采用这种方法可以减少不必要的代码重复(参见 5.1.1 节)。

【例 2.4】 在窗体上添加 1 个文本框、4 个标签和 1 个命令按钮。程序运行时,在文本框中输入本人 18 位身份证编码,单击"提取信息"命令按钮,则绿色标签中显示本人所在省份编码(身份证编码的前 3 位),黄色标签中显示本人出生日期(身份证编码的第 7~14 位),粉色标签中显示本人的身份校验码(身份证编码的最后 1 位)。程序运行结果如图 2-5 所示。

图 2-5 例 2.4 的运行界面

【解】 在窗体上添加所需控件,并按照表 2-4 给出的内容设置各对象的属性。

表 2-4 例 2.4 对象的属性值

对 象	属 性 名	属 性 值	作 用
窗体	Caption	字符型数据类型	窗体的标题
标签 1	Caption	请输入身份证号码	标签上显示的内容
文本框	(名称)	txtNum	文本框的名称
	Alignment	2-Center	居中对齐
	MaxLength	18	包含的最大字符数
	Text	(置空)	文本框上显示的内容
标签 2	(名称)	lblMsg1	标签的名称
	BackColor	&H0000FF00&	标签背景为绿色
	Caption	(置空)	标签上显示的内容
标签 3	(名称)	lblMsg2	标签的名称
	BackColor	&H0000FFFF&	标签背景为黄色
	Caption	(置空)	标签上显示的内容
标签 4	(名称)	lb1Msg3	标签的名称
	BackColor	&H00FF00FF&	标签背景为粉色
	Caption	(置空)	标签上显示的内容
命令按钮	(名称)	cmdMsg	命令按钮的名称
	Caption	提取信息	命令按钮上的标题

程序代码如下：

```
Private Sub cmdMsg_Click()
    Dim a As String                          '定义字符型变量 a
    Dim b As String                          '定义字符型变量 b
    Dim c As String                          '定义字符型变量 c
    Dim d As String                          '定义字符型变量 d
    a=txtNum.Text
    b=Left(a, 3)                             '从字符串 a 中左起截取 3 个字符
    c=Mid(a, 7, 8)                           '从字符串 a 中第 7 个字符开始截取 8 个字符
    d=Right(a, 1)                            '从字符串 a 中右起截取 1 个字符
    lblMsg1.Caption="省份编码是" &b          '将两个字符串连接后显示在标签上
    lblMsg2.Caption="出生日期是" &c
    lblMsg3.Caption="身份校验码是" &d
End Sub
```

程序说明：

（1）文本框的 MaxLength 属性是用来设置文本框中允许输入的最大字符数，默认值为 0，表示可以输入任意长度的字符串。本例中设置文本框的 MaxLength 属性值为 18，限制用户输入的字符个数最多不超过 18 位。

（2）字符串是指用双引号括起来的一串字符，可以包含所有的西文字符和汉字。

（3）语句 Dim a As String 定义了 a 是字符型变量，它只能用于存放字符串。代码中使用 Dim 语句分别定义了 4 个字符型变量 a、b、c、d。上述 4 条 Dim 语句也可简写为：Dim a As String, b As String, c As String, d As String。在一条 Dim 语句中可以同时定义多个变量，但注意不能写成：Dim a,b,c,d As String。

（4）函数 Left(a,n)的作用是从字符串 a 的左边截取连续的 n 个字符；类似地，函数 Right(a,n)的作用是从字符串 a 的右边截取连续的 n 个字符。

（5）函数 Mid(a,m,n)的作用是从字符串 a 中的第 m 个位置开始截取连续的 n 个字符。

（6）& 是 VB 中的字符串运算符，其作用是将两个字符串进行连接。如"My" & "Name"的结果为"MyName"，"123" & "456"的结果为字符串"123456"。语句 lblMsg1.Caption＝"省份编码是" &b 的含义是，将字符串"省份编码是"与变量 b 中所存放的字符串进行连接，并将连接后的字符串赋给标签 lblMsg1 的 Caption 属性。需要注意的是：运算符 & 与其前、后两个运算对象间必须用空格隔开。此外，还应注意区分"a"与 a 的不同，它们是两个不同的对象，有着不同的含义。"a"是一个字符串常量，它的值是固定的，即由一个小写字母 a 构成的字符串；而 a 是一个变量名，它的值是不定的，由存放在它里面的数据决定。假设变量 a 当前存放的数据是字符串"abc"，则 a 的值就是字符串"abc"，此时"123" & a 的值就是"123abc"，而"123" & "a" 的值则是"123a"。

在 VB 中处理字符串时，经常使用字符串处理函数，请参见 2.6.4 节。

以上介绍了最简单和最常用的数据类型及变量的定义和使用方法，有关变量的其他使用方法参见 2.6.3 节。

2.2.3 算术运算符与表达式

1. 算术运算符

VB 中提供的算术运算符有 8 个,如表 2-5 所示。

表 2-5　算术运算符

运算符	含　义	举　例
＋	加	5＋3.2 的结果为 8.2
－	减	15－5.0 的结果为 10.0
*	乘	2.5 * 3 的结果为 7.5
/	除	1/2 的结果为 0.5
\	整除	1\2 的结果为 0
Mod	求余	6 Mod 4 的结果为 2
－	负号	－12.3
^	乘方	2^3 的结果为 8

说明:

(1) VB 中的＋、－、*、/作用与数学中的＋、－、×、÷相对应。

(2) \与/的区别是: \用于整数除法,结果为商的整数部分。在进行整除时,如果参加运算的数据含有小数部分,则先按四舍五入的原则将它们转换成整数后,再进行整除运算。如 17\3＝5,18\3.5＝4;而 17/3＝5.66666666666666。

(3) 使用算术运算符时应注意:运算符左右两边的操作数应是数值型数据,如果是数字字符或逻辑型数据,需要将它们先转换成数值型数据后,再进行算术运算。如"10"＋10 的值为 20,True－4 的值为－5(在 VB 中,True 对应数值－1,False 对应数值 0)。

在进行算术运算时不要超出数据取值范围,对于除法运算,应保证除数不为零。

2. 算术表达式

由算术运算符、圆括号和运算对象(包括常量、变量、函数、对象等)组成,且符合 VB 语法规则的表达式称为算术表达式,如 2^3＋(a mod 7) * 3。由于一个算术表达式中可以有多个运算符,所以在求解算术表达式时,要注意运算的先后顺序。算术运算符的优先级如下:

高 ——— ^ ——— －(负号) ——— *、/ ——— \ ——— Mod ——— ＋、－ ——→ 低

表 2-6 示例了算术表达式的计算过程。

表 2-6　算术表达式的计算过程

算术表达式	运 算 过 程	单步执行后的结果	算术表达式的值
18\3 * 5 Mod 8	第一步：3 * 5	15	1
	第二步：18\15	1	
	第三步：1 Mod 8	1	
((4+(−2) * 3)/4)^a (假设 a 的值为 2)	第一步：(−2) * 3	−6	0.25
	第二步：(4+(−6))	−2	
	第三步：(−2)/4	−0.5	
	第三步：(−0.5)^2	0.25	

说明：

(1) 算术表达式中所使用的变量必须有确定的值。

(2) 在 VB 中，多层表达式可采用嵌套圆括号形式，不能使用数学中的方括号和大括号。

(3) 为了保证数据的运算结果不超过数据范围，运算之前先正确估计结果的取值范围，并选择合适的数据类型。

【例 2.5】 将 $\dfrac{\pi}{a^2+\sqrt{b}}$ 数学式改写成 VB 的算术表达式。

【解】 VB 的算术表达式为 3.14159/(a^2+Sqr(b))，其中 Sqr 是系统提供的求平方根函数。

说明：

(1) 在 VB 表达式中，不能出现 π，必须根据所需的精度用 3.14159 或 3.14 等常量表示。

(2) 在 VB 中用嵌套的()代替数学中的{ }、[ ]，在(a^2+Sqr(b))中的圆括号不能省略，而且要成对匹配。

2.3　数 据 赋 值

在前面已经介绍过数据赋值语句，例如，a＝Val(txtInput. Text)，下面再看一些例子。

【例 2.6】 在窗体上添加 2 个标签和 1 个命令按钮，如图 2-6 所示。程序运行时，单击"交换"按钮则将两个标签中的内容进行交换，如图 2-7 所示。

【解】 在窗体上添加所需控件后，按照表 2-7 给出的内容设置各对象的属性。

图 2-6　界面设计　　　　　　　　图 2-7　单击"交换"按钮后

表 2-7　例 2.6 对象的属性值

对　象	属性名	属性值	作　用
窗体	Caption	交换	窗体的标题
标签 1	（名称）	lblOp1	标签的名称
	BackColor	&H0000FFFF&	标签背景为黄色
	Caption	大家好！	标签中显示的信息
标签 2	（名称）	lblOp2	标签的名称
	BackColor	&H00FF00FF&	标签背景颜色为粉色
	Caption	欢迎光临！	标签中显示的信息
命令按钮	（名称）	cmdSwap	命令按钮的名称
	Caption	交换	命令按钮上的标题

程序代码如下：

```
Private Sub cmdSwap_Click()
    Dim t As String
    t=lblOp1.Caption                    '将 lblOp1 中的内容赋值给临时变量 t
    lblOp1.Caption=lblOp2.Caption       '将 lblOp2 中的内容赋值给 lblOp1
    lblOp2.Caption=t                    '将 t 中的内容赋值给 lblOp2
End Sub
```

程序说明：

（1）在本例题和前面的程序示例中都使用了最基本的语句：赋值语句,其一般形式是

[Let]　变量名=表达式

其中 Let 表示赋值,通常省略。=称为赋值号。赋值语句的执行过程是：先计算赋值号右侧表达式的值,然后把计算结果赋给左侧的变量。如果赋值号左右两边同为数值型（如整型、实型）,仅其精度不同,则系统强制将右侧值的精度转换成与左侧值相同。例如,若有定义语句 Dim x As Integer,则执行赋值语句 x＝2.6 后,x 中的值为 3（四舍五入后的结果）。

（2）赋值语句既可以给普通的变量赋值（如 t＝lblOp1.Caption）,也可以给对象的属性赋值（如 lblOp2.Caption＝t）。

（3）通过本例代码可知，在交换两个变量中的值时，必须要借助其他变量才能完成，不能简单写成 a＝b：b＝a。

（4）下列语句不是合法的赋值语句：

x+y=a （原因：赋值号左边不是变量，而是表达式）

假设变量 a 为 Integer 类型，a＝"　　　"（原因：数据类型不匹配）

【例 2.7】 在窗体上添加 2 个图像框，如图 2-8 所示。运行程序时，鼠标在某图像框上移动时该图像框加载相应图片，而另一个图像框卸载图片，如图 2-9 和图 2-10 所示。

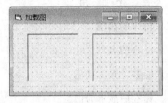

图 2-8　例 2.7 的界面设计　　图 2-9　鼠标在左侧图像框上时　　图 2-10　鼠标在右侧图像框上时

【解】 图像框控件在工具箱中的图标是 ![icon]。在窗体上添加所需控件后，按照表 2-8 给出的内容设置各对象的属性。

表 2-8　例 2.7 对象的属性值

对　象	属　性　名	属　性　值	作　　用
窗体	Caption	加载图	窗体的标题
图像框 1	（名称）	imgCock	图像框名称
	BorderStyle	1-Fixed Single	设置边框样式
	Stretch	True	图片自动调节大小
图像框 2	（名称）	imgDuck	图像框名称
	BorderStyle	1-Fixed Single	设置边框样式
	Stretch	True	图片自动调节大小

使用图像框或图片框（图片框参见上机训练 2.4）可以显示图片，本例题使用了图像框。根据题意，应在各图像框的 MouseMove 事件中编写程序代码，由于其代码类似，下面只给出图像框 imgCock 的 MouseMove 事件过程，程序代码如下：

```
Private Sub imgCock_MouseMove(Button As Integer, Shift As Integer, X As Single, Y
As Single)
    imgCock.Picture=LoadPicture("cock.gif")    '加载图
    imgDuck.Picture=LoadPicture("")            '卸载图
End Sub
```

程序说明：

（1）可以显示在图像框控件中的图形文件有：位图文件（.bmp）、图标文件（.ico）、

GIF 文件(. gif)、压缩位图文件(. jpg)和 Windows 图元文件(. wmf)等。

（2）图像框的 Stretch 属性用于确定图像框与加载图片之间的匹配方式,值为 True 时,所加载的图片能自动调节大小以适应图像框的尺寸;值为 False(默认值)时,图像框将自动调节大小以适应图片的尺寸。

（3）语句 imgCock. Picture=LoadPicture("cock. gif")的作用是在图像框 imgCock 中加载当前工作路径下的 cock. gif 图片。若 cock. gif 文件本身存放于其他位置,如"D:\MyVB"中,则需将语句改写为 imgCock. Picture=LoadPicture("D:\MyVB\cock. gif")。

（4）语句 imgCock. Picture=LoadPicture("")的作用是在图像框 imgCock 中加载一个空文件,即卸载其原有图片。

（5）若将语句 imgCock. Picture = LoadPicture (" cock. gif")改写成 Picture = LoadPicture("cock. gif"),则图片被加载到窗体上。这是因为在给对象属性赋值时,若省略对象名,则系统默认为窗体。

【例 2.8】 在窗体上添加 1 个文本框、3 个标签和 1 个命令按钮。运行程序,在文本框中输入字符串时,立即在黄色标签中同步显示该字符串,并将其中的所有小写字母转换成对应的大写字母,如图 2-11 所示;单击"清除"按钮,清空文本框和黄色标签中的原有内容,并将光标置于文本框中。

【解】 在窗体上添加所需控件后,按照表 2-9 给出的内容设置各对象的属性。

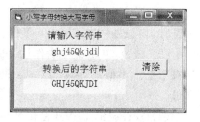

图 2-11　小写字母转换成大写字母

表 2-9　例 2.8 对象的属性值

对　　象	属 性 名	属 性 值	作　　用
窗体	Caption	小写字母转换大写字母	窗体的标题
文本框	（名称）	txtIn	文本框的名称
	Alignment	2-Center	居中对齐
	MaxLength	20	允许包含的最大字符数
	Text	（置空）	文本框中显示的内容
标签 1	Caption	请输入字符串	标签的标题
标签 2	Caption	转换后的字符串	标签的标题
标签 3	（名称）	lb1Out	标签的名称
	Alignment	2-Center	居中对齐
	BackColor	&H0000FFFF&	标签背景颜色为黄色
	Caption	（置空）	标签的标题
命令按钮	（名称）	cmdCls	命令按钮的名称
	Caption	清除	命令按钮上的标题

程序代码如下：

```
Private Sub txtIn_Change()
    Dim x As String
    x=UCase(txtIn.Text)                      '将文本框中所有字母转换成大写
    lblOut.Caption=x
End Sub

Private Sub cmdCls_Click()
    txtIn.Text=""
    lblOut.Caption=""
    txtIn.SetFocus                           '设置焦点
End Sub
```

程序说明：

(1) 当文本框中的内容发生变化时，触发文本框的 Change 事件，每输入或删除一个字符时，均触发一次 Change 事件。

(2) 函数 UCase(a)的作用是将字符串 a 中的所有字母转换成对应的大写字母，其他字符不变。类似地，函数 LCase(a)的作用是将字符串 a 中的所有字母转换成对应的小写字母。

(3) SetFocus 是 VB 提供的一个方法。语句 txtIn.SetFocus 的作用是将光标定位到文本框 txtIn 上(使文本框成为焦点)，以方便用户在文本框中直接输入(无须再单击文本框)。

2.4 数 据 输 出

用计算机解决问题后，应将处理结果显示给用户，这就需要进行数据的输出操作。前面介绍的在窗体上输出文字、用标签或文本框显示计算结果、在图像框中显示图片等均属于数据输出操作。下面再举几个数据输出的应用实例。

2.4.1 用标签输出数据

【例 2.9】 在窗体上添加 2 个标签和 2 个命令按钮。程序运行时的初始界面如图 2-12 所示。单击"正常文字"按钮，标签上的文字以正常效果显示，且"正常文字"按钮不可用，而"阴影文字"按钮可用，如图 2-13 所示；单击"阴影文字"按钮，程序界面又恢复为图 2-12 所示的状态，即标签上的文字以阴影效果显示，且"阴影文字"按钮不可用，而"正常文字"按钮可用。

【解】 为了实现阴影效果，要求 2 个标签的大小相同，并且文字内容、字体、字号完全一致。在窗体上添加所需控件后，按照表 2-10 给出的内容设置各对象的属性。

图 2-12　运行初始界面

图 2-13　单击"正常文字"按钮后

表 2-10　例 2.9 对象的属性值

对　　象	属 性 名	属 性 值	作　　用
窗体	Caption	显示阴影文字	窗体的标题
标签 1	（名称）	lblBlack	标签名称
	Caption	趣味 VB	标签中显示的信息
	Left	720	定位标签左边界位置
	Top	230	定位标签上边界位置
标签 2	（名称）	lblWhite	标签名称
	Caption	趣味 VB	标签中显示的信息
	BackStyle	0-Transparent	背景样式透明
	ForeColor	白色	前景色为白色
	Left	740	定位标签左边界位置
	Top	250	定位标签上边界位置
命令按钮 1	（名称）	cmdNormal	命令按钮的名称
	Caption	正常文字	命令按钮上的标题
命令按钮 2	（名称）	cmdShadow	命令按钮的名称
	Caption	阴影文字	命令按钮上的标题
	Enabled	False	命令按钮无效

程序代码如下：

```
Private Sub cmdNormal_Click()
    lblWhite.Visible=False          '使白色文字的标签不可见
    cmdNormal.Enabled=False         '使正常文字按钮不可用
    cmdShadow.Enabled=True          '使阴影文字按钮可用
End Sub

Private Sub cmdShadow_Click()
    lblWhite.Visible=True
    cmdNormal.Enabled=True
    cmdShadow.Enabled=False
```

End Sub

程序说明：

（1）添加标签时，需要将白色文字的标签放置于黑色文字的标签上层，并设置上层标签的 BackStyle 属性，使其背景模式变成透明。右键单击控件，在弹出的快捷菜单中选择【置前】或【置后】命令，可以改变控件在窗体上的层次位置。

（2）本例题中，通过不断改变命令按钮的 Enabled 属性值，使其在"可用"和"不可用"状态间切换。

（3）VB 中的大多数对象都具有 Visible 属性，用于设置该对象在屏幕上是否可见。

2.4.2　用消息框输出数据

【例 2.10】　在窗体上添加 1 个标签、1 个文本框和 1 个命令按钮。程序运行时，在文本框中输入 18 位身份证号码，如图 2-14 所示，单击"推算生日"按钮，弹出图 2-15 所示的消息对话框显示生日信息。

图 2-14　输入身份证号码

图 2-15　消息对话框

【解】　在窗体上添加所需控件后，按照表 2-11 给出的内容设置各对象的属性。

表 2-11　例 2.10 对象的属性值

对　象	属 性 名	属 性 值	作　　用
窗体	Caption	推算生日	窗体的标题
标签	Caption	请输入身份证号	标签中显示的信息
文本框	（名称）	txtID	文本框的名称
	Alignment	2-Center	文字居中对齐
	Maxlength	18	最多字符个数
	Text	（置空）	文本框中显示的内容
命令按钮	（名称）	cmdBirth	命令按钮的名称
	Caption	推算生日	命令按钮上的标题

程序代码如下：

```
Private Sub cmdBirth_Click()
    Dim y As String
```

```
        Dim m As String
        Dim d As String
        Dim birth As String
        y=Mid(txtID.Text, 7, 4)              '从身份证号中提取出生年份
        m=Mid(txtID.Text, 11, 2)             '从身份证号中提取出生月份
        d=Mid(txtID.Text, 13, 2)             '从身份证号中提取出生日期
        birth="生日是"&y&"年"&m&"月"&d&"日"
        MsgBox birth                         '弹出消息框,其中显示变量 birth 中的数据
    End Sub
```

程序说明：

语句 MsgBox birth 的作用是弹出消息框,并在其中显示 birth 变量中的字符串。其中 MsgBox 是 VB 提供的一个方法,其功能是弹出消息框,该方法通常只用于消息框内仅含一个"确定"按钮的情况。

此外,VB 中还提供了 MsgBox 函数,通常用于消息框中包含多个按钮的情况,该函数可以返回用户的操作选择,从而作为继续执行程序的依据。例如,在图 2-16 所示的消息框中,有"是"、"否"和"取消"三个按钮,当用户单击某按钮后,MsgBox 函数将返回该按钮的代码。MsgBox 方法及函数的详细使用参见 2.6.2 节。

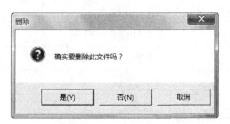

图 2-16   包含多按钮的消息框

2.4.3   用窗体输出数据

【例 2.11】   在第 1 个窗体上添加 1 个标签、1 个文本框和 1 个命令按钮;在第 2 个窗体上添加 1 个标签和 1 个命令按钮。程序运行时,在第 1 窗体的文本框中输入身份证号码(最多不超过 18 位),如图 2-17 所示,单击"推算生日"按钮,切换到第 2 窗体,并在其中的标签上显示推算出的生日,如图 2-18 所示;单击"结束"按钮,结束整个程序的运行。

图 2-17   第 1 个窗体中输入身份证号码

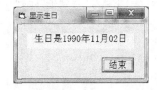

图 2-18   第 2 个窗体中显示推算出的生日

【解】   添加 2 个窗体及所需控件后,按照表 2-12 给出的内容修改和设置各对象的属性。

表 2-12 例 2.11 对象的属性值

对 象	属 性 名	属 性 值	作 用
窗体 1	（名称）	frmEx2_11_1	窗体 1 的名称
	Caption	推算生日	窗体 1 的标题
标签	Caption	请输入身份证号	标签中显示的信息
文本框	（名称）	txtID	文本框的名称
	Alignment	2-Center	文字居中对齐
	Maxlength	18	最多字符个数
	Text	（置空）	文本框中显示的内容
命令按钮	（名称）	cmdBirth	命令按钮的名称
	Caption	推算生日	命令按钮上的标题
窗体 2	（名称）	frmEx2_11_2	窗体 2 的名称
	Caption	显示生日	窗体 2 的标题
标签	（名称）	lblBirth	标签的名称
	Alignment	2-Center	标签对齐方式
	BackColor	&H0000FFFF&	标签背景颜色为黄色
	Caption	（置空）	标签中显示的内容
命令按钮	（名称）	cmdEnd	命令按钮的名称
	Caption	结束	命令按钮上的标题

窗体 1 中的程序代码如下：

```
Private Sub cmdBirth_Click()
    Dim y As String
    Dim m As String
    Dim d As String
    Dim birth As String
    y=Mid(txtID.Text, 7, 4)
    m=Mid(txtID.Text, 11, 2)
    d=Mid(txtID.Text, 13, 2)
    birth="生日是"&y&"年"&m&"月"&d&"日"
    frmEx2_11_2.lblBirth.Caption=birth      '为窗体 2 中的标签赋值
    frmEx2_11_1.Hide                         '隐藏窗体 1
    frmEx2_11_2.Show                         '显示窗体 2
End Sub
```

窗体 2 中的程序代码如下：

```
Private Sub cmdEnd_Click()
```

```
        End
End Sub
```

程序说明：

（1）一个工程中可以含有多个窗体，本例就属于多窗体操作。通过以下三种方法可以在工程中添加新的窗体。

① 执行【工程】|【添加窗体】命令。

② 单击工具栏中的"添加窗体"按钮。

③ 在工程资源管理器的空白位置单击鼠标右键，执行快捷菜单中的【添加】|【添加窗体】命令。

（2）程序运行时，第一个显示在屏幕上的窗体称为"启动窗体"。默认情况下，系统将第一个创建的窗体视为启动窗体。通过【工程】|【属性】命令，可以打开图 2-19 所示的对话框，在"启动对象"下拉列表中人为设定启动窗体。

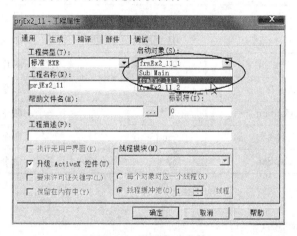

图 2-19　设置启动窗体

（3）在一个窗体中引用另一个窗体中的控件时，必须要连同该控件所在的窗体名一起表示，不能省略其所在的窗体名。例如，在窗体 frmEx2_11_1 中，为了将变量 birth 中的字符串赋给窗体 frmEx2_11_2 上的标签 lblBirth，语句必须写成 frmEx2_11_2.lblBirth.Caption＝birth。

（4）Show 和 Hide 是窗体的两个方法。Show 的作用是将窗体调入到内存并显示出来，而 Hide 的作用是暂时将窗体隐藏起来。通过 Show 和 Hide 方法可以实现不同窗体间的切换。

2.4.4　用图像框输出图形数据

【例 2.12】　在窗体上添加 1 个计时器、1 个图像框和 2 个命令按钮，如图 2-20 所示。程序运行时，单击"开始"按钮，汽车向前行驶；单击"停止"按钮，汽车停止行驶。

【解】　编程点拨：

实现小车向前行驶的思路是：每隔 0.1 秒，将显示小车的图像框向窗体左边水平移动一定距离。由于小车移动的时间间隔很短，因而感觉它在连续前进。

图 2-20 小车移动

计时器控件在工具箱中的图标是⏱。在窗体上添加所需控件后，按照表 2-13 给出的内容设置各对象的属性。

表 2-13 例 2.12 对象的属性值

对　象	属 性 名	属 性 值	作　　用
窗体	Caption	计时器与图像框	窗体的标题
计时器	（名称）	tmrMove	计时器的名称
	Enabled	False	关闭计时器
	Interval	100	计时器的时间间隔
图像框	（名称）	imgCar	图像框的名称
	Picture	所选图片文件	加载图片
	Stretch	True	图片自动调节大小
命令按钮 1	（名称）	cmdStart	命令按钮的名称
	Caption	开始	命令按钮的标题
命令按钮 2	（名称）	cmdStop	命令按钮的名称
	Caption	停止	命令按钮的标题

程序代码如下：

```
Private Sub cmdStart_Click()
    tmrMove.Enabled=True              '启动计时器
End Sub

Private Sub cmdStop_Click()
    tmrMove.Enabled=False             '关闭计时器
End Sub

Private Sub tmrMove_Timer()
    imgCar.Left=imgCar.Left - 100     '图片向左移动
End Sub
```

程序说明：

（1）在图像框中加载图片时，一定要确保选中图像框后再设置其 Picture 属性，否则图片将被加载到窗体上，如图 2-21 所示。为了删除窗体上的图片，应在属性窗口中选中该窗体的 Picture 属性值（如（Bitmap）），然后按 Delete 键删除。

图 2-21 图片加载到窗体

（2）计时器的功能是，每隔指定的时间间隔，自动触发执行 Timer 事件,其中时间间隔由 Interval 属性设定,单位为毫秒。Interval 属性的默认值是 0,此时计时器无效,通常情况下应修改此属性值。Interval 属性值越小,触发执行 Timer 事件的频率越快,动画效果越逼真。在本例题中,设置计时器的 Interval 属性值是 100(即 0.1 秒),因此每隔 0.1 秒自动执行一次 Timer 事件。

（3）在程序运行阶段,计时器控件不可见。

（4）在计时器的 Timer 事件中,执行语句 imgCar. Left＝imgCar. Left－100,使图像框的 Left 属性(图像框左边界与窗体左边界的距离)值每隔 0.1 秒减少 100,以此实现图像框向左移动 100 个 twip(长度单位,1twip＝1/1440 英寸)。

语句 imgCar. Left＝imgCar. Left＋100 使图像框向右移动;语句 imgCar. Top＝imgCar. Top＋100 使图像框向下移动;语句 imgCar. Top＝imgCar. Top－100 使图像框向上移动。图像框的 Top 属性表示图像框上边界与窗体上边界的距离。

请思考,如果使图像框向窗体左上角移动,应使用什么语句?

图像框的移动操作也可以使用 Move 方法,语句 imgCar. Left＝imgCar. Left－100 与 imgCar. Move imgCar. Left－100 的效果完全相同。

（5）通过 Enabled 属性可以设定计时器是否工作。值为 True 时,表示开启计时器,每到指定的时间间隔自动执行 Timer 事件;值为 False 时,表示关闭计时器,计时器不起作用。本例题中,单击“开始”按钮时开启计时器;而单击“停止”按钮时关闭计时器。

（6）本例题中,小车从窗体左侧移出后,将一去不返。为了实现小车在窗体中从左向右循环移动,需要用到第 3 章的知识,相关内容参见例 3.7。

2.5　数　据　输　入

前面介绍数据输出,下面将介绍数据输入,一个能够让用户进行输入操作的程序应用起来更加灵活。在 VB 中,一般使用文本框、输入框和滚动条等实现输入操作。

2.5.1　用文本框输入数据

【例 2.13】　在窗体上添加 4 个标签、3 个文本框和 1 个命令按钮,如图 2-22 所示。程序运行时,在 3 个文本框中分别输入一个 0～255 之间的整数,单击“显示”按钮时,以输入值作为红、绿、蓝三分量合成颜色并显示在窗体右侧的标签中,如图 2-23 所示。

图 2-22　例 2.13 的初始界面

图 2-23　例 2.13 的显示结果

【解】 在窗体上添加所需控件后,按照表 2-14 给出的内容设置各对象的属性。

表 2-14　例 2.13 对象的属性值

对　　象	属 性 名	属 性 值	作　　用
窗体	Caption	简易调色板	窗体的标题
文本框 1,2,3	(名称)	txtRed, txtGreen, txtBlue	文本框的名称
	Alignment	2-Center	文本框对齐方式
	TabIndex	0,1,2	焦点移动顺序
	Text	(置空)	文本框中显示的内容
标签 1,2,3	Caption	红,绿,蓝	标签的标题
标签 4	(名称)	lblShow	标签的名称
	BorderStyle	1-Fixed Single	边框下凹
	Caption	(置空)	标签中显示的内容
命令按钮	(名称)	cmdShow	命令按钮的名称
	Caption	显示	命令按钮上的标题

程序代码如下:

```
Private Sub cmdShow_Click()
    Dim r As Integer                        '分别存放红、绿、蓝色分量值
    Dim g As Integer
    Dim b As Integer
    r=Val(txtRed.Text)
    g=Val(txtGreen.Text)
    b=Val(txtBlue.Text)
    lblShow.BackColor=RGB(r, g, b)          '合成颜色,并赋给标签的背景色
End Sub
```

程序说明:

(1) 当控件的 TabStop 属性值为 True 时,表示在程序运行中可以通过 Tab 键选定它,值为 False 时则不能。通常,TabStop 与 TabIndex 属性一起使用。TabIndex 属性用于设置对象响应 Tab 键的顺序,其值从 0 开始。本例题中,将 3 个文本框的 TabStop 属性设置成 True,且将它们的 TabIndex 属性值依次设置为 0,1,2,其目的是在程序运行过程中,通过按"Tab"键,使光标(焦点)依次在 3 个文本框上跳转。

(2) RGB 是根据红、绿、蓝三原色产生合成色的处理函数。其格式为:

```
RGB(red,green,blue)
```

其中,red、green、blue 是 RGB 函数的参数,其取值范围均是 0~255,代表红、绿、蓝三原色的成分。RGB(0, 0, 0)表示黑色,RGB(255, 255,255)表示白色。

2.5.2 用输入框输入数据

【例2.14】 修改例2.13,将3个文本框改为标签,同时增加1个"输入"按钮,如图2-24所示。程序运行时,单击"输入"按钮,连续3次弹出图2-25所示的输入框,分别输入红、绿、蓝三原色的值,并将输入值显示在相应的标签内。单击"显示"按钮,在窗体右侧的标签中显示合成的颜色。

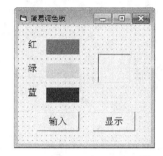

图2-24 例2.14的初始界面

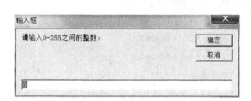

图2-25 输入框

【解】 在窗体上添加所需控件后,按照表2-15给出的内容设置各对象的属性。

表2-15 例2.14对象的属性值

对　　象	属 性 名	属 性 值	作　　用
窗体	Caption	简易调色板	窗体的标题
标签1,2,3	Caption	红,绿,蓝	标签的标题
标签4,5,6	(名称)	lblRed,lblGreen,lblBlue	标签的名称
	Alignment	2-Center	标签对齐方式
	BackColor	红色、绿色、蓝色	标签背景色
	Caption	(置空)	标签的显示内容
标签7	(名称)	lblShow	标签的名称
	BorderStyle	1-Fixed Single	边框下凹
	Caption	(置空)	标签中显示的内容
命令按钮1	(名称)	cmdShow	命令按钮的名称
	Caption	显示	命令按钮上的标题
命令按钮2	(名称)	cmdInput	命令按钮的名称
	Caption	输入	命令按钮的标题

程序代码如下:

```
Private Sub cmdInput_Click()
```

```
    Dim a As String
    Dim b As String
    Dim c As String
    a=InputBox("请输入 0-255 之间的整数:","输入框","0")
    lblRed.Caption=a
    b=InputBox("请输入 0-255 之间的整数:","输入框","0")
    lblGreen.Caption=b
    c=InputBox("请输入 0-255 之间的整数:","输入框","0")
    lblBlue.Caption=c
End Sub

Private Sub cmdShow_Click()
    Dim r As Integer
    Dim g As Integer
    Dim b As Integer
    r=Val(lblRed.Caption)
    g=Val(lblGreen.Caption)
    b=Val(lblBlue.Caption)
    lblShow.BackColor=RGB(r, g, b)
End Sub
```

程序说明:

InputBox 函数的功能是产生输入对话框,并可以接受和返回用户所输入的信息。例如,执行语句 x=InputBox("aaa","bb","c")时,将弹出图 2-26 所示的输入框,输入数据并单击"确定"按钮,将输入的数据以字符串的形式返回给变量 x;如果单击"取消"按钮,系统将返回空字符串。由于 InputBox 函数的返回值是字符串,所以程序中将变量 a,b,c 定义成 String 类型。

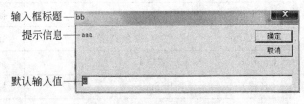

图 2-26　输入框中的各参数

请思考,能否将 cmdShow_Click 事件过程中的代码简化为 lblShow. BackColor＝RGB(a, b, c),具体分析参见 5.2.1 节。

2.5.3　用滚动条输入数据

【例 2.15】　修改例 2.13,将 3 个文本框改为水平滚动条,如图 2-27 所示。程序运行时,通过拖动滚动条输入红、绿、蓝三原色的值。单击"显示"按钮,在窗体右侧的标签中显示合成的颜色。

【解】　水平滚动条控件在工具箱中的图标是 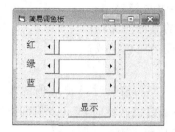。在窗体上添加所需控件后,按照表 2-16 给出的内容设置滚动条的属性。

图 2-27　用滚动条输入数据

表 2-16　例 2.15 对象的属性值

对　象	属性名	属性值	作　用
	(名称)	hsbRed, hsbGreen, hsbBlue	滚动条名称
	LargeChange	5	单击滚动条区域时的改变量
水平滚动条 1～3	Max	255	滚动条最大取值
	Min	0	滚动条最小取值
	SmallChange	1	单击滚动条箭头时的改变量

程序代码如下:

```
Private Sub cmdShow_Click()
    Dim r As Integer
    Dim g As Integer
    Dim b As Integer
    r=hsbRed.Value              '滚动条滑块当前位置所代表的值
    g=hsbGreen.Value
    b=hsbBlue.Value
    lblShow.BackColor=RGB(r, g, b)
End Sub
```

程序说明:

(1) 本例题中用到滚动条控件,它是 Windows 应用程序常用的窗口元素,也是浏览信息的一种有效工具。滚动条有水平滚动条和垂直滚动条两种。

(2) 滚动条控件的常用属性有:

Min 滚动条的最小取值,即滑块处于滚动条最小位置时所代表的值,其默认值为 0。

Max 滚动条的最大取值,即滑块处于滚动条最大位置时所代表的值,默认值为 32 767。

本例题中,设置 3 个滚动条的 Min 属性和 Max 属性值分别为 0 和 255,这就限定了滚动条的输入范围是 0～255。

注意:实际上,属性 Min 的值可以比属性 Max 的值大,所以可以理解为 Min 代表水平滚动条的最左侧值,Max 代表最右侧值。

Value 滚动条滑块当前位置所代表的值,即滚动条的当前值。程序运行时,执行以下三种操作均可改变滚动条的 Value 属性值:

① 单击滚动条左右两端的黑色箭头;

② 单击滑块与黑色箭头间的白色区域;

③ 直接拖动滚动条滑块。

SmallChange　单击滚动条左右箭头时,Value 值的改变量。

LargeChange　单击滚动条白色区域时,Value 值的改变量。

(3) 滚动条控件响应的主要事件有:

Scroll 事件　用鼠标直接拖动滚动条滑块时触发。

Change 事件　当滚动条的 Value 属性值发生变化时触发。

由此可知,在前述三种改变滚动条 Value 值的操作中,都会触发 Change 事件,而只有其中的"直接拖动滚动条滑块"操作才触发 Scroll 事件。只要发生了 Scroll 事件,就一定也产生 Change 事件。

(4) 删除"显示"命令按钮,要求拖动滚动条时在标签中即时显示当前合成颜色,则可将程序代码修改如下:

```
Private Sub hsbBlue_Change()
    Dim r As Integer
    Dim g As Integer
    Dim b As Integer
    r=hsbRed.Value
    g=hsbGreen.Value
    b=hsbBlue.Value
    lblShow.BackColor=RGB(r, g, b)
End Sub

Private Sub hsbGreen_Change()
    Dim r As Integer
    Dim g As Integer
    Dim b As Integer
    r=hsbRed.Value
    g=hsbGreen.Value
    b=hsbBlue.Value
    lblShow.BackColor=RGB(r, g, b)
End Sub

Private Sub hsbRed_Change()
    Dim r As Integer
    Dim g As Integer
    Dim b As Integer
    r=hsbRed.Value
```

```
        g=hsbGreen.Value
        b=hsbBlue.Value
        lblShow.BackColor=RGB(r, g, b)
End Sub
```

可以看到,添加了 3 个滚动条的 Change 事件。一旦某滚动条的值发生变化,就立即触发执行该滚动条的 Change 事件,在得到各滚动条的当前值后,调用 RGB 函数重新合成颜色,显示在标签中。

如果将 Change 事件改用 Scroll 事件,则移动滚动块时随时可以看到合成颜色的变化情况。

2.6   提 高 部 分

2.6.1   窗体与常用控件的进一步介绍

到目前为止已经初步学习了有关窗体和标签、文本框、命令按钮、图像框、计时器、滚动条等控件的使用方法,下面将对它们的常用属性、事件和方法做进一步的介绍。

1. 窗体

1) 属性

窗体除了前面介绍的属性外,还有如下常用属性:

BackColor 属性   设置窗体的背景颜色,可在弹出的调色板中选色。该属性也适用于大多数控件。

BorderStyle 属性   设置窗体边框的形式,有 6 个可选值(0～5)。当其值为 1 时,固定窗体的大小,此时 MaxButton 属性和 MinButton 属性自动变为 False。如果需要最小化按钮,可再设置 MinButton 属性为 True。

ControlBox 属性   设置窗体有无控制菜单。该属性值为 True 时,表示窗体设有控制菜单;为 False 时,表示窗体没有控制菜单,同时 MaxButton 属性和 MinButton 属性自动设为 False。该属性只适用于窗体。

CurrentX,CurrentY 属性   指定下一次窗体的输出位置。

注意:此属性只能在代码中设置,也适用于图片框控件。

Enabled 属性   设置窗体是否可用。该属性值为 True 时表示窗体可用,否则不可用。该属性也适用于其他控件。

Font 属性   设置窗体中显示文字的字体、字体样式和字号。该属性也适用于大多数控件。

ForeColor 属性   设置窗体中文字和图形的显示颜色。可在弹出的调色板中选色。该属性也适用于大多数控件。

Height,Width 属性   设置窗体的高度和宽度,默认单位是 twip,1 twip＝1/1440 英

寸。该属性也适用于其他控件。

Icon 属性　返回运行时窗体最小化所显示的图标。

Left,Top 属性　设置窗体的左边框距屏幕左边界的距离和窗体的上边框距屏幕顶边界的距离。该属性也适用于其他控件,但这时它们表示控件左、上边框与容器左、上边界的距离。

Picture 属性　设置窗体中要显示的图片。可以显示以 ico、bmp、wmf、gif、jpg、cur、emf、dib 为扩展名的图形文件。该属性的默认值是 None。通过单击 Picture 属性栏右侧的"…"按钮,在打开的对话框中选择要加载的图片后,Picture 属性值变为所加载的图形属性(如"(Bitmap)");如果要去掉窗口中的图片,选中该属性值并单击 Del 键即可。该属性也适用于图片框和图像框控件。

如果需要通过代码加载图片,可以使用 LoadPicture 函数,其格式为:

```
[对象名.]Picture=LoadPicture("图形文件名")
```

ScaleMode 属性　返回或设置对象坐标的度量单位。

Visible 属性　设置窗体是否可见。值为 True 时表示窗体可见,否则不可见。该属性也适用于大多数控件。

说明:

① 窗体和其他控件的很多属性,其基本含义和用途是相同的。例如,Height,Width 属性、Left,Top 属性、Enabled,Visible 属性等,在以后介绍控件的属性时,不再介绍这些属性。

② 不同的属性,其设置方法也有所不同,有些属性值只能由用户输入(如 Caption 属性);有的只能在系统已列出的选项中选择(如 Enabled 属性的 True 与 False,BorderStyle 属性的 0~5);有的在对话框中选择(如 Font 属性)。

③ 在设计阶段设置的有些属性值可以在代码中修改,如语句:

```
Form1.BackColor=RGB(255,0,0)          重新设置窗体的背景颜色
Form1.Picture=LoadPicture("图形文件名")    重新设置要显示的图形文件名
```

④ 在设计阶段要了解某属性的含义,可在对象属性窗口中单击该属性,这时在属性窗口的底部立即显示该属性的简单提示。

2) 事件

窗体除了前面介绍的事件外,还有如下常用事件:

Activate 事件　当单击窗体或使用 Show 方法显示某个窗体,使窗体处于激活状态并成为当前窗体时触发 Activate 事件。

DblClick 事件　双击窗体时触发并调用该事件过程。

KeyDown 事件　按下键盘上任意键时触发。

KeyPress 事件　敲击键盘时触发,该事件能识别键盘上字母、数字、标点、Enter、Tab、BackSpace 等字符。

KeyUp 事件　释放键盘上任意键时触发。

Load 事件　启动窗体时触发,同时进行对象的属性与变量的初始化操作。

MouseDown 事件　在窗体上按下鼠标键时触发。

MouseMove 事件　在窗体上移动鼠标时触发。

MouseUp 事件　在窗体上释放鼠标键时触发。

Unload 事件　程序运行后，单击窗体右上角的"关闭窗体"按钮时触发。

说明：一种操作可能触发多个事件，以单击窗体为例，先后触发 MouseDown、MouseUp、Click 事件，因此在编写程序时应根据实际需要，选择恰当的触发事件，尽量避免产生多个相同事件过程。

3）方法

窗体可以执行的主要方法有：

Cls 方法　清除用 Print、Line(画直线，将在 4.1 节例 4.3 中介绍)等方法在窗体上产生的所有文本和图形。Cls 方法的一般形式为：

`[对象名.]Cls`

其中对象名可以为窗体或图片框，省略时表示窗体。

Move 方法　移动窗体，在移动窗体的同时可以改变其大小。Move 方法的一般形式为：

`[对象名.]Move 左边距离[,上边距离[,宽度[,高度]]]`

其中对象名可以是窗体或除计时器外的其他控件；"左边距离"和"上边距离"以屏幕的左边界和上边界为基准；"宽度"和"高度"用于设置窗体在移动过程中大小的变化。

如执行语句 Form1. Move Form1. Left－100，Form1. Top＋50，可使窗体向左移动 100、向下移动 50 个度量单位。

Show 和 Hide 方法　显示或隐藏窗体。调用 Show 方法与设置 Visible 属性为 True 等价，调用 Hide 方法与设置 Visible 属性为 False 等价。

Print 方法　在窗体上输出字符串或表达式的值。Print 方法的一般形式为：

`[对象名.]Print [表达式列表]`

其中，输出的表达式可以是数值型或字符型表达式。对于数值型表达式，先进行计算，后输出结果；对于字符型表达式，则直接输出。

表达式列表可以是一个或多个表达式，当输出多个表达式时，使用";"或","作为表达式之间的分隔符。使用";"时，各表达式之间没有间隔地连续输出(即"紧凑格式")。使用","时，各表达式以 14 列为一个单位分段输出(称"标准格式")。

Print 方法还可以和 Tab、Spc 等函数配合使用，使数据按指定的位置输出在窗体上。如执行语句：

`Print Tab(5); "Visual"; Spc(3); "Baisc"`

表示从窗体第 5 列开始输出字符串"Visual"，在插入 3 个空格后再输出字符串"Basic"。Print 方法也适用于图片框。

2. 文本框

1）属性

文本框除了前面介绍的属性外，还有如下常用属性：

Locked 属性　设置文本框是否可编辑。默认值为 False,表示在文本框中可输入、可修改信息;当值为 True 时,文本框不能输入,此时等同于标签的使用。

MultiLine 属性　设置文本框是否可以多行输入。值为 True 时,可以向文本框中输入多行文本;值为 False 时,文本框为单行文本。该属性通常与 ScrollBars 属性匹配使用。

PasswordChar 属性　设置文本框中文本显示的替代符,默认值为“空”,即在文本框中原样显示文本字符。若将该属性值设置成某一确定字符,则文本框中输入或显示的任何字符均以该确定字符代替,不再显示原字符。该属性多用于密码框的设置。

ScrollBars 属性　在 MultiLine 属性为 True 的前提下,设置文本框是否显示滚动条,有 4 个可选项:0-None 不显示滚动条;1-Horizontal 显示水平滚动条;2-Vertical 显示垂直滚动条;3-Both 同时显示水平和垂直滚动条。

必须在设置文本框的 MultiLine 属性为 True 的前提下,才能设置此属性,否则无效。由此可以了解到,在某些对象的多个属性间有时存在相互制约关系。

SelLength 属性　返回或设置选定文本的长度。

SelStart 属性　返回或设置选定文本的起始位置,若未选中文本,则表示插入点的位置,第一个字符的位置为 0。

SelText 属性　返回或设置选定的文本内容。

例如,有两个文本框 Text1,Text2。其中 Text1 中的 Text 属性为“这是文本框中的一个属性”,执行下列语句:

```
Text1.SelStart=0                        '设置 Text1 中起始字符位置
Text1.SelLength=5                       '设置 Text1 中选定字符的长度
Text2.Text=Text1.SelText                '将 Text1 中选中的字符赋给 Text2 的 Text
```

结果是 Text2 中显示字符串“这是文本框”。

又如,在程序运行时,选中 Text1 中的 5 个字符,则执行 a＝Text1.SelLength 后,a 的值为 5。

2) 事件和方法

文本框除了前面介绍的事件和方法外,还有如下常用事件和方法:

Change 事件　文本框 Text 属性值发生变化(在文本框中输入、删除或通过代码重新赋 Text 属性值)时触发。每当输入或删除一个字符时都会触发该事件。

GotFocus 事件　通过 Tab 键或鼠标操作使文本框成为激活状态(即获得焦点)时触发该事件。

LostFocus 事件　通过 Tab 键或鼠标操作使光标离开文本框(即失去焦点)时触发该事件。

SetFocus 方法　设置焦点。只有焦点定位到文本框后,才能对其进行输入、编辑等操作。

3. 标签

1) 属性

标签除了前面介绍的属性外,还有如下常用属性:

AutoSize 属性　设置标签能否按照 Caption 属性的内容长度自动调节大小。该属性为 True 时,表示能自动调整标签大小,并且不换行。

WordWrap 属性　设置标签能否按照 Caption 属性的内容自动换行。当 AutoSize 属性和 WordWrap 属性同时为 True 时,标签的大小可根据 Caption 属性的内容沿垂直方向变化。

2) 事件和方法

除了前面介绍的事件和方法外,标签还有如下常用事件:

Change 事件　标签的 Caption 属性值发生变化时触发。

DblClick 事件　双击时触发。

MouseDown 事件　在标签上按下鼠标键时触发。

MouseMove 事件　在标签上移动鼠标时触发。

MouseUp 事件　在标签上释放鼠标键时触发。

4. 命令按钮

Cancel 属性　值为 True 时,表示该按钮为"取消按钮"。程序运行时,按下键盘上的 Esc 键即等同于单击该命令按钮;当值为 False 时,Esc 键无效。在一个窗体中只能设置一个取消按钮。

Default 属性　值为 True 时,设置该命令按钮为"默认活动按钮"。程序运行时,按下键盘上的回车键即等同于单击该命令按钮。在一个窗体中,只能设置一个默认活动按钮。

Enabled 属性　值为 True 时该按钮可用;反之,按钮呈浅灰色,暂时不可用。

说明:

① 在设置控件属性时,必须要先选中该控件,才能进行设置。忽略这一点有时会引发意想不到的麻烦。例如,题目要求将命令按钮的 Enabled 属性值设为 False,但操作中,误对选中的窗体进行了这一设置,由于窗体处于不可用状态,导致在窗体上无法执行任何操作(请不妨一试)。

② 命令按钮不提供 DblClick 事件。

5. 图像框与图片框

图像框与图片框是 VB 提供的图形控件,它们都可以用于显示图片。图片框控件在工具箱中的图标是█。图像框具有 Stretch 属性,值为 True 时,图片将自动调整大小以适应框体,反之,则框体自动调整大小以适应图片。而图片框是由 AutoSize 属性决定其框体是否随图形的变化而自动调节大小。图片框的功能远比图像框强,它是一个容器控件,其上可以再放置其他控件(如文本框、命令按钮等)并形成一个整体,支持较多的属性、事件和方法。但因其所占系统资源多、显示速度慢,仅用于显示图片时一般不推荐使用。

6. 计时器

计时器控件可在确定的时间间隔内自动触发 Timer 事件。在设计阶段,计时器控件显示在窗体上,程序运行时不可见。

计时器控件的特有属性 Interval 用于设置触发事件的时间间隔,单位为 ms(毫秒)。计时器控件只响应 Timer 事件。

7. 滚动条

滚动条分为水平滚动条和垂直滚动条两种。当从左到右(或从上到下)移动水平(或垂直)滚动条上的滑块时,其 Value 值由 Min 逐渐变化到 Max。VB 规定,滚动条的最大取值范围不超出 $-32\,768\sim32\,767$,并且允许 Min 的值比 Max 大。需要注意的是,滚动条与多行文本框中出现的滚动条不同,前者是一个控件,可以独立存在,而后者是文本框的一部分。

滚动条的基本属性有 Name、Max、Min、Value、SmallChange、LargeChange,常用事件有 Scroll 和 Change。

2.6.2 消息框与输入框

在例 2.10 和例 2.14 中,已经介绍了消息框与输入框的基本使用,下面再做进一步的说明。

1. 消息框

通过 MsgBox 方法或 MsgBox 函数都可以产生消息框。MsgBox 方法的调用格式是:

```
MsgBox  提示信息 [,图形样式参数 [,消息框标题]]
```

其中,第 1 个参数(提示信息)给出了要显示在对话框中的提示性文本;第 2 个参数(图形样式参数)给出了显示的图标类型(参见表 2-17);第 3 个参数(消息框标题)规定了消息框标题栏中显示的信息。

表 2-17 图标形式及对应值

符 号 常 量	图形样式代码	图 标 形 式
VbCritical	16	停止图标❌
VbQuestion	32	问号图标❓
VbExclamation	48	警告信息图标⚠
VbInformation	64	信息图标ℹ

例如,执行语句:MsgBox "这里是提示信息...",48,"消息框示例",弹出的消息框如图 2-28 所示。

MsgBox 函数的调用格式为:

```
变量=MsgBox(提示信息 [,样式参数 [,消息框标题]])
```

其中,第 2 个参数(样式参数)是一个整数,其值包含了 3 项信息,即消息框中显示的图标类型(参见表 2-17)、按钮

图 2-28 MsgBox 方法示例

的个数及种类(参见表 2-18)、默认按钮的代号(参见表 2-19)。该参数可以用各样式所对应的样式代码或符号常量以"求和"的形式表示,如 32＋3＋0 或 VbQuestion＋VbYesNoCancel＋VbDefaultButton1,也可以直接写成 35。

表 2-18　按钮形式及对应值

符 号 常 量	按钮样式代码	按 钮 形 式
VbOkOnly	0	"确定"按钮
VbOkCancel	1	"确定"和"取消"按钮
VbAbortRetryIgnore	2	"终止"、"重试"和"忽略"按钮
VbYesNoCancel	3	"是"、"否"和"取消"按钮
VbYesNo	4	"是"和"否"按钮
VbRetryCancel	5	"重试"和"取消"按钮

表 2-19　默认按钮及对应值

符 号 常 量	默认按钮代码	默认按钮位置
VbDefaultButton1	0	第一个按钮为默认按钮
VbDefaultButton2	256	第二个按钮为默认按钮
VbDefaultButton3	512	第三个按钮为默认按钮

例如,语句 a＝MsgBox("请确认输入的文件名",32＋3＋0,"输入文件名")将产生如图 2-29 所示的消息框。

与 MsgBox 方法不同,MsgBox 函数还能将用户在消息框中所单击的按钮以代号形式保存于变量中,作为继续执行程序的依据。MsgBox 函数返回值与命令按钮间的对应关系如表 2-20 所示。例如,在图 2-29 所示的消息框中单击"否"命令按钮,则变量 a 中的值为 7(即 VbNo)。

图 2-29　MsgBox 函数示例

表 2-20　MsgBox 函数返回值与命令按钮间的对应关系

选择的按钮	函数返回值	对应符号常量
"确定"按钮	1	VbOk
"取消"按钮	2	VbCancel
"终止"按钮	3	VbAbort
"重试"按钮	4	VbRetry
"忽略"按钮	5	VbIgnore
"是"按钮	6	VbYes
"否"按钮	7	VbNo

2. 输入框

通过 InputBox 函数可以产生输入对话框。InputBox 函数的调用格式为：

变量名=InputBox(提示信息 [,输入框标题 [,默认输入值]])

函数中第 1 个参数(提示信息)为对话框中需要显示的提示文本；第 2 个参数(输入框标题)为对话框标题栏中显示的文本；第 3 个参数(默认输入值)为输入框中默认的输入文本(参见图 2-26)。调用 InputBox 函数时弹出输入对话框，用户在文本输入框中输入相关信息后单击"确定"按钮，函数将用户所输内容以字符串形式返回并赋给指定变量；而单击"取消"按钮则返回空字符串。若用户没有输入信息而直接单击"确定"按钮，函数将返回默认输入值。当左侧变量是数值型时，需使用 Val 函数将其转换成对应的数值。

2.6.3　常用数据类型介绍

VB 中提供了丰富的数据类型，如在基础部分中已经用到过的整型(Integer)、长整型(Long)、双精度型(Double)和字符型(String)等，下面就 VB 中常用的数据类型进行简单介绍。

1. 整型(Integer)与长整型(Long)

整型变量在内存中占 2 个字节，其取值范围为 $-32\,768 \sim 32\,767$；长整型变量在内存中占 4 个字节，取值范围是 $-2\,147\,483\,648 \sim 2\,147\,483\,647$。

2. 单精度型(Single)与双精度型(Double)

单精度类型变量在内存中占 4 个字节，最多能保证 7 位有效数值。单精度类型数据可用小数形式和指数形式表示，如 12.3、-123.4568 等是小数形式，而 12.3E2(表示 12.3×10^2)、12.3E-5(表示 12.3×10^{-5})是指数形式。

双精度类型变量具有更高的精度，在内存中占 8 个字节，最多能保证 15 位有效数值。双精度类型数据也可用小数形式和指数形式表示，但在指数形式中用 D 表示底数，例如：12.3D12 表示 12.3×10^{12}、12.3D-15 表示数 12.3×10^{-15}。

需要注意的是，用指数形式表示实型数时，E 或 D 的左边必须要有数字，右边必须为整数。

3. 字符型(String)

字符型变量在内存中所占字节数由其所存放的字符个数决定。若在定义字符型变量时同时指定了它的长度，如 Dim a As String * 10，则 a 中只能存放固定长度的字符串，即 10 个字符。例如，若有语句：

```
Dim  a  As  String*8
Dim  b  As  String
```

```
a="ABC"
b="ABC"
```

则 a 的值是字母 ABC 及 5 个空格,而 b 的值仅仅是"ABC",由于定义形式不同,变量 a、b 中存放的内容也不相同。

4. 货币型(Currency)

货币型是为计算货币而设置的具有较高精度的定点(即小数点位置固定)数据类型,在内存中占 8 个字节。

5. 字节型(Byte)

字节型表示无符号的整数,在内存中存放需要 1 个字节,取值范围从 0~255,主要适用于存储二进制数。

6. 逻辑型(Boolean)

也叫布尔型,用于表示逻辑判断的结果,在内存中存放需要 2 个字节。逻辑型数据只有真(True)、假(False)两个值。当逻辑型数据转换成整型数据时,True 对应-1,False 对应 0;当其他数据类型转换为逻辑型数据时,非 0 数据对应为 True,0 对应 False。

7. 日期型(Date)

日期型数据用于表示日期和时间,在内存中存放需要 8 个字节,表示的日期范围从 100 年 1 月 1 日到 9999 年 12 月 31 日,表示的时间范围从 00:00:00 到 23:59:59。

日期型数据可以用多种格式表示,在使用时需要用符号♯括起来,否则 VB 不能正确识别。如♯2003-08-01♯、♯08/01/2003♯、♯2003-08-01 13:50:00♯都是合法的日期型数据。但 VB 不能识别"♯2003 年 8 月 1 日♯"这种包含汉字的日期格式。

8. 变体型(Variant)

变体型数据是一种通用的、可变的数据类型。当一个变量被定义为变体型时,该变量的数据类型由当前赋值数据的类型决定,如在窗体的单击事件过程中编写如下代码:

```
Dim a As Variant
a=10
Print  a
a="Visual"&"Basic"
Print  a
a=#2003/07/30#
Print  a
```

运行后,在窗体上分别输出 a 的值为 10,"VisualBasic"和"2003/07/30"。可以看出,变量 a 的数据类型随着当前所赋值的类型不断变化,VB 会自动完成类型间的相互转换。当执行完最后一句"Print a"后,a 为日期型,a 中存放的数据是 2003/07/30。

此外,VB 中允许不定义而直接使用变量,称变量的隐式声明。采用隐式声明的变量都是 Variant 类型(变体型)。使用隐式声明变量虽然方便,但容易出错,且错误难以查找,所以提倡初学者使用显式声明变量的方法。可以通过强制显式声明变量语句 Option Explicit 要求所有变量必须"先定义,后使用",否则 VB 会发出警告信息。Option Explicit 语句应写在代码窗口的"通用"、"声明"中。

2.6.4 常用内部函数汇总

函数实际上是系统事先定义好的内部程序,用来完成特定的功能。VB 提供了大量的内部函数,供用户在编程时使用。函数的一般调用形式是:

变量名=函数名(参数表)

其中参数表中的参数个数根据不同函数而不同。在使用函数时,只要给出函数名和参数,就会产生一个返回值。表 2-21 仅列出最常用的内部函数,必要时请查看相关书籍。

表 2-21 常用内部函数

函 数 名	作　　用	举　　例	结 果 值
Abs(x)	求 x 的绝对值	Abs($-$2)	2
Cos(x)	求余弦函数	Cos(60)	0.5
Exp(x)	求 e 的 x 次幂,即 e^x	Exp(5)	148.41
Log(x)	返回以 e 为底的 x 的对数值	Log(5)	
Round(x,n)	对第 n 个小数位四舍五入	Round(456.78,0) Round(456.78,1)	457 456.8
Sgn(x)	当 x<0、x>0、x=0 时,分别返回$-$1、1、0	Sgn($-$123.45) Sgn(123.45) Sgn(0)	$-$1 1 0
Sin(x)	求正弦函数	Sin(90)	1
Sqr(x)	求 x 的平方根	Sqr(16.0)	4
Tan(x)	求正切函数	Tan(0)	0
Int(x)	求不超过 x 的最大整数	Int(5.8) Int($-$5.8)	5　$-$6
Fix(x)	求 x 的整数部分	Fix(5.8) Fix($-$5.8)	5　$-$5
Rnd	产生(0,1)内的随机数	Rnd	小于 1 的正数
Randomize	产生随机数种子		
Asc(y)	将 y 中第一个字符转换成 ASCII 码值	Asc("ABC") Asc("a")	65　97
Chr(x)	将 x 转换成 ASCII 码值对应的字符	Chr(97)	"a"
Left(y,n)	从字符串 y 中左起取 n 个字符	Left("abcde",3)	"abc"

函 数 名	作　　用	举　　例	结 果 值
Mid(y,n,m)	从字符串 y 中第 n 个位置起取 m 个字符	Mid("abcde",3,2) Mid("abcde",3)	"cd" "cde"
Right(y,n)	从串 y 中右起取 n 个字符	Right("abcde",3)	"cde"
Lcase(y)	将大写字母转换成小写字母	Lcase("ABCd＊")	"abcd＊"
Ucase(y)	将小写字母转换成大写字母	Ucase("abc_D")	"ABC_D"
Str(x)	将数值型数据转换成字符型数据	Str(12.45) Str(−12)	"12.45" "−12"
Val(y)	将数字字符串转换成数值型数据	Val("12AB")	12
Len(y)	求字符串的长度	Len("VB 教程")	4
LTrim(y)	删除字符串左边的空格	Trim(" abc")	"abc"
RTrim(y)	删除字符串右边的空格	Trim("abc ")	"abc"
Trim(y)	删除字符串左右两边的空格	Trim(" abc ")	"abc"
Space(n)	产生 n 个空格	Space(5)	"　　　　　"
Date	返回系统当前的日期	Date()	03-8-10
Time	返回系统时间	Time()	17:30:00
Day(Now)	返回当前的日期号	Day(Now)	10
Month(Now)	返回当前月份	Month(Now)	8
Year(Now)	返回当前年份	Year(Now)	2003
Format	按指定格式输出		

说明：

（1）在函数名一栏中,括号里的字符(字符串)称为参数。在本表中,参数 x 表示数值型表达式,y 表示字符表达式,m、n 表示整数。

（2）Sin(x)、Cos(x)、Tan(x)中的 x 要求的单位为弧度。例如,若要计算数学函数 Sin(30°)的值,必须写成 Sin(30＊3.14/180)的形式。

（3）注意 Int(x)和 Fix(x)的区别,虽然它们都返回一个整数,但当 x 是负数时,返回值会不同。

（4）Now 是系统的内部函数,可直接使用。如语句 Print Now 的输出结果是系统当前的日期和时间,例如：2014-2-16 19:30:00。

（5）对于 Str(x)函数,当 x 是正数时,在转换后的字符型数据前有一个空格。

（6）对于 Val(y)函数,若 y 不是数字字符,其返回值为 0,如 Val("a122")的值为 0。

（7）格式输出函数 Format 可以使数值、字符或日期型数据按指定格式输出,其一般形式为：

Format(表达式,格式字符串)

其中,表达式可以是数值型、字符型或日期型;格式字符串则由特定的格式说明字符组成,这些说明符决定了表达式的输出格式。常用的数值型格式说明符有:

"♯"(数字占位符)、"0"(数字占位符)、"."(小数点占位符)、","(千分位占位符)、"%"(百分比符号占位符)。例如:

Format(1.23,"##.###")	输出形式为 1.23
Format(123.4567,"##.###")	输出形式为 123.457
Format(12345.67,"#,###.###")	输出形式为 12,345.67
Format(1.23,"00.000")	输出形式为 01.230
(当实际数值小于符号位数时,以 0 补位)	
Format(12.345,"0.0")	输出形式为 12.3
Format(12,"0.00")	输出形式为 12.00
Format(0.12345,"0.00%")	输出形式为 12.35%

另外还有字符型格式说明符和日期型格式说明符,请参考有关书籍。

2.6.5　文件路径的概念

为了找到存储在计算机中的一个文件,除了要知道其文件名外,还必须要知道它的具体存放位置。对文件在计算机中具体存储位置的描述,称为"文件路径",通常由驱动器和一系列文件夹名构成,其中驱动器由盘符和冒号":"表示,如"C:"、"D:",而各级文件夹名之间使用分隔符"\"进行连接。

文件路径分为绝对路径和相对路径两种。

假设某台计算机 C 盘中的存储结构如图 2-30 所示,则文件"Cock. gif"的路径可表示为"C:\MyVB\第 1 章",其中,紧跟在驱动器后的"\"表示驱动器根目录,而位于"MyVB"和"第 1 章"之间的"\"是分隔符,用于连接两级文件夹。又如,文件"VB_1 基础知识. doc"的路径是"C:\MyVB",而文件"msvci70. dll"的路径是"C:\"。这种由文件所在驱动器位置开始描述的文件路径,称为绝对路径。

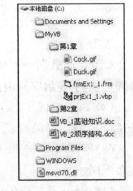

图 2-30　磁盘组织结构

所谓相对路径,是指从计算机当前工作路径开始描述的文件路径。假设当前计算机的工作路径为"C:\",即 C 盘的根目录,则文件"Cock. gif"的路径可用相对路径表示为"MyVB\第 1 章",文件"VB_1 基础知识. doc"的相对路径是"MyVB";若当前工作路径为"C:\MyVB",则文件"Cock. gif"的相对路径就是"第 1 章",而文件"VB_1 基础知识. doc"的相对路径为空。计算机工作路径就是当前正在执行且处于激活状态的程序其所在的文件夹。例如,在"我的电脑"中双击图 2-30 所示的"prjEx1_1. vbp"工程文件,则系统在 Visual Basic 集成环境中打开 prjEx1_1 工程,此时计算机的工作路径就是"C:\MyVB\第 1 章";若双击打开"VB_1 基础知识. doc"文件,则当前工作路径就是"C:\MyVB"。

在执行与文件有关的操作(如调用 LoadPicture 函数加载图形文件)时,都要求提供文件的完整文件名,即同时指出文件的路径和文件名,通常在文件路径与文件名之间用"\"进行连接,但当文件位于驱动器根目录时则省去"\"分隔符。文件路径既可以采用绝对路径进行描述,也可以采用相对路径描述。

2.6.6 贯穿实例——图书管理系统(2)

图书管理系统之二:在 1.4.4 节图书管理系统之一的基础上,分别设计系统管理人员窗体和普通工作人员窗体,并实现主窗体与这两个窗体间的切换。

在图书管理系统之一的基础上,添加系统管理人员窗体和普通工作人员窗体。在系统管理人员窗体上添加 3 个标签、2 个文本框、2 个命令按钮和 1 个图像框,本窗体无最大、最小化按钮,如图 2-31 所示;在普通工作人员窗体上添加 1 个标签、2 个单选按钮和 1 个命令按钮,本窗体无最大、最小化按钮,如图 2-32 所示。程序运行时,出现书店图书管理系统主窗体,单击【系统管理人员(A)】按钮(也可按 Alt＋A 键)或【普通工作人员(S)】按钮(也可按 Alt＋S 键)时,切换到系统管理人员界面或普通工作人员界面;单击【退出(X)】按钮(也可按 Alt＋X 键)时,弹出确认退出系统的消息框后结束程序运行。单击系统管理人员界面或普通工作人员界面中的【返回】按钮时,返回主窗体。

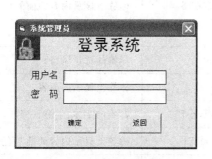
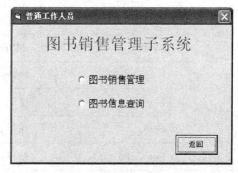

图 2-31　系统管理员窗体　　　　　图 2-32　普通工作人员窗体

【解】　在图书管理系统(1)的基础上,添加系统管理人员窗体和普通工作人员窗体,添加所需控件后按表 2-22 和表 2-23 设置各对象属性。单选按钮在工具箱中的图标是 。

表 2-22　系统管理员窗体中对象的属性值

对　象	属 性 名	属 性 值	作　用
窗体	(名称)	frmAdmin	窗体的名称
	Caption	系统管理员	窗体的标题
	MaxButton	False	窗体无最大化按钮
	MinButton	False	窗体无最小化按钮
	StartUpPosition	2-屏幕中心	窗体显示在屏幕中心

对　象	属 性 名	属 性 值	作　用
图像框	（名称）	imgLock	图像框的名称
	Picture	图像框图片	加载图片
标签1	（名称）	lblCaption	标签的名称
	BackStyle	0-Transparent	标签的背景风格
	Caption	登录系统	标签上显示的内容
	Font	黑体,常规,20	标签的字体、字形、字号
	ForeColor	&H00000000&	标签上显示内容的前景色
标签2	（名称）	lblUser	标签的名称
	BackStyle	0-Transparent	标签的背景风格
	Caption	用户名	标签上显示的内容
	Font	宋体,常规,小四	标签的字体、字形、字号
	ForeColor	&H8000000F&	标签上显示内容的前景色
标签3	（名称）	lblPass	标签的名称
	BackStyle	0-Transparent	标签的背景风格
	Caption	密码	标签上显示的内容
	Font	宋体,常规,小四	标签的字体、字形、字号
	ForeColor	&H8000000F&	标签上显示内容的前景色
文本框1	（名称）	txtUser	文本框的名称
	Text	置空	文本框中无显示内容
文本框2	（名称）	txtPass	文本框的名称
	Text	置空	文本框中无显示内容
	MaxLength	6	文本框中允许输入的字符数
	PasswordChar	*	密码文本框中显示的字符
命令按钮1	（名称）	cmdOk	命令按钮的名称
	Caption	确定	命令按钮上的标题
命令按钮2	（名称）	cmdReturn	命令按钮的名称
	Caption	返回	命令按钮上的标题

表 2-23　普通工作人员窗体中对象的属性值

对　象	属 性 名	属 性 值	作　用
窗体	（名称）	frmStaff	窗体的名称
	Caption	普通工作人员	窗体的标题
	MaxButton	False	窗体无最大化按钮
	MinButton	False	窗体无最小化按钮
标签 1	（名称）	lblTitle	标签的名称
	Caption	图书销售管理子系统	标签上的标题
单选按钮 1	（名称）	optSale	单选按钮的名称
	Caption	图书销售管理	单选按钮右侧的标题
单选按钮 2	（名称）	optFind	单选按钮的名称
	Caption	图书信息查询	单选按钮右侧的标题
命令按钮 3	（名称）	cmdReturn	命令按钮的名称
	Caption	返回	命令按钮上的标题

主窗体的程序代码如下：

```
Private Sub cmdAdmin_Click()
    frmMain.Hide
    frmAdmin.Show
End Sub


Private Sub cmdStaff_Click()
    frmMain.Hide
    frmStaff.Show
End Sub


Private Sub cmdExit_Click()
    MsgBox "确认要退出系统吗？", vbOKCancel, "退出系统"
    End
End Sub
```

系统管理员窗体的程序代码如下：

```
Private Sub cmdReturn_Click()
    frmMain.Show
    frmAdmin.Hide
End Sub
```

普通工作人员窗体的程序代码如下：

```
Private Sub cmdReturn_Click()
```

```
    frmMain.Show
    frmStaff.Hide
End Sub
```

2.7 上机训练

【训练 2.1】 在窗体上添加 4 个标签、1 个文本框和 4 个命令按钮,如图 2-33 所示。
程序运行时,随机产生 2 个两位整数并显示在相应
的标签中,且"查看结果"按钮和文本框都不能使
用,如图 2-34 所示;单击"＋"或"－"按钮,文本框内
容置空且处于可编辑状态,并将光标定位在该文本
框内以方便用户直接输入计算结果,同时"查看结
果"按钮可用;单击"查看结果"按钮,弹出消息框显
示正确答案,如图 2-35 所示,此时不能再修改文本
框内容;单击"下一题"按钮,清空文本框原有内容

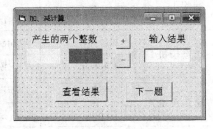

图 2-33 训练 2.1 的界面设计

后再重新产生 2 个两位整数显示在相应标签中,并使"查看结果"按钮和文本框都不能
使用。

图 2-34 程序运行时的初始界面

图 2-35 查看结果消息框

1. 目标

(1) 掌握文本框的 Locked 属性和 SetFocus 方法。

(2) 熟练使用 MsgBox 方法弹出消息框。

(3) 掌握命令按钮的 Enabled 属性。

(4) 掌握产生指定范围内随机整数的方法。

(5) 掌握字符串连接符"&"的使用方法。

(6) 了解重复使用 Form_Load 内代码的方法。

(7) 了解窗体级变量的使用场合和定义方法。

2. 步骤

(1) 设计用户界面,并设置属性。

在窗体上添加所需控件后,按照表 2-24 给出的内容设置各对象属性。

表 2-24　训练 2.1 对象的属性值

对　　象	属 性 名	属 性 值	作　　用
窗体	Caption	加、减计算	窗体的标题
标签 1、2	(名称)	lblx、lbly	标签的名称
	Alignment	2-Center	文字居中对齐
	BackColor	黄色、粉色	标签背景颜色
	Caption	(置空)	标签上显示的内容
标签 3、4	Caption	产生的两个整数、输入结果	标签上的文字
命令按钮 1	(名称)	cmdAdd	命令按钮的名称
	Caption	＋	命令按钮上的标题
命令按钮 2	(名称)	cmdSub	命令按钮的名称
	Caption	—	命令按钮上的标题
命令按钮 3	(名称)	cmdKey	命令按钮的名称
	Caption	查看结果	命令按钮上的标题
命令按钮 4	(名称)	cmdNext	命令按钮的名称
	Caption	下一题	命令按钮上的标题
文本框	(名称)	txtIn	文本框的名称
	Alignment	2-Center	文字居中对齐
	Text	(置空)	文本框上显示的内容

(2) 编写代码、运行程序、保存窗体和工程。

① 定义窗体级变量 ans。

在代码窗口的"对象"列表框中选择"(通用)"项,在"过程"列表框中选择"(声明)"项,此时光标位于代码窗口的顶部。在此位置输入语句:Dim ans As String。

在代码窗口的"通用"——"声明"位置使用 Dim 语句定义的变量称为窗体级变量。窗体级变量可以在同一窗体的任意过程中使用。本题中将用于存放正确答案信息的变量 ans 定义成窗体级变量,目的是能够在 cmdAdd_Click、cmdSub_Click 和 cmdKey_Click 事件过程中都可以使用该变量。

② 编写窗体的 Load 事件代码,代码如下:

```
Private Sub Form_Load()
    Randomize
    lblx.Caption=Int(Rnd * 90)+10
    lbly.Caption=Int(Rnd * 90)+10
    txtIn.Locked=True                          '锁定文本框,不允许输入内容
```

```
    cmdKey.Enabled=False                    '"查看结果"按钮不可用
End Sub
```

③ 运行程序,验证窗体的 Load 事件代码的正确性。

④ 编写"+"按钮的 Click 事件代码,代码如下:

```
Private Sub cmdAdd_Click()
    Dim t As Integer
    txtIn.Locked=False
    txtIn.Text=""
    txtIn.SetFocus
    cmdKey.Enabled=True
    t=Val(lblx.Caption)+Val(lbly.Caption)
    ans=lblx.Caption&"+"&lbly.Caption&"="&t
End Sub
```

⑤ 运行程序,验证"+"按钮的 Click 事件代码的正确性。

⑥ 用类似的方法编写"－"按钮的 Click 事件代码,并运行程序验证。

⑦ 编写"查看结果"按钮的 Click 事件代码,代码如下:

```
Private Sub cmdKey_Click()
    MsgBox ans, vbInformation, "正确答案"
    txtIn.Locked=True
End Sub
```

⑧ 运行程序,验证"查看结果"按钮的 Click 事件代码的正确性。

⑨ 编写"下一题"按钮的 Click 事件代码,并运行程序验证。

⑩ 保存窗体和工程。

3. 提示

(1) 程序一运行,就执行窗体的 Load 事件。

(2) 在"+"按钮的 Click 事件中,首先把文本框的锁定状态改为可输入,并把焦点设在文本框上,然后计算出正确结果,并通过字符串连接操作得到所需显示在消息框中的内容,将其保存在窗体级变量 ans 中,以备后续查询。"－"按钮的 Click 事件类似。

(3) 在"下一题"按钮的 Click 事件中,需要重复执行窗体的 Load 事件中全部代码。为此只需执行语句 Form_Load 即可。

4. 扩展

添加一个新窗体,该窗体包括 1 个标签和 2 个命令按钮,如图 2-36 所示。在启动窗体中单击"查看结果"按钮,并在弹出的消息框中单击"确定"按钮后,切换到新窗体,在标签中显示题目、正确答案以及用户输入的答案,如图 2-37 所示。

【训练 2.2】 设计一个调色板应用程序。在窗体上添加 8 个标签、3 个水平滚动条和 2 个命令按钮,如图 2-38 所示。程序运行时,把 3 个水平滚动条作为红、绿、蓝三原色的输

图 2-36　新窗体初始界面

图 2-37　答题情况

入工具,将合成的颜色显示在右上方标签(初始颜色为黑色)中。单击"前景色"或"背景色"按钮时,将右下方标签(初始时前景色为黑色,背景色为白色)的相应属性设置为该合成颜色,以观察显示效果,如图 2-39 所示。

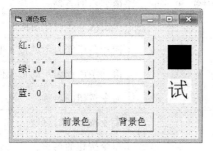

图 2-38　调色板初始界面

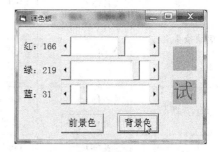

图 2-39　调色板运行界面

1. 目标

(1) 掌握滚动条的使用方法。

(2) 学会使用 RGB 函数。

(3) 掌握使用计时器设计简单动画的方法。

2. 步骤

(1) 设计用户界面,并设置属性。

在窗体上添加所需控件后,按照表 2-25 给出的内容设置各对象的属性。

表 2-25　训练 2.2 对象的属性值

对　　象	属 性 名	属 性 值	作　　用
窗体	Caption	调色板	窗体的标题
标签1、2、3	Caption	红:、绿:、蓝:	标签的标题
标签4、5、6	(名称)	lb1Red、lblGreen、lb1Blue	标签的名称
	Caption	0、0、0	标签的标题

对　　象	属 性 名	属 性 值	作　　用
标签 7	（名称）	lblColor	标签的名称
	BackColor	黑色	标签的背景色
	Caption	（置空）	标签上显示的内容
标签 8	（名称）	lblTest	标签的名称
	BackColor	白色	标签的背景色
	Caption	试	标签的标题
	ForColore	黑色	标签的前景色
	Font	一号字	标签的字体
滚动条 1、2、3	（名称）	hsbRed、hsbGreen、hsbBlue	滚动条的名称
	LargeChange	25	单击滚动条区域时的改变量
	Max	255	滚动条所能表示的最大值
	Min	0	滚动条所能表示的最大值
命令按钮 1	（名称）	cmdFore	命令按钮的名称
	Caption	前景色	命令按钮上的标题
命令按钮 2	（名称）	cmdBack	命令按钮的名称
	Caption	背景色	命令按钮上的标题

（2）编写代码、运行程序、保存窗体和工程。

① 定义窗体级变量 r、g 和 b。

定义方法参见训练 2.1。

② 编写红色滚动条的 Change 事件过程，代码如下：

```
Private Sub hsbRed_Change()
    r=hsbRed.Value
    lblRed.Caption=r
    lblColor.BackColor=RGB(r, g, b)
End Sub
```

③ 编写"背景色"按钮的 Click 事件过程，仅包括一条语句：

```
lblTest.BackColor=lblColor.BackColor
```

④ 运行程序，验证红色滚动条的 Change 事件代码和"背景色"按钮的 Click 事件代码的正确性。

⑤ 编写"前景色"按钮的 Click 事件过程，仅包括一条语句：

```
lblTest.ForeColor=lblColor.BackColor
```

⑥ 运行程序,验证红色滚动条的 Change 事件代码和"前景色"按钮的 Click 事件代码的正确性。

⑦ 用类似的方法编写绿色滚动条和蓝色滚动条的 Change 事件代码,并运行程序验证其正确性。

⑧ 保存窗体和工程。

3. 提示

可参照例 2.15。

4. 扩展

(1) 补充编写 3 个滚动条的 Scroll 事件,完善其功能。

(2) 修改原窗体界面,并添加"移动"按钮和计时器控件,如图 2-40 所示。程序运行时,单击"移动"按钮,显示"试"字的标签向上移动,单击窗体时停止移动,如图 2-41 所示。

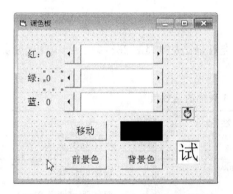

图 2-40 修改训练 2.2 后的初始界面

图 2-41 单击"移动"按钮后

【训练 2.3】 多窗体程序。在窗体 1 上添加 1 个图像框(显示的是艺术字)和 2 个命令按钮,如图 2-42 所示;窗体 2 上添加 1 个文本框和 2 个命令按钮,如图 2-43 所示;窗体 3 上添加 1 个文本框,如图 2-44 所示。

图 2-42 窗体 1 的界面设计

程序运行时,先出现窗体 1。在窗体 1 中,单击"切换(E)"按钮或按 Alt+E 组合键,切换到窗体 2;单击"退出(X)"按钮或按 Alt+X 组合键,结束整个程序的运行。在窗体 2 的文本框中输入文字并选中部分文字后,单击"放大"按钮,切换到窗体 3,同时在窗体 3 的文本框中显示放大后的文字;单击"返回"按钮则回到窗体 1。在窗体 3 中,单击"关闭"按钮█,返回到窗体 2。

1. 目标

(1) 掌握图像框的使用方法。

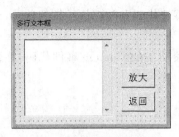

图 2-43　窗体 2 的界面设计　　　　　　图 2-44　窗体 3 的界面设计

（2）掌握多窗体的设计与切换方法。

（3）了解多行文本框。

（4）巩固 MsgBox 方法的使用。

（5）了解窗体的 Unload 事件。

2. 步骤

（1）设计用户界面，并设置属性。

在窗体 1、窗体 2 和窗体 3 上分别添加所需控件后，按照表 2-26～表 2-28 给出的内容设置各对象属性。

表 2-26　训练 2.3 窗体 1 对象的属性值

对　　象	属 性 名	属 性 值	作　　用
窗体 1	（名称）	frmXl2_3_1	窗体的名称
	Caption	多窗体训练	窗体的标题
	ControlBox	False	窗体无控制菜单
图像框	Picture	Word 中的艺术字	显示的图片
	Stretch	True	图像框大小固定
命令按钮 1	（名称）	cmdEnter	命令按钮的名称
	Caption	切换(&E)	命令按钮的标题
命令按钮 2	（名称）	cmdEnd	命令按钮的名称
	Caption	退出(&X)	命令按钮的标题

表 2-27　训练 2.3 窗体 2 中对象的属性值

对　　象	属 性 名	属 性 值	作　　用
窗体 2	（名称）	frmXl2_3_2	窗体的名称
	Caption	多行文本框	窗体的标题
	ControlBox	False	窗体有无控制菜单

对　　象	属 性 名	属 性 值	作　　用
文本框	（名称）	txtEdit	文本框的名称
	MultiLine	True	向文本框中输入多行文本
	ScrollBars	2-Vertical	显示垂直滚动条
	Text	（置空）	文本框中无显示内容
命令按钮1	（名称）	cmdLarge	命令按钮的名称
	Caption	放大	命令按钮的标题
命令按钮2	（名称）	cmdExit	命令按钮的名称
	Caption	返回	命令按钮的标题

表 2-28　训练 2.3 窗体 3 中对象的属性值

对　　象	属 性 名	属 性 值	作　　用
窗体3	（名称）	frmXl2_3_3	窗体的名称
	BorderStyle	1-Fixed Single	窗体边框固定
	Caption	放大镜	窗体的标题
	MinButton	True	有最小化按钮
文本框	（名称）	txtShow	文本框的名称
	Font	一号	文本框的文字大小
	Locked	True	禁止编辑
	MultiLine	True	向文本框中输入多行文本
	ScrollBars	3-Both	显示水平和垂直滚动条
	Text	（置空）	文本框中无显示内容

（2）编写代码、运行程序、保存各窗体和工程。

① 编写"切换"按钮的 Click 事件过程，仅包括两条语句：

```
frmXl2_3_1.Hide
frmXl2_3_2.Show
```

② 运行程序，验证代码的正确性。

③ 编写"退出"按钮的 Click 事件过程并运行程序验证。

④ 编写"放大"按钮的 Click 事件过程并运行程序验证，代码如下：

```
frmXl2_3_3.txtShow.Text=txtEdit.SelText
frmXl2_3_2.Hide
frmXl2_3_3.Show
```

⑤ 编写"返回"按钮的 Click 事件过程并运行程序验证。

⑥ 编写窗体 3 的 Unload 事件过程并运行程序验证,代码如下:

```
Private Sub Form_Unload(Cancel As Integer)
    frmX12_3_2.Show
End Sub
```

⑦ 保存各窗体和工程。

3. 提示

(1) 图像框上的艺术字是将在 Word 中设计的艺术字复制、粘贴到该图像框上而得。

(2) 给命令按钮设置热键的方法:在命令按钮的 Caption 属性中指定热键字母,并在该字母前加"&"即可。

(3) 在一个窗体中引用另一窗体中的控件(文本框)属性时,应采用"窗体名.控件名.属性名"的形式,明确指出控件所在的窗体。

(4) 文本框的 SelText 属性表示文本框中当前选中的文本,该属性在设计阶段不可用。

(5) 程序运行时,单击窗体右上角的 ▨ 按钮会触发窗体的 Unload 事件。

4. 扩展

在窗体 1 中,单击"退出"按钮,弹出消息框显示结束语,如图 2-45 所示,单击"确定"按钮后结束程序。

【训练 2.4】 多窗体程序。在窗体 1 中添加 1 个图片框、1 个计时器和 1 个命令按钮,并在图片框内添加 2 个标签,如图 2-46 所示;在窗体 2 上添加 1 个图像框、1 个标签和 1 个命令按钮,如图 2-47 所示。程序运行时,图片框中的 2 个标签同时向上移动,但当鼠标移动到图片框上时标签停止移动;当鼠标移动到窗体上时标签又继续移动;单击"中国国旗"标签时,切换到窗体 2 并显示中国国旗及相应文字,如图 2-48 所示;单击"中国首

图 2-45　消息框

都"标签时,切换到窗体 2 并显示天安门及相应文字,如图 2-49 所示;单击"退出"按钮,结束程序的运行。在窗体 2 中,单击"返回"按钮或按 Esc 键,则返回到窗体 1。

图 2-46　窗体 1 界面设计

图 2-47　窗体 2 界面设计

图 2-48　窗体 2 中显示国旗

图 2-49　窗体 2 中显示天安门

1. 目标

(1) 掌握图片框和图像框的使用方法，了解它们的区别。

(2) 巩固计时器的使用方法。

(3) 巩固多窗体的设计与切换方法。

(4) 掌握对象的 MouseMove 事件。

2. 步骤

(1) 设计用户界面，并设置属性。

图片框控件在工具箱中的图标是![icon]，通常用于显示图片。但与图像框不同的是，它是容器控件，其上可以再放置其他控件。

在窗体 1、窗体 2 上分别添加所需控件后，按照表 2-29 及表 2-30 给出的内容设置各对象属性。

表 2-29　训练 2.4 窗体 1 对象的属性值

对　　象	属 性 名	属 性 值	作　　用
窗体 1	(名称)	frmXl2_4_1	窗体的名称
	Caption	启动窗体	窗体的标题
	ControlBox	False	窗体无控制按钮
图片框	(名称)	picShow	图片框的名称
	BackColor	浅蓝色	图片框的背景色
标签 1、2	(名称)	lblFlag、lblCapital	标签的名称
	Alignment	2-Center	标签的文字居中
	BackStyle	0-Transparent	标签的背景风格
	Caption	中国国旗、中国首都	标签的标题
计时器	(名称)	tmrMove	计时器的名称
	Interval	100	计时器的时间间隔
命令按钮	(名称)	cmdEnd	命令按钮的名称
	Caption	退出	命令按钮上的标题

表 2-30 训练 2.4 窗体 2 对象的属性值

对　　象	属 性 名	属 性 值	作　　用
窗体 2	（名称）	frmXl2_4_2	窗体的名称
	Caption	显示图片	窗体的标题
	ControlBox	False	窗体无控制按钮
图像框	（名称）	imgShow	图像框的名称
	Stretch	True	图片自动调节大小
标签	（名称）	lblShow	标签的名称
	Alignment	2-Center	标签的文字居中
命令按钮	（名称）	cmdExit	命令按钮的名称
	Cancel	True	设置默认的取消按钮
	Caption	返回	命令按钮上的标题

（2）编写代码、运行程序、保存各窗体和工程。

① 编写计时器的 Timer 事件过程，使两个标签同步向上移动。

② 运行程序，验证标签的移动效果。

③ 编写图片框的 MouseMove 事件过程，仅包括一条语句：

```
tmrMove.Enabled=False
```

运行程序，验证停止移动效果。

④ 编写窗体的 MouseMove 事件过程并运行程序验证，代码如下：

```
Private Sub Form_MouseMove(Button As Integer, Shift As Integer, X As Single, Y As Single)
    tmrMove.Enabled=True
End Sub
```

⑤ 编写两个标签的 Click 事件过程并运行程序验证。两个事件过程的代码类似，其中"中国国旗"标签的 Click 事件代码如下：

```
Private Sub lblFlag_Click()
    frmXl2_4_1.Hide
    frmXl2_4_2.imgShow.Picture=LoadPicture("中国国旗.gif")
    frmXl2_4_2.lblShow.Caption="五星红旗"
    frmXl2_4_2.Show
End Sub
```

⑥ 编写"退出"按钮的 Click 事件过程并运行程序验证。

⑦ 编写窗体 2 中"返回"按钮的 Click 事件过程并运行程序验证。

⑧ 保存各窗体和工程。

3. 提 示

（1）在图片框和窗体的 MouseMove 事件中，分别设置计时器的 Enabled 属性为 False 和 True，实现标签的停止和移动。

（2）图片框是容器控件，为了把 3 个标签放置在图片框内，不能采用双击工具箱图标的方法。因为以这种方式添加的控件，只能放置在窗体上，而没有放置在图片框的里面。向图片框中添加控件的正确方法是：单击工具箱中的控件图标，在图片框内用拖拉的方式绘制控件。用鼠标拖动图片框时，图片框内的控件应随之一起移动。

（3）将一个命令按钮的 Cancel 属性设置为 True 时，该按钮被指定成窗体的取消按钮。即在程序运行时，按下键盘上的 Esc 键与单击该命令按钮的作用相同。类似地，设置按钮的 Default 属性为 True 时，该按钮被指定成窗体的默认活动按钮，在程序运行时，按下回车键与单击该按钮的作用相同。

（4）在调用 LoadPicture 函数时，"文件名"采用相对路径进行描述（相对路径的概念参见 2.6.5 节）。为此，需要将图形文件与工程文件放在同一文件夹中。

4. 扩 展

在窗体 1 中，当鼠标移动到某标签上时，该标签文字变为红色，如图 2-50 所示；当鼠标移开后文字又恢复成黑色。

【训练 2.5】 使用内部函数。在窗体上添加 1 个计时器、1 个命令按钮和 5 个标签，如图 2-51 所示。程序运行时，自动显示当前日期和时间（每秒更新）；单击"记事"按钮，出现图 2-52 所示的输入框，输入相关内容并单击"确定"按钮后，在标签上显示记事内容，同时弹出消息框显示所输入字符个数，如图 2-53 所示。

图 2-50　标签文字变为红色

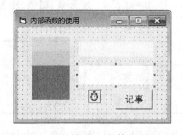

图 2-51　训练 2.5 窗体初始界面

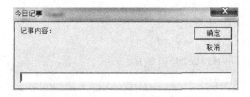

图 2-52　输入框

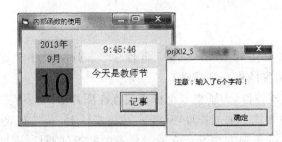

图 2-53 显示记事内容

1. 目标

(1) 掌握内部函数的使用方法。

(2) 掌握 InputBox 函数和 MsgBox 方法的使用。

(3) 巩固计时器的使用方法。

2. 步骤

(1) 设计用户界面,并设置属性。在窗体添加所需控件后,按照表 2-31 设置各对象的属性。

表 2-31 训练 2.5 各对象的属性值

对 象	属 性 名	属 性 值	作 用
窗体	Caption	内部函数的使用	窗体的标题
标签 1~5	(名称)	lblYear、lblMonth、lblDay、lblTime、lblWords	标签的名称
	Alignment	2-Center	标签的文字居中
	BackColor	天蓝、绿色、粉色、黄色、白色	标签背景颜色
命令按钮	(名称)	cmdWords	命令按钮的名称
	Caption	记事	命令按钮上的标题
计时器	(名称)	tmrShow	计时器的名称
	Interval	1000	计时器的时间间隔

(2) 编写代码、运行程序、保存窗体和工程。

① 编写计时器的 Timer 事件过程并运行程序验证。代码如下:

```
Private Sub tmrShow_Timer()
    lblYear.Caption=Year(Now)&"年"
    lblMonth.Caption=Month(Now)&"月"
    lblDay.Caption=Day(Now)
    lblTime.Caption=Time
End Sub
```

② 编写"记事"按钮的 Click 事件过程并运行程序验证。代码如下：

```
Private Sub cmdWords_Click()
    Dim x As String
    x=InputBox("记事内容:", "今日记事")
    lblWords.Caption=x
    MsgBox "注意:输入了"&Len(x)&"个字符!"
End Sub
```

③ 保存窗体和工程。

3. 提示

（1）Now 和 Time 是系统函数，其中 Now 函数返回系统的当前日期和时间，而 Time 函数只返回系统的当前时间。Year、Month 和 Day 函数的功能分别是返回某给定日期的年、月、日。

（2）Len 函数的功能是求字符串的长度，如 Len（"英文字母 ABC"）的返回值是 7。需要指出的是，无论中、西文字符均按一个字符处理。更多常用内部函数的介绍请参见 2.6.4 节。

4. 扩展

窗体中添加"自学"按钮，单击该按钮进入第 2 个窗体，界面如图 2-54 所示。单击"ASCII 表"按钮，在标签上显示字母 a～e 对应的 ASCII 码值，如图 2-55 所示；单击"输入 ASCII"按钮，弹出图 2-56 所示的输入框，当输入一个 65～90 之间的整数后以消息框形式显示对应的字符，如图 2-57 所示。

图 2-54　第 2 个窗体的初始界面

图 2-55　单击"ASCII 表"按钮

图 2-56　输入框

图 2-57　消息框

习 题 2

基础部分

1. 下面给出的符号中,可以作为 Visual Basic 变量名的有_____。
① _3 ② A-3 ③ V♯B ④ VB ⑤ V_B ⑥ True ⑦ 2a ⑧ a 2

2. 下面给出的符号中,可以作为 Visual Basic 常量的有_____。
① π ② 0 ③ 1.1E1.1 ④ 'ab' ⑤ "ab" ⑥ False ⑦ ♯2003-11-25♯ ⑧ E2

3. 执行下列语句后文本框(Text1)中的值是_____。

```
Text1.Text="123"
a="45"
b="678"
Text1.Text=a&b
```

4. 执行下列语句时,分别在输入框内输入 123 和 456,则文本框中的值是_____。

```
a=Val(InputBox("请输入第一个数据:", "输入框"))
b=InputBox("请输入第二个数据:", "输入框")
Text1.Text=a&b
```

5. 判断正误:VB 中窗体的 Height 属性只能在设计阶段给出,而在代码中无法改变。

6. 判断正误:运行程序时要在窗体 Form1 的标题栏中显示文字"VB 应用程序",可在属性窗口修改 Caption 属性为"VB 应用程序"或在 Form_Load 事件过程中添加语句 Form1.Caption="VB 应用程序"。

7. 编写程序,设计变色板。在窗体上添加 1 个标签和 1 个计时器,如图 2-58 所示。程序运行时,标签的背景颜色每隔 0.5 秒随机变换。

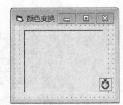

图 2-58 变色板

8. 编写程序,显示数列各项的值。在窗体中添加 5 个标签、1 个文本框、1 个按钮和 1 个垂直滚动条(如图 2-59 所示),要求滚动条的取值范围是[1,50]。设有一数列 $a_n(n=1,2,3,\cdots,50)$,其通项公式为 $a_n = \dfrac{n^2}{n+1}$。程序运行时,可以通过垂直滚动条输入 n 的值。当滚动条 Value 值(即 n 的值)改变时,立即在文本框中显示其值,并在黄色标签上显示第 n 项的值(如图 2-60 所示);用户也可以在文本框中直接输入 n 值,单击"计算"按钮后,将滚动条的 Value 值设置成所输入的 n 值,同时在黄色标签中显示第 n 项的值。

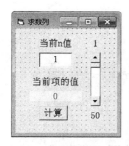

图 2-59　求数列　　　　　　　　　图 2-60　显示数列的第 3 项值

提高部分

9. 写出下列表达式的值。

① 当 x=-3.567 时,表达式 Int(x)-Fix(x)的值

② Int(-5.2)＊Sqr(64)-Abs(-8)

③ ♯2003-11/25♯+31

④ Val("12AB")+Len("VB"&10)

⑤ Str(-12)&"12"

10. 写出下列表达式的值。

① Left("abcdefg",2)&Lcase("Cdef")

② Asc("ABC")＞Asc("a")

③ Mid("You are a good student",9,6)

④ Format(1234.56,"♯♯♯♯♯.♯♯♯")

⑤ Format(32548.5,"000,000.00")

11. 执行以下程序段后,变量 c 的值是_____。

```
a="Visual Basic Programing"
b="Learning"
c=b&UCase(Mid(a,7,6))&  Right(a,11)
```

12. 执行如下程序段后,表达式 Len(str2+str3)的结果为_____。

```
str1="Visual Basic"
str2=Left(str1,1)
str3=Trim(Right(str1,6))
```

13. 设计如图 2-61 所示的 2 个窗体,其中窗体 1 中添加 5 个标签、1 个文本框、3 个命令按钮和 1 个计时器,窗体 2 中添加 1 个标签。程序运行时,随机产生 3 个两位正整数显示在 3 个蓝色标签中,用户在文本框中输入它们的平均值(如图 2-62 所示);单击"验证"按钮时,进入第二个窗体显示正确答案(如图 2-63 所示),且 5 秒钟后自动返回第一窗体;单击"下一题"按钮,重新产生并显示 3 个随机整数,同时清空文本框原有内容,并将光标置于文本框中;单击"退出"按钮,结束程序运行。

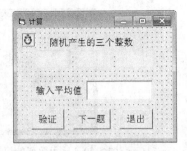

图 2-61　窗体界面设计

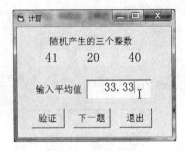

图 2-62　生成数据并计算　　　　　　　图 2-63　显示正确答案

14. 设计如图 2-64 所示的 2 个窗体,其中窗体 1 中添加 4 个图像框、4 个标签和 3 个命令按钮,窗体 2 中添加 1 个图像框,其大小与窗体相同。程序运行时,单击"输入图号"按钮,弹出图 2-65 所示的输入框供用户输入图片序号(1~4);单击"确认信息"按钮时,弹出消息框显示用户当前输入的图片序号(如图 2-66 所示);单击"显示"按钮时,进入第二个窗体,其中显示的图片与用户所输序号对应(如图 2-67 所示),单击图像框则返回第一窗体。

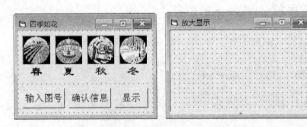

图 2-64　窗体界面设计

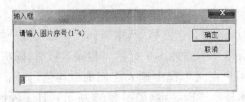

图 2-65　输入框

图 2-66　消息框

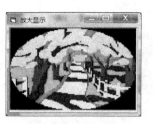

图 2-67　显示所选图片

第 **3** 章　分支结构程序设计

本章内容

基础部分：

- 关系、逻辑运算符及其表达式。
- If 语句与 If 语句的嵌套；Select Case 语句。
- 分支结构的流程图。
- 单选按钮、复选框、框架、直线、形状等控件的使用。
- 求 3 个数的最大(小)值。

提高部分：

- 再论常用控件：单选按钮、复选框、框架、直线和形状。
- 贯穿实例。

各例题知识要点

例 3.1　关系运算符及表达式。

例 3.2　逻辑运算符及表达式。

例 3.3　用 If 语句设计分支结构程序；If 语句格式及流程图。

例 3.4　无 Else 分支的 If 语句；计算分段函数值。

例 3.5　复选框；多行文本框；与文本字体格式相关的属性；颜色常量。

例 3.6　单选按钮；求三个数中的最大(小)值算法。

例 3.7　直线控件；控件坐标表示；图像的循环变换和移动。

例 3.8　框架；嵌套的 If 语句。

例 3.9　形状控件；用 Select Case 语句设计多分支结构；Select Case 语句格式和流程图。

例 3.10　If 语句和 Select Case 语句的联合使用；Activate、Deactivate 事件。

贯穿实例　书店图书管理系统(3)。

分支结构是三种基本结构之一,因分支结构在实际应用中被广泛使用,所以本章将详细地介绍分支结构的实现方法。

3.1 关系、逻辑运算符与表达式

分支结构的特点是:首先需要对给定的条件进行判断,然后根据判断结果选择执行某一操作。在表示判断条件时,经常会用到关系表达式和逻辑表达式,下面分别介绍这两类表达式。

3.1.1 关系运算符与表达式

VB 提供了表 3-1 所示的六种关系运算符。

表 3-1 关系运算符

运 算 符	含 义	举 例	例子作用
>	大于	"ab">"aB"	字符串"ab"是否大于"aB"
>=	大于等于	a>=0	a 中的值是否大于等于 0
<	小于	a<0	a 中的值是否小于 0
<=	小于等于	-3<=0	-3 是否小于等于 0
=	等于	a-b=0	a 与 b 的差是否等于 0
<>	不等于	a<>b	a 与 b 的值是否不相等

说明:

(1) 各关系运算符的优先级相同。关系运算符隐含"是否"的含义,例如,"ab">"aB"表示字符串"ab"是否大于"aB"。关系运算就是对运算符左右两边的表达式进行比较的运算。

(2) 由关系运算符连接表达式组成关系表达式,被连接的表达式可以是数值型、字符型和日期型。关系表达式的运算结果只能是"True"(真)或"False"(假)。

(3) VB 6.0 还提供"Like"和"Is"运算符,由于篇幅有限本书不做介绍,请查看相关书籍或帮助。

【例 3.1】 写出以下各关系表达式的值:

(1) True<>1。

(2) 3>x>=0(假设 x 为 Integer 类型变量,其值为 2)。

(3) "abc"<"aBcd"。

【解】 本例是关系表达式的运算,各表达式的值是(1)True;(2)False;(3)False。

说明:

(1) 表达式计算遵循"从高到低、从左到右"的原则顺次执行,即在同一表达式中,首先执行具有较高优先级的运算符,若两运算符优先级相同,则按照先左后右的顺序执行。VB 中常用运算符的优先级如表 3-2 所示。在书写表达式时应尽可能使用运算符"()",以明确表示表达式的运算顺序。

表 3-2　常用运算符优先级

优　先　级	运　算　符	说　明
高	()	小括号
	^	
	— (负号)	
	*,/	算术运算符
	\	
	Mod	
	+,—	
	&	字符串运算符
	>,>=,<,<=,=,<>	关系运算符
	Not	
	And	逻辑运算符
低	Or	

(2) 在 VB 中,True 对应数值—1,False 对应数值 0,因此也可对 True 和 False 进行比较。表达式"True<>1"等价于"—1<>1",所以值为 True。

(3) 在表达式"3>x>=0"中,由于两个关系运算符的优先级相同,所以计算应从左向右进行,其过程是:先计算"3>x",结果为 True;再计算"True>=0",即"—1>=0",结果为 False,因此表达式"3>x>=0"的值为 False。由此可以看到,表达式"3>x>=0"在语法上并不存在错误,但其表达的逻辑含义却已不同于代数式本身。

(4) 字符型数据的比较规则是:按从左到右的顺序,将两个字符串中对应位置上的字符一一进行比较。无论两字符串长度是否相等,一旦在比较过程中出现对应位置字符不等,则以这对字符的 ASCII 码大小决定字符串的大小,即具有较大 ASCII 码值的字符,其所在的字符串较大,与后续字符的多少、大小无关。在字符串"abc"与"aBcd"中,虽然"aBcd"的长度大于"abc",但按照字符数据的比较规则,在第 2 个字符位置出现不同字符,此时"b"的 ASCII 码为 98,"B"的 ASCII 码为 66,所以"b"所在的字符串大,因而表达式"abc"<"aBcd"的值为 False。

常用字符的 ASCII 码值参见附录 A。

3.1.2　逻辑运算符与表达式

VB 提供表 3-3 所示的逻辑运算符。

表 3-3　逻辑运算符

运算符	含　义	举　　例	例 子 作 用
Not	逻辑非	Not(x<>0)	对 x<>0 的结果取反
And	逻辑与	x<=3 And x>0	对 x<=3 的结果和 x>0 的结果进行"与"运算
Or	逻辑或	x>3 Or x<-3	对 x>3 的结果和 x<-3 的结果进行"或"运算

此外,还提供其他三个逻辑运算符:"Xor"、"Eqv"和"Imp",限于篇幅本书不做介绍。

说明:

(1) 由逻辑运算符连接表达式组成逻辑表达式,被连接的表达式可以是关系表达式或由逻辑值组成的表达式;逻辑表达式的运算结果也只能是 True 或 False。

(2) 逻辑运算是对运算符左右两边的逻辑值进行逻辑判断的运算。其中,"逻辑与"运算的特点是:只有当其两侧的逻辑值同为"真"时,运算结果才为"真";"逻辑或"运算的特点是:其两侧的逻辑值中只要有一个为"真",运算结果就为"真";"逻辑非"运算,则是对当前值的取反运算。常用逻辑运算符的运算规则如表 3-4 所示,其中 a、b 均代表逻辑值。

表 3-4　逻辑运算真值表

a	b	a And b	a Or b	Not a	Not b
True	True	True	True	False	False
True	False	False	True	False	True
False	True	False	True	True	False
False	False	False	False	True	True

【例 3.2】　写出以下各逻辑表达式的值:

(1) 3>x And x>=0(假设 x 为 Integer 类型变量,且值为 2)。

(2) x>5 Or 0(假设 x 为 Integer 类型变量,且值为 0)。

(3) True<>1 And False。

(4) Not(True=0)。

【解】　(1)True;(2)False;(3)False;(4)True

说明:

(1) "3>x And x>=0"为逻辑表达式,其运算顺序是:先计算关系表达式"3>x"和"x>=0"的值,结果均为 True;再对表达式"True And True"进行逻辑与运算,其结果为 True,因此该表达式的值为 True。

注意:表达式"3>x And x>=0"与"3>x>=0"的意义不同。

(2) 在表达式"x>5 Or 0"中,"x>5"的值是 False,0 等价于逻辑值 False,所以该表达式的值是 False。

(3) 在表达式"True<>1 And False"中,按优先级先计算"True<>1",值为 True,而"True And False"的值为 False。

（4）由于 True 对应数值－1，因而表达式"True＝0"的值是 False；对 False 再执行 Not 运算后的结果为 True。

3.2　If　语　句

在实际应用中，经常遇到条件选择的问题。例如，人们在计划周末活动时，可能的安排是"如果天气好，就去爬香山，否则就去健身房游泳"。分支结构就是利用计算机语言描述这种分支现象，即通过比较和判断决定采取何种操作。在 VB 中，通常使用 If 语句或 Select Case 语句解决这类问题。

3.2.1　使用 If 语句处理简单分支问题

【例 3.3】　If 语句示例。在窗体上添加 1 个文本框、3 个标签和 1 个命令按钮。程序运行时，在文本框中输入一个整数后单击"判断"按钮，在黄色标签中显示其奇、偶性，如图 3-1 所示。

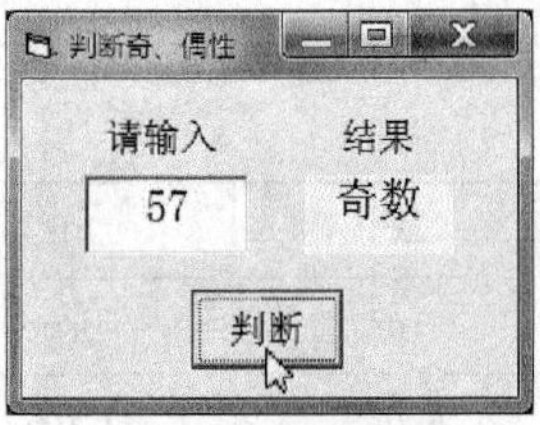

【解】　根据题意，对文本框 txtInput 中的数据进行判断，结果显示在标签 lblValue 中。程序代码如下：

图 3-1　判断奇、偶性

```
Private Sub cmdJudge_Click()          '单击"判断"按钮
    Dim a As Integer
    a=Val(txtInput.Text)
    If a Mod 2=0 Then                 'If 语句开始
        lblValue.Caption="偶数"
    Else
        lblValue.Caption="奇数"
    End If                            'If 语句结束
End Sub
```

程序说明：

（1）cmdJudge_Click 事件的执行过程是：先得到文本框 txtInput 中输入的数据，转换成对应的数值型数据后赋给变量 a；然后对 a 进行逻辑判断，如果 a Mod 2＝0 的值为 True，即 a 的值能被 2 整除，标签中显示"偶数"，否则显示"奇数"。该事件过程的流程图如图 3-2 所示。

（2）本例是通过 If 语句实现分支选择的，由图 3-2 可以看出，语句 lblValue.Caption＝"偶数"和 lblValue.Caption＝"奇数"分别处于两个不同的分支中。表达式 a Mod 2＝0 为判断条件，当其值为"真"时，执行 Then 后面的语句 lblValue.Caption＝"偶数"；当其值为"假"时，执行 Else 后面的语句 lblValue.Caption＝"奇数"。由此可以看到，在分支结构中，根据判断的结果，只能执行其中的一个分支。

（3）程序运行时应分别输入偶数值和奇数值，以判断输出结果是否正确，不能只验证

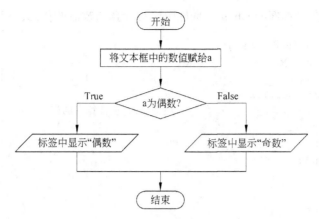

图 3-2　cmdJudge_Click 事件过程的流程图

其中一种情况(偶数或奇数)后就认为程序是正确的。

（4）If 语句的一般形式是：

```
If   表达式   Then
    语句组 1
[Else
    语句组 2 ]
End If
```

其中的语句组 1 和语句组 2 既可以由多条语句构成，也可以是单一的语句。

说明：

① If、Then、Else 是系统保留字，用"[ ]"括起来的是可省略项。

② 语句组 1 必须从新的一行开始书写，不能与 Then 在同一行，Else 和 End If 要求分别独占一行。

③ If 语句的执行流程如图 3-3 所示。如果"表达式"的值为 "真"，则执行"语句组 1"，否则执行"语句组 2"。

在解决实际问题时，可根据具体情况省略 Else 分支的内容，如例 3.4。

【例 3.4】　无 Else 分支的 If 语句示例。计算以下分段函数的值。

$$y = \begin{cases} x^3 + 1 & (x \leqslant 0) \\ 2 & (0 < x \leqslant 2) \\ 5x & (x > 2) \end{cases}$$

在窗体上添加 1 个文本框和 3 个标签。程序运行时，在文本框中输入整数 x 值时，立刻计算出相应的函数值 y，并显示在黄色标签中，如图 3-4 所示。

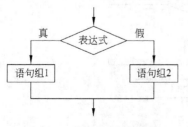

图 3-3　If 语句的执行过程

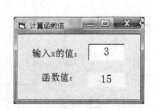

图 3-4　计算函数值

【解】 本例在文本框的 Change 事件中编写计算函数值的代码。程序代码如下：

```
Private Sub txtInput_Change()
    Dim x As Integer
    Dim y As Long
    x=Val(txtInput.Text)
    If x<=0 Then                    '根据 x 的值,计算 y 的值
        y=x ^ 3+1
    End If
    If x>0 And x<=2 Then
        y=2
    End If
    If x>2 Then
        y=5 * x
    End If
    lblValue.Caption=y
End Sub
```

程序说明：

本例使用三个 If 语句,分别处理三种不同 x 条件下的函数值。例如,在第一个 If 语句中,只给出了当 "x<=0" 为真时的具体操作,而 "x>0",即 Else 的情况则没有给出,什么也不做。另外两个 If 语句与其结构相同。该过程的执行流程如图 3-5 所示。

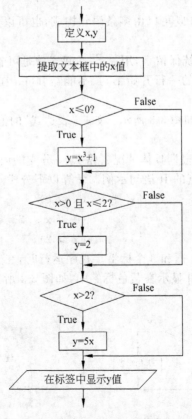

图 3-5 txtInput_Change 的执行过程

界面设计与 Visual Basic(第 3 版)

分支结构逻辑性较强,使用时有一定的难度,下面再介绍一些应用实例。

【例 3.5】 在窗体上添加 1 个标签、1 个文本框、4 个复选框和 1 个命令按钮。程序运行时,在文本框中输入文字并根据需要选择不同复选框。单击"确定"按钮,根据复选框选择情况设置文本框的字体、字型、大小和颜色,如图 3-6 所示。

【解】 复选框控件在工具箱中的图标为☑,通过 Caption 属性设置其标题信息。为了在文本框中输入多行文本,设置其 Multiline 属性为 True,ScrollBars 属性为 2-Vertical。程序代码如下:

图 3-6　复选框的使用

```
Private Sub cmdOk_Click()              '单击"确定"按钮
    If chkFnt.Value=1 Then             '若选中"字体"复选框,则
        txtInput.FontName="宋体"        '文本框的字体设置为宋体
    Else                               '否则
        txtInput.FontName="黑体"        '文本框的字体设置为黑体
    End If
    If chkItc.Value=1 Then             '若选中"斜体"复选框,则
        txtInput.FontItalic=True       '文本框的字型设置为斜体
    Else                               '否则
        txtInput.FontItalic=False      '字型设置为正常字型
    End If
    If chkSz.Value=1 Then              '若选中"大小"复选框,则
        txtInput.FontSize=18           '文本框的文字大小设置为 18
    Else                               '否则
        txtInput.FontSize=24           '文字大小设置为 24
    End If
    If chkCol.Value=1 Then             '若选中"颜色"复选框,则
        txtInput.ForeColor=vbRed       '文本框的文本颜色设置为红色
    Else                               '否则
        txtInput.ForeColor=vbBlack     '文本颜色设置为黑色
    End If
End Sub
```

程序说明:

(1)复选框有三种状态,其当前状态由 Value 属性表示:0—未选中;1—选中;2—选中但不可用(呈灰色)。本例中,在设计阶段将四个复选框的 Value 属性均设置成 0。

(2)复选框控件的特点是:在多个复选框中可以同时选中多个;单击复选框时,其状态在"选中"与"未选中"之间切换。

(3)文本框的 Multiline 属性设置为 True 时,表示在文本框中可以输入多行信息;为 False 时只能输入单行信息。

（4）当文本框的 Multiline 属性为 True 时，可设置文本框的 ScrollBars（是否添加滚动条）属性。本例中设其属性值为 2-Vertical，表示在文本框中添加垂直滚动条。

（5）本例题中使用了四个复选框，并通过四个 If 语句分别处理各复选框的选择情况。以第 1 个 If 语句为例，当 chkFont.Value 的值为 1（即选中"字体"复选框）时，执行 Then 后面的语句，将文本框字体设置为"宋体"，否则执行 Else 后面的语句，将文本框字体设置为"黑体"。

（6）文本框的 FontName、FontItalic、FontBold 和 FontSize 属性分别表示其显示文本的字体名称、文字是否斜体、文字是否加粗以及文字的大小。其中 FontItalic 和 FontBold 的属性值为 True 或 False，值为 True 时表示斜体或加粗。文本框还有 FontStrikethru 和 FontUnderline 属性，分别设置文字是否具有删除线和下划线。

（7）vbRed 和 vbBlack 是 VB 提供的符号常量，分别表示红色和黑色。表 3-5 列出了各颜色常量所对应的颜色。

表 3-5 颜色常量与颜色对照表

符号常量	描述颜色	值	符号常量	描述颜色	值
vbBlack	黑色	&H0	vbBlue	蓝色	&HFF0000
vbRed	红色	&HFF	vbMagenta	洋红色	&HFF00FF
vbGreen	绿色	&HFF00	vbCyan	青色	&HFFFF00
vbYellow	黄色	&HFFFF	vbWhite	白色	&HFFFFFF

【例 3.6】 求最大数与最小数。在窗体上添加 3 个文本框、3 个标签和 2 个单选按钮。程序运行时，输入 3 个整数，单击"最大数"单选按钮，在黄色标签中显示其中的最大数，如图 3-7 所示；单击"最小数"单选按钮，则显示其中的最小数。

【解】 本例中用到新的控件——单选按钮，它在工具箱中的图标是 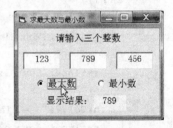。通常单选按钮成组出现，其特点是：在同组单选按钮中，只能有一个处于"选中"状态；每次单击单选按钮时，将使其处于"选中"状态，而同组中其他单选按钮则自动变成"未选中"状态。单选按钮只有两种状态，由 Value 属性表示：True—选中，False—未选中。

图 3-7 求最大数与最小数

编程点拨：

为了在三个数中求最大数，设计如下算法：

（1）定义变量 max，用于存放当前找到的最大值。

（2）假设第 1 个数就是三个数中的最大值，将其存放到 max 中。

（3）将第 2 个数与 max（即第 1 个数）进行比较。如果第 2 个数比 max 大，则将第 2 个数作为最大值放入 max 中，否则什么也不做。此时 max 中存放的是前两个数中的较大值。

（4）将第 3 个数与 max（前两个数中的较大者）进行比较。如果第 3 个数比 max 大，则将第 3 个数作为最大值放入 max 中,否则什么也不做。此时 max 中一定存放的是三个数中的最大值。

上述算法可用图 3-8 所示的流程图表示。

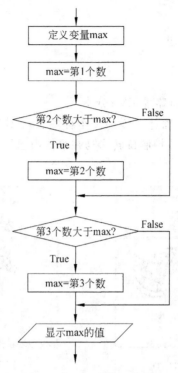

图 3-8　求解最大数的流程图

程序代码如下:

```
Private Sub optMax_Click()                      '单击"最大值"单选按钮
    Dim max As Integer                          '定义变量 max 用于存放最大值
    max=Val(txt1.Text)                          'max 中存放第 1 个数
    If Val(txt2.Text)>max Then                  'max 与第 2 个数比较
        max=Val(txt2.Text)
    End If
    If Val(txt3.Text)>max Then                  'max 与第 3 个数比较
        max=Val(txt3.Text)
    End If
    lblValue.Caption=max
End Sub

Private Sub optMin_Click()                      '单击"最小值"单选按钮
    Dim min As Integer                          '定义变量 min 用于存放最小值
    min=Val(txt1.Text)
    If Val(txt2.Text)<min Then
```

```
        min=Val(txt2.Text)
    End If
    If Val(txt3.Text)<min   Then
        min=Val(txt3.Text)
    End If
    lblValue.Caption=min
End Sub
```

程序说明：

本例题中的各 If 语句均省略了 Else 分支。

【例 3.7】 旋转木马。在窗体上添加 1 个标签、1 个计时器、5 个图像框和 1 个直线控件，如图 3-9 所示。用计时器控制旋转木马在窗体内摇摆前进，程序运行时的显示效果如图 3-10 所示。

图 3-9 例 3.7 的界面设计

图 3-10 木马摇摆运动

【解】 直线控件在工具箱中的图标是 ＼，用于在窗体、图片框或框架中画各种直线。在窗体上添加直线后，设置其 BorderStyle 属性（直线线型）为 1-Solid（实线），BorderColor 属性（直线颜色）为红色，BorderWidth 属性（直线宽度）为 8。将 4 个小图像框的 Visible 属性设置成 False，使其不可见，仅供图片交换使用。

(a) 状态1   (b) 状态2   (c) 状态3

图 3-11 木马摇摆状态图

编程点拨：

(1) 实现木马原地摇摆。

将图 3-11 所示的(a)、(b)、(c)三幅图片按(a)，(b)，(c)，(b)的顺序轮流在大图像框中交替显示。为此，使用计时器 tmrMove 控制 5 个图像框间的图片交换，实现方法如下：

```
Private Sub tmrMove_Timer()
    img5.Picture=img1.Picture
    img1.Picture=img2.Picture
    img2.Picture=img3.Picture
    img3.Picture=img4.Picture
    img4.Picture=img5.Picture
End Sub
```

其中,在图像框 img1 至 img4 中依次放置的是对应 a,b,c,b 状态的 4 幅图片。程序运行时,需借助第 5 个图像框实现其间的图片交换。

(2) 实现木马循环移动。

木马向左前进,就是不断改变图像框 img1 的 Left 属性,使该属性值不断减小,如 img1. Left＝img1. Left－100。为了实现图像框在窗体中的循环移动,当图像框移出窗体左边界时(即图像框的右边框所在坐标小于 0),就应该将其重新放置到窗体的右边界。具体实现方法如下:

```
Private Sub tmrMove_Timer()
    img1.Left=img1.Left-100
    If img1.Left+img1.Width<0 Then
        img1.Left=frmEx3_7.Width
    End If
End Sub
```

对于窗体中的对象,其位置坐标以窗体的左上角为基准(原点),沿窗体水平向右为 x 坐标增加方向,沿窗体垂直向下为 y 坐标增加方向。控件的 Left 属性和 Top 属性分别标识该控件在窗体中的 x、y 坐标,而 Width 属性和 Height 属性则标识其宽度和高度,如图 3-12 所示。

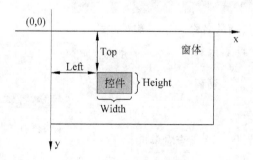

图 3-12　控件坐标表示

(3) 木马在摇摆的同时向前循环移动。

在 Timer 事件中,同时执行原地摇摆和循环前行的操作。程序代码如下:

```
Private Sub tmrMove_Timer()
    img1.Left=img1.Left - 100              '循环向前移动
    If img1.Left+img1.Width<0 Then
```

```
        img1.Left=frmEx3_7.Width
    End If
    img5.Picture=img1.Picture                    '原地摇摆
    img1.Picture=img2.Picture
    img2.Picture=img3.Picture
    img3.Picture=img4.Picture
    img4.Picture=img5.Picture
End Sub
```

程序说明：

(1) 本例题中计时器控件的 Interval 属性为 100，即每隔 0.1 秒触发一次 Timer 事件。

(2) 对于直线控件，当线条宽度（BorderWidth 属性）大于 1 时，其 BorderStyle 属性不起作用，只能显示实心线（即 BorderStyle 属性值默认为 1-Solid）。

以上介绍了 If 语句的最常用格式，实际上 If 语句格式十分灵活，当语句组 1 和语句组 2 都是一条语句时，If 语句也可以书写成如下形式：

```
If  表达式  Then  语句 1  Else  语句 2
```

3.2.2　使用嵌套的 If 语句处理多分支问题

在 If 语句的 If 或 Else 分支中还可以再包含 If 语句，称为 If 语句的嵌套。

【例 3.8】　查看商品单价。窗体上有 2 个框架和 1 个命令按钮，其中每个框架中各含有 2 个单选按钮。程序运行时，在两个框架中分别选中一个单选按钮，单击"查看单价"按钮，以消息框形式显示被选商品的购买单价。如图 3-13 所示。

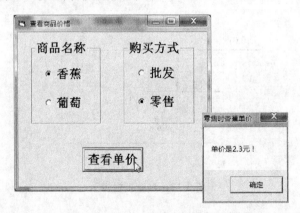

图 3-13　查看商品价格

【解】　单选按钮常成组出现，对于同一组内的单选按钮，只能有一个处于"选中"状态。通过框架控件可以对单选按钮进行分组，位于不同框架内的单选按钮属于不同的分组。本例题中使用两个框架，将四个单选按钮划分成"商品名称"和"购买方式"两组，实现多组选择。框架控件在工具箱中的图标为 。程序代码如下：

```
Private Sub cmdDisplay_Click()
    If optBanana.Value=True Then                    '选中香蕉
        If optWhole.Value=True Then                 '选中批发
            MsgBox "单价是 1.8 元！", vbOKOnly, "批发时香蕉单价"
        Else                                        '选中零售
            MsgBox "单价是 2.3 元！", vbOKOnly, "零售时香蕉单价"
        End If
    Else                                            '选中葡萄
        If optWhole.Value=True Then
            MsgBox "单价是 1.5 元！", vbOKOnly, "批发时葡萄单价"
        Else
            MsgBox "单价是 2.0 元！", vbOKOnly, "零售时葡萄单价"
        End If
    End If
End Sub
```

程序说明：

（1）本例题需要根据商品名称和购买方式两个条件决定商品单价。首先通过 If 语句判断所选商品名称，决定输出哪种商品的单价，用伪代码描述如下：

```
If   选中"香蕉"单选按钮   Then
     显示香蕉单价
Else
     显示葡萄单价
End If
```

但是，在执行"显示香蕉单价"的操作时，还有两种可能情况：显示香蕉的批发价格或显示香蕉的零售价格。为此，还需要通过 If 语句对"购买方式"进行判断，以决定显示香蕉的何种单价。"显示香蕉单价"的操作可用伪代码描述如下：

```
If   选中"批发"单选按钮 Then
     显示香蕉的批发单价
Else
     显示香蕉的零售单价
End If
```

将上述两段代码合并后的伪代码描述如下：

```
If   选中"香蕉"单选按钮 Then
     If   选中"批发"单选按钮 Then
          显示香蕉的批发单价
     Else
          显示香蕉的零售单价
     End If
```

```
Else
    显示葡萄单价
End If
```

同理,"显示葡萄单价"的操作也是通过另一个 If 语句实现。可以看到,这是一个在 If 语句的分支结构中又内含其他 If 语句的嵌套结构,称为"If 的嵌套"。嵌套 If 语句的一般形式是:

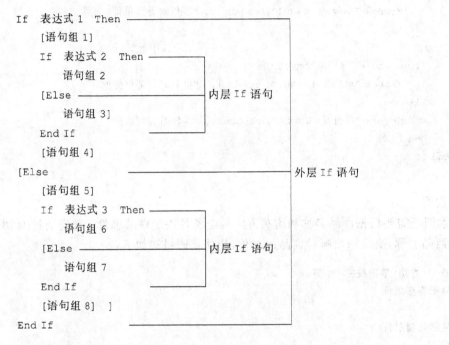

注意:只在 Then 分支或 Else 分支中含有内层 If 语句的结构也称为嵌套 If 语句。

(2) 最常见的嵌套 If 语句是在 Else 分支中含有内层 If 语句的结构,其格式可以简化为如下形式:

```
If  表达式 1  Then
    语句组 1
ElseIf  表达式 2  Then
    语句组 2
ElseIf  表达式 3  Then
    语句组 3
        ⋮
ElseIf  表达式 n  Then
    语句组 n
[Else
    语句组 n+1]
End If
```

(3) 框架作为容器控件,其中可以再放置其他控件。使用框架的好处是可以将控件按类进行分组。窗体和图片框也是容器。请注意,当使用【复制】|【粘贴】的方法向框架中添加控件时,必须先选中框架,然后再执行【粘贴】操作。

3.3 使用 Select Case 语句处理多分支问题

一条 If 语句只能实现两个分支的判断操作,因而在解决多分支问题时常借助于嵌套的 If 语句。但嵌套 If 语句的格式烦琐,特别是嵌套多层后,就会大大降低程序的可读性,因而在实际应用中,更多的是使用本节将要介绍的 Select Case 语句解决多分支问题。

【例 3.9】 Select Case 语句示例。在窗体上添加 2 个标签、1 个文本框、1 个命令按钮和 1 个形状控件。程序运行时,在文本框中输入 0~5 之间的一个整数后,单击"形状"按钮,根据输入数值在形状控件上显示对应图形,同时在黄色标签中显示图形名称,如图 3-14 所示。

图 3-14 显示图形形状

【解】 形状控件在工具箱中的图标为 ⬚,用于在窗体上描绘基本的图形形状。本例题中,用户在文本框中的输入情况有 7 种可能,即输入 0~5 中的任意一个值(6 种情况),以及输入错误的情况。相应地,需要判断、执行的操作也分为七种情况,因此选用 Select Case 语句实现。程序代码如下:

```
Private Sub cmdShape_Click()
    Dim a As Integer
    a=Val(txtIn.Text)
    Select Case a
        Case 0
            shpShow.Shape=0                    '设置为矩形形状
            lblShape.Caption="矩形"
        Case 1
            shpShow.Shape=1                    '设置为正方形形状
            lblShape.Caption="正方形"
        Case 2
            shpShow.Shape=2                    '设置为椭圆形形状
            lblShape.Caption="椭圆形"
        Case 3
            shpShow.Shape=3                    '设置为圆形形状
            lblShape.Caption="圆形"
        Case 4
            shpShow.Shape=4                    '设置为圆角矩形形状
            lblShape.Caption="圆角矩形"
        Case 5
            shpShow.Shape=5                    '设置为圆角正方形形状
            lblShape.Caption="圆角正方形"
        Case Else                              '对 0~5 之外的值,显示出错信息
            MsgBox "Wrong"
```

```
     End Select
End Sub
```

程序说明：

(1) 多分支结构是根据测试的条件，从不同的分支选项中选择一个满足条件的分支执行。如本例题就是根据 a 的不同取值执行不同的分支，使形状控件的 Shape 属性分别取不同的值。图 3-15 所示为 cmdShape_Click 事件的执行流程。

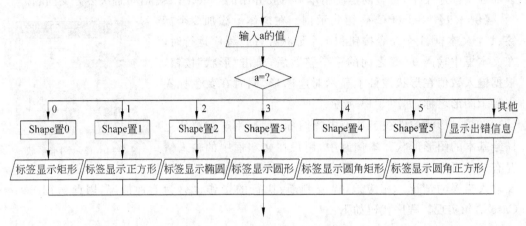

图 3-15　cmdShape_Click 流程图

(2) 形状控件的 Shape 属性决定其显示的形状形态，6 种可能的属性值 0，1，2，3，4，5 分别对应矩形、正方形、椭圆形、圆形、圆角矩形和圆角正方形。

形状控件的常用属性介绍如下：

BackColor 属性　图形的背景颜色。本例题中设置成白色。

BackStyle 属性　图形的背景样式，分为 0-Tansparent（透明）和 1-Opaque（不透明）两种。本例题中设置成 1-Opaque。

FillColor 属性　图形的填充颜色。本例题中设置为黑色。

FillStyle 属性　图形的填充样式，提供"透明"、"水平线"、"交叉线"等 8 个选项。本例中设置为 1-Transparent，表示填充区域显示成透明色。为此，尽管将 FillColor 属性设置成黑色，也仍然无法看到。

BorderColor 属性　图形的边框线颜色。本例题中设置为黑色。

BorderStyle 属性　图形的边框线样式，提供"透明"、"点线"、"点划线"等 7 个选项。本例题中选择的是 1-Solid（实心线）。

BorderWidth 属性　图形的边框线宽度。本例题中设置为 1。

(3) Select Case 语句的一般格式是

```
Select  Case  判断表达式
Case  表达式表 1
    语句组 1
Case  表达式表 2
    语句组 2
```

```
      ⋮
Case   表达式表 n
      语句组 n
[Case  Else
      语句组 n+1]
End   Select
```

其中,判断表达式可以是一个常量或变量,也可以是数值型表达式或字符型表达式。如 Select Case 3、Select Case x、Select Case x Mod 2 等均是合法的形式。

Case 后的"表达式表"用来判断其值是否与判断表达式相匹配,若匹配,则执行该 Case 后的语句组,然后退出 Select Case 语句;若所有 Case 后的"表达式表"均与判断表达式的值不匹配,则执行 Case Else 后的语句组。Case Else 分支可以省略,此时若判断表达式与所有 Case 后的"表达式表"均不匹配,则直接退出 Select Case 语句,不做任何操作。

Case 后的"表达式表"其形式多样,以下均是合法的形式:

```
Case  3                          判断表达式的值为 3 时匹配
Case  1 To 100                   判断表达式的值为 1~100 之间时匹配
Case  "a","A" To "Z"             判断表达式的值为"a"或"A"至"Z"之间时匹配
Case  1,3,5                      判断表达式的值为 1 或 3 或 5 时匹配
Case  Is>90                      判断表达式的值大于 90 时匹配
```

【例 3.10】 显示成绩等级。在窗体上添加 3 个标签、1 个文本框和 2 个命令按钮。程序运行时,在文本框中输入成绩并单击"判断"命令按钮,在黄色标签中显示对应的成绩等级,如图 3-16 所示。成绩在 90 ～100 为等级 A,80～89 为等级 B,70～79 为等级 C,60～69 为等级 D,0～59 为等级 E。当输入成绩大于 100 或小于 0 时,弹出出错消息框并等待用户重新输入;单击"清除"按钮,清空输入的成绩和等级。

图 3-16 显示成绩等级

【解】 编程点拨:

根据题意,若输入的成绩不在 0～100 范围内时,应显示出错信息,否则(输入正确)应进行等级分类。判断成绩是否合法只有两种可能,因此选用 If 语句,而分等级有 5 种可能,因此选用 Select Case 语句。程序代码如下:

```
Private Sub Form_Activate()
    txtScore.Text=""
    lblShow.Caption=""
    txtScore.SetFocus
End Sub

Private Sub cmdCheck_Click()
    Dim score As Integer
    score=Val(txtScore.Text)
    If score<0 Or score>100 Then
```

```
            MsgBox "数据输入错误,请重新输入!"
            Form_Activate
        Else
            Select Case score
                Case Is>=90
                    lblShow.Caption="A"
                Case Is>=80
                    lblShow.Caption="B"
                Case Is>=70
                    lblShow.Caption="C"
                Case Is>=60
                    lblShow.Caption="D"
                Case Else
                    lblShow.Caption="E"
            End Select
        End If
    End Sub

    Private Sub cmdClear_Click()
        Form_Activate
    End Sub
```

程序说明:

(1) 在窗体的 Activate 事件中将焦点设置在 txtScore 文本框上。由于设置焦点的语句不能放在 Load 事件中,因此本例改用 Activate 事件。当一个窗体成为活动窗口时触发该窗体的 Activate 事件。相反地,当一个窗体不再是活动窗口时将触发 Deactivate 事件。

(2) 使用 If 语句判断输入数据的合法性,当输入数据小于 0 或大于 100 时,提示错误信息,并清空文本框和标签,同时将光标置于文本框上。若输入数据在 0~100 之间时,使用 Select Case 语句处理 5 个等级。

(3) 在 Select Case 语句中,应特别注意各 Case 分支的排列顺序。将本例题程序代码中的 Select Case 语句修改如下,将产生错误的运行结果。

```
    Select Case score
        Case Is>=60
            lblShow.Caption="D"
        Case Is>=70
            lblShow.Caption="C"
        Case Is>=80
            lblShow.Caption="B"
        Case Is>=90
            lblShow.Caption="A"
        Case Else
```

```
        lblShow.Caption="E"
End Select
```

图 3-17 错误代码运行结果

如图 3-17 所示,此时输入成绩"78"时,显示错误的等级"D"。这是因为 Select Case 语句的执行流程为自上而下依次扫描各 Case 表达式,一旦找到与判断表达式的值相匹配的 Case 分支,则执行该 Case 分支中的语句组,并在执行结束后直接跳出 Select Case 语句,即使在该 Case 分支后还存在与判断表达式相匹配的 Case 分支,也不再执行。对于成绩"78",与第 1 个 Case 分支的条件">=60"匹配,因而执行其后的语句,在标签中显示等级"D",而后直接跳至 End Select,结束 Select Case 语句。

(4) 在"判断"按钮和"清除"按钮的 Click 事件中均调用了窗体的 Activate 事件过程,避免代码重复。

3.4 提 高 部 分

3.4.1 单选按钮、复选框、框架、直线和形状控件

控件是构成 VB 应用程序界面最基本的元素,掌握各控件的常用属性、事件及方法,有利于程序的设计。下面将就本章中出现的一些新控件进行综合介绍。

1. 单选按钮

单选按钮主要用于"多中选一"的情况。

(1) 属性

Alignment 属性 设置标题的显示位置。其默认值为 0,标题显示在单选按钮的右边。若 Alignment 属性值为 1,则标题显示在单选按钮的左边。

Value 属性 设置单选按钮的状态。值为 True 时按钮处于选中状态;False 时表示未选中状态。在一组单选按钮中,若一个按钮的 Value 属性为 True,则其余各单选按钮均变为 False。

Style 属性 设置单选按钮的显示方式。值为 0-Standard 时以标准方式显示按钮,即同时显示按钮和标题。值为 1-Graphical 时则以图形方式显示按钮,需进一步设置 Picture 属性为其指定图片,此时单选按钮的外观与图形化命令按钮相似。

(2) 事件

单选按钮能识别 Click、DblClick 等事件。通过这些事件,该单选按钮的 Value 属性值将变为 True,而同组内其他按钮的 Value 属性值自动变为 False。

2. 复选框

复选框主要用于在多个选项中选择其中一项或几项的情况。

（1）属性

Alignment 和 Style 属性　与单选按钮相同。

Value 属性　设置复选框的状态。若 Value 属性值为 0，表示复选框处于"未选中"状态；若为 1，表示"选中"状态；若为 2，表示处于"禁用"状态，此时复选框的颜色呈灰色。

（2）事件

复选框常用的事件是 Click 事件。每次单击时，复选框的状态在"选中"与"未选中"间切换。

3. 框架

框架是容器控件，其中可以放置其他控件。在实际应用中，通常利用框架对其他控件进行分组，以使界面简洁、清晰。

（1）属性

Caption 属性　设置框架的标题。如例 3.8 的图 3-13 中，两个框架的 Caption 属性分别为"商品名称"和"购买方式"。若 Caption 属性为空，则框架显示为闭合的矩形框。

Enabled 属性　当 Enabled 属性值为 True 时，表示框架内的所有控件是可用的，即可以对其进行操作。当值为 False 时，框架的标题文字呈灰色，框架内所有控件不可用。

（2）事件

框架可以响应 Click 事件和 DbClick 等事件，但一般不需要编写框架的事件过程。

4. 直线

直线控件主要用于在窗体、图片框或框架中画直线。其主要属性如下：

BorderColor 属性　设置线段的颜色。

BorderStyle 属性　设置线段的线型。BorderStyle 属性值为 0～6，分别对应透明（不显示）、实线、破折线、点线、点划线、双点划线、内实线 7 种线型。

BorderWidth 属性　设置线段的宽度。仅当该属性值为 1 时 BorderStyle 属性有效，否则线型一律采用实线。

X1、Y1、X2、Y2 属性　设置或返回线段的位置。其中 X1、Y1 表示线段起始端的横、纵坐标，X2、Y2 表示线段终止端的横、纵坐标。

注意：直线控件不支持任何事件，只用于界面修饰。

5. 形状

形状控件用于产生 6 类图形形状。常用属性有：

BackColor 属性　设置图形的背景颜色。

BackStyle 属性　设置图形的背景样式。值为 0 时，表示图形区域内是透明的，此时 BackColor 属性无效；值为 1 时，图形区域内由 BackColor 属性所设置的颜色填充。

BorderColor 属性　设置图形的边框线颜色。

BorderStyle 属性　设置图形边框线的线型。属性值 0～6 分别对应透明（不显示）、实线、破折线、点线、点划线、双点划线、内实线 7 种线型。

BorderWidth 属性　设置图形边框线的宽度。仅当该属性值为 1 时 BorderStyle 属性有效,否则线型一律采用实线。

FillColor 属性　设置图形内填充图案的颜色。

FillStyle 属性　设置图形内填充图案的样式。属性值 0～7 分别对应实心、透明、水平线、垂直线、从左到右下斜线、从左到右上斜线、垂直交叉线和对角交叉线等 8 种填充样式。

Shape 属性　设置图形的形状。表 3-6 列出了 Shape 属性值与显示图形间的对应关系。

表 3-6　Shape 属性值与图形间的对应关系

Shape 值	图 形 种 类	VB 常 数
0	矩形	vbShapeRectangle
1	正方形	vbShapeSquare
2	椭圆形	vbShapeOval
3	圆形	vbShapeCircle
4	圆角矩形	vbShapeRoundedRectangle
5	圆角正方形	vbShapeRoundedSquare

注意：形状控件不支持任何事件,仅用作界面修饰。

3.4.2　贯穿实例——图书管理系统(3)

图书管理系统之三：在 2.6.6 节图书管理系统之二的基础上,为系统管理员窗体设置系统管理员登录用户名和密码。若用户名或密码正确,则进入图 3-18 所示的系统管理员功能窗体,否则弹出图 3-19 所示的输入错误消息框。当用户名或密码三次输入均有误时,出现图 3-20 所示的消息框。

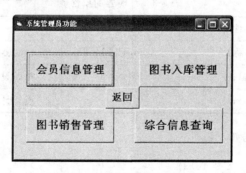

图 3-18　系统管理员功能窗体

图 3-19　输入错误消息框

图 3-20　提示消息框

通过 IF 语句判断所输入的用户名或密码是否正确。同时修改【退出】按钮的程序代码，添加判断功能，如果确认要退出，则在弹出的对话框中单击【确定】按钮后退出系统，否则取消退出操作。

【解】 在图书管理系统(2)的基础上，添加系统管理员功能窗体，并按表 3-7 设置各对象的属性；在系统管理员窗体中添加 1 个计时器，属性设置如表 3-8 所示，用于控制再次登录的时间。

表 3-7　系统管理员功能窗体中对象的属性值

对　象	属 性 名	属 性 值	作　用
窗体	(名称)	frmAdminFn	窗体的名称
命令按钮 1	(名称)	CmdVip	命令按钮的名称
	Caption	会员信息管理	命令按钮上的标题
	Font	宋体，加粗，三号	命令按钮的标题字体
命令按钮 2	(名称)	cmdBook	命令按钮的名称
	Caption	图书入库管理	命令按钮上的标题
命令按钮 3	(名称)	cmdSale	命令按钮的名称
	Caption	图书销售管理	命令按钮上的标题
命令按钮 4	(名称)	cmdQuery	命令按钮的名称
	Caption	综合信息查询	命令按钮上的标题
命令按钮 5	(名称)	cmdReturn	命令按钮的名称
	Caption	返回	命令按钮上的标题

表 3-8　计时器的属性值

对　象	属 性 名	属 性 值	作　　用
计时器	(名称)	tmrClock	计时器的名称
	Enabled	False	初始设置计时器不可用
	Interval	1000	设置计时器计时间隔 1000ms

主窗体的程序代码如下：

```
Private Sub cmdAdmin_Click()
    frmMain.Hide
    frmAdmin.Show
End Sub

Private Sub cmdStaff_Click()
    frmMain.Hide
    frmStaff.Show
```

```
End Sub

Private Sub cmdExit_Click()
    Dim i As Integer
    i=MsgBox("确认要退出系统吗？", vbOKCancel, "退出系统")
    If i=1 Then
        End
    End If
End Sub
```

系统管理员窗体的程序代码如下：

```
Private Sub cmdOk_Click()
    Static i As Integer
    If txtUser.Text="admin" And txtPass.Text="123456" Then
        frmAdmin.Hide
        frmAdminFn.Show
    Else
        i=i+1
        If i=3 Then
            i=0
            txtUser.Enabled=False
            txtPass.Enabled=False
            cmdOk.Enabled=False
            MsgBox "用户名或密码错误,请在 15 秒后重新输入!", vbOKOnly, "输入错误"
            txtUser.Text=""
            txtPass.Text=""
            tmrClock.Enabled=True
            Exit Sub
        End If
        MsgBox "用户名或密码错误,你还有"&3-i&"次机会,请重新输入!", vbOKOnly, "输入错误"
        txtUser.Text=""
        txtUser.SetFocus
        txtPass.Text=""
    End If
End Sub

Private Sub tmrClock_Timer()
    Static c As Integer
    c=c+1
    If c=15 Then
        c=0
        cmdOk.Enabled=True
        txtUser.Enabled=True
        txtPass.Enabled=True
```

```
        tmrClock.Enabled=False
    End If
End Sub

Private Sub cmdReturn_Click()
    frmMain.Show
    frmAdmin.Hide
End Sub
```

3.5 上 机 训 练

【训练 3.1】　在窗体上添加 2 个标签、1 个命令按钮、1 个文本框、1 个计时器和 1 个图像框（如图 3-21 所示），并将窗体的宽度按图 3-22 所示进行调整，使之变小。程序运行时，在文本框中输入 18 位身份证号码，单击"验证"按钮，窗体标题显示系统当前日期，同时根据身份证号码进行生日验证，如果出生月份、日期与当前日期一致，则窗体右侧不断延长，直至显示全部贺卡（如图 3-23 所示），否则弹出消息框显示错误信息（如图 3-24 所示）。

图 3-21　训练 3.1 的窗体界面

图 3-22　调整后的窗体界面

图 3-23　扩展窗体显示全部贺卡

图 3-24　消息框

1. 目标

（1）掌握 If 语句的使用方法。

（2）了解控制窗体大小渐变的方法。

（3）巩固内部函数的使用方法。

（4）了解文本框的 KeyPress 事件。

2. 步骤

(1) 设计用户界面,并设置属性。

在窗体上添加所需控件后,按照表 3-9 给出的内容设置各对象的属性。

表 3-9　训练 3.1 对象的属性值

对　　象	属　性　名	属　性　值	作　　用
窗体	Caption	判断生日	窗体的标题
标签 1	Caption	请输入身份证号	标签上显示的内容
标签 2	Caption	祝你生日快乐!	标签上显示的内容
文本框	(名称)	txtID	文本框的名称
	MaxLength	18	包含的最大字符数
	Text	(置空)	文本框上显示的内容
命令按钮	(名称)	cmdCheck	命令按钮的名称
	Caption	验证	命令按钮上的标题
计时器	(名称)	tmrBirth	计时器的名称
	Enabled	False	计时器工作状态
	Interval	10	计时器的时间间隔
图像框	Stretch	True	图片自动调节大小

(2) 编写代码、运行程序、保存窗体和工程。

① 编写"验证"按钮的 Click 事件过程。

② 编写计时器的 Timer 事件过程。

③ 运行程序,验证"验证"按钮的 Click 事件和计时器的 Timer 事件过程的正确性。

④ 保存窗体和工程。

3. 提示

(1) 窗体宽度逐渐变大的操作应在计时器的 Timer 事件中实现。改变窗体宽度的语句为 frmXl3_1.Width＝frmXl3_1.Width＋50。当窗体宽度达到一定程度时,应停止变化,可以使用如下的 If 语句实现(注意,窗体最大宽度值 6000 应根据本人搭建窗体的实际宽度进行修改):

```
If frmXl3_1.Width>=6000 Then
    tmrBirth.Enabled=False
End If
```

(2) Date 函数返回系统的当前日期。

(3) 通过 Month(Now)可以得到系统的当前月份,通过 Day(Now)可以得到系统的当前日期。结合使用 Mid 和 Val 函数,可以从身份证号码中提取出出生日的月份和日期

（如 d＝Val(Mid(txtID.Text，13，2)))。

（4）如果系统当前月份和日期与提取的生日月份、日期一致，开启计时器，否则显示消息框，代码如下：

```
If m=Month(Now)And d=Day(Now)Then
    tmrBirth.Enabled=True
Else
    MsgBox "今天不是你的生日!"，vbCritical，"错误信息"
End If
```

4. 扩展

补充代码，使程序运行时，在文本框中输入 18 位身份证号码并按回车键后，也能实现与单击"验证"按钮相同的功能。再次输入身份证号码时，若不是生日，则窗体恢复为图 3-22 所示宽度。

提示：每当用户按下或松开键盘上的一个按键时都会发生 KeyPress 事件。通过键盘向文本框中输入身份证号时，会连续触发文本框的 KeyPress 事件，其事件过程的首行为：Private Sub txtID_KeyPress(KeyAscii As Integer)。其中，参数 KeyAscii 返回当前输入字符的 ASCII 码值。当 KeyAscii＝13 时，表示按下的是"回车"键，说明身份证号码已输入完毕，此时应立即进行与单击"验证"按钮时相同的操作。

【训练 3.2】 窗体上添加 3 个标签、2 个命令按钮和 1 个计时器，如图 3-25 所示。程序运行时，单击"抽号"按钮，在黄色标签上滚动显示随机的三位号码，同时该按钮上的标题变为"停止"，如图 3-26 所示；单击"停止"按钮，中间标签上的号码停止变动，同时该按钮上的标题变为"抽号"；单击"开奖"按钮，在窗体下部的标签上显示中奖情况，如图 3-27 所示。中奖规则如下：每次开奖时随机产生一个 1 位整数，当标签上显示的号码尾数与该数相等时，中一等奖；当号码尾数等于 6 或 8 时，中二等奖；号码尾数小于或等于 2 时，中鼓励奖；其他情况未中奖。

图 3-25　训练 3.2 的窗体界面

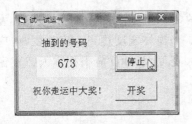

图 3-26　单击"停止"按钮后

图 3-27　单击"开奖"按钮后

1. 目标

（1）掌握 Select Case 语句的使用方法。

（2）巩固 If 语句的使用方法。

（3）了解使一个命令按钮具有双重功能的方法。

（4）学习 If 语句的嵌套使用。

2. 步骤

（1）设计用户界面，并设置属性。

在窗体上添加所需控件后，按照表 3-10 给出的内容设置各对象的属性。

表 3-10　训练 3.2 对象的属性值

对　象	属 性 名	属 性 值	作　用
窗体	Caption	试一试运气	窗体的标题
标签 1	Caption	抽到的号码	标签上显示的内容
标签 2	（名称）	lblLucky	标签的名称
	Alignment	2-Center	标签对齐方式
	BackColor	&H0000FFFF&	标签背景颜色为黄色
	Caption	（置空）	标签中无显示信息
标签 3	（名称）	lblMsg	标签的名称
	Caption	祝你走运中大奖！	标签上显示的内容
命令按钮 1	（名称）	cmdLucky	命令按钮的名称
	Caption	抽号	命令按钮上的标题
命令按钮 2	（名称）	cmdPraise	命令按钮的名称
	Caption	开奖	命令按钮上的标题
计时器	（名称）	tmrLucky	计时器的名称
	Enabled	False	关闭计时器
	Interval	10	计时器的时间间隔

（2）编写代码、运行程序、保存窗体和工程。

① 编写"抽号"按钮的 Click 事件过程并运行程序验证。代码如下：

```
Private Sub cmdLucky_Click()
    If cmdLucky.Caption="抽号" Then
        tmrLucky.Enabled=True
        cmdLucky.Caption="停止"
    Else
        tmrLucky.Enabled=False
        cmdLucky.Caption="抽号"
    End If
End Sub
```

② 编写计时器的 Timer 事件过程并运行程序验证其正确性。

③ 编写"开奖"按钮的 Click 事件过程,并运行程序验证。主要代码如下:

```
a=Int(Rnd*10)
num=Val(lblLucky.Caption)
Select Case num Mod 10
    Case a
        lblMsg.Caption="恭喜你中一等奖!"
    Case 6, 8
        lblMsg.Caption="恭喜你中二等奖!"
    Case Is<=2
        lblMsg.Caption="恭喜你中鼓励奖!"
    Case Else
        lblMsg.Caption="抱歉,没有中奖!"
End Select
```

④ 保存窗体和工程。

3. 提示

(1) 随机产生并显示号码的操作应在计时器的 Timer 事件中实现。

(2) 单击"开奖"按钮时,有多个分支,即:

第 1 个分支:当抽到的号码尾数与随机产生的 1 位数相等时,显示"恭喜你中一等奖";

第 2 个分支:当号码尾数等于 6 或 8 时,显示"恭喜你中二等奖!";

第 3 个分支:号码尾数小于或等于 2 时,显示"恭喜你中鼓励奖!";

第 4 个分支:其他情况显示"抱歉,没有中奖!"。

因此采用 Select Case 语句较方便。

4. 扩展

(1) 完善程序,设置两命令按钮间的相互制约关系。在未抽号或抽号过程中,"开奖"按钮不可用,仅当停止抽号后才能开奖。此外,停止抽号后不允许重新抽号,且开奖后不允许再重新开奖。

(2) 修改中奖规则:每次开奖时随机产生两个 1 位整数,当标签上显示的后两位号码分别与第 1、2 个数对应相等时,中一等奖;当后两位号码中有 1 个数对应相等时,中二等奖;当号码的最后一位等于两数中的任意之一时,中鼓励奖;其他情况未中奖。

【训练 3.3】 窗体上添加 3 个图像框、2 个形状控件、1 个计时器、1 条直线、1 个框架(内含 2 个单选按钮)和 2 个复选框,如图 3-28 所示。程序运行时,当"运动"复选框处于选中状态时,小狗从右往左循环跑动,其速度快慢可通过单选按钮进行选择;当未选中"运动"复选框时小狗停止跑动;当"月亮"复选框处于选中状态时,窗体中显示月亮,否则月亮消失,如图 3-29 所示。

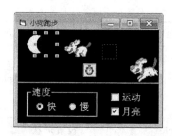

图 3-28　训练 3.3 的窗体界面

图 3-29　月亮消失时

1. 目标

（1）掌握单选按钮的使用方法。

（2）掌握复选框的使用方法。

（3）了解直线控件和形状控件的使用方法。

2. 步骤

（1）设计用户界面，并设置属性。

在窗体上添加所需控件后，按照表 3-11 给出的内容设置各对象的属性。

表 3-11　训练 3.3 对象的属性值

对　　象	属 性 名	属 性 值	作　　用
窗体	BackColor	黑色	窗体的背景色
	Caption	小狗跑步	窗体的标题
计时器	（名称）	tmrRun	计时器的名称
	Enabled	False	关闭计时器
	Interval	50	计时器时间间隔
图像框 1	（名称）	imgShow	图像框的名称
	Picture	Dog1. gif	图像框中显示的图片
	Stretch	True	图像框大小固定
图像框 2	（名称）	imgHide	图像框的名称
	Picture	Dog2. gif	图像框中显示的图片
	Stretch	True	图像框大小固定
	Visible	False	图像框不可见
图像框 3	（名称）	imgTemp	图像框的名称
	Stretch	True	图像框大小固定
	Visible	False	图像框不可见

对　　象	属性名	属性值	作　　用
形状 1	（名称）	shpYellow	形状的名称
	FillColor	黄色	形状的填充颜色
	FillStyle	0-Solid	形状的填充样式
	Shape	3-Circle	设置形状
形状 2	FillColor	黑色	形状的填充颜色
	FillStyle	0-Solid	形状的填充样式
	Shape	3-Circle	设置形状
直线	BorderColor	深黄色	直线的颜色
	BorderWidth	3	直线的宽度
框架	Caption	速度	框架的标题
	BackColor	黑色	框架的背景颜色
	ForeColor	白色	框架的前景颜色
单选按钮 1	（名称）	optFast	单选按钮的名称
	BackColor	黑色	单选按钮的背景色
	Caption	快	单选按钮的标题
	ForeColor	白色	单选按钮的前景色
	Value	True	单选按钮的状态
单选按钮 2	（名称）	optSlow	单选按钮的名称
	BackColor	黑色	单选按钮的背景色
	Caption	慢	单选按钮的标题
	ForeColor	白色	单选按钮的前景色
复选框 1	（名称）	chkMove	复选框的名称
	BackColor	黑色	复选框的背景色
	Caption	运动	复选框的标题
	ForeColor	白色	复选框的前景色
复选框 2	（名称）	chkMoon	复选框的名称
	BackColor	黑色	复选框的背景色
	Caption	月亮	复选框的标题
	ForeColor	白色	复选框的前景色
	Value	1-Checked	复选框的状态

(2) 编写代码、运行程序、保存窗体和工程。

① 编写计时器的 Timer 事件过程，代码如下：

```
Private Sub tmrRun_Timer()
    imgTemp.Picture=imgShow.Picture '交换图片
    imgShow.Picture=imgHide.Picture
    imgHide.Picture=imgTemp.Picture
    imgShow.Left=imgShow.Left - 50 '改变位置
    If imgShow.Left+imgShow.Width< 0 Then
        imgShow.Left=frmXl3_3.Width
    End If
End Sub
```

② 编写"运动"和"月亮"复选框的 Click 事件过程，其中"月亮"复选框的 Click 事件过程代码如下：

```
Private Sub chkMoon_Click()
    If chkMoon.Value=1 Then
        shpYellow.Visible=True
    Else
        shpYellow.Visible=False
    End If
End Sub
```

③ 运行程序，验证复选框的 Click 事件过程和计时器的 Timer 事件过程的正确性。

④ 编写两个单选按钮的 Click 事件过程并运行程序验证。它们都只包括一条语句，用以修改计时器的 InterVal 属性值。

⑤ 保存窗体和工程。

3. 提示

借助两个形状控件的组合构成月亮。添加两个同样大小的形状——黄色圆形和黑色圆形，并使黑色圆形置于黄色圆形上层，通过调整黑色圆形的位置使其部分地遮盖黄色圆形。

4. 扩展

修改程序，完善小狗跑步的动画效果。当小狗快速跑动时，不仅其脚步的交换频率提高，同时也加大其移动的步幅。

习 题 3

基础部分

1. 编写程序。窗体上有 2 个标签、1 个形状控件和 1 个计时器，如图 3-30(a)所示。

程序运行时,轮流产生两种灯光照射效果,第一轮照射中,形状控件不停地向右移动,如图 3-30(b)所示;下一轮照射中,形状控件不移动,但其宽度不断变大,如图 3-30(c)所示。每种照射效果变化到右边界时,重新开始下一轮照射。

(a) 题1的界面设计

(b) 第1种照射效果

(c) 第2种照射效果

图 3-30　题 1 的程序界面

提示:将两个标签重叠放置,其中黑色背景的标签置后,显示文字的标签(背景透明、文字黑色)置前,而将形状控件置于两标签的中间(设置控件位置层次的方法:右键单击控件,在弹出式菜单中选择【置前】或【置后】命令)。

2. 编写程序。窗体上有 1 个标签、1 个文本框、3 个命令按钮、1 个计时器和 1 个图像框,如图 3-31(a)所示。程序运行时,在文本框中输入月份并单击"显示"按钮,根据输入月份判断其所在季节,在图像框中显示相应图片,如图 3-31(b)所示;若输入月份不合法,则弹出图 3-31(c)所示提示消息框后等待用户重新输入;单击"闪烁"按钮时,图像框闪烁显示;单击"重置"按钮,清空图像框及文本框内容,界面恢复为程序运行初始状态。

(a) 题2的界面设计

(b) 根据月份显示相应季节的图片

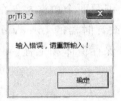
(c) 提示消息框

图 3-31　题 2 的程序界面

3. 编写程序。窗体上添加 1 个多行文本框和 4 个标签。程序运行时,在文本框中输入字符,则在标签上随时显示输入字符中的空格个数和英文字母的个数,如图 3-32 所示。

4. 编写程序,改写第 3 题。在原窗体上再添加 2 个标签。程序运行时,在文本框中输入字符,则在标签上随时显示输入字符中的大、小写字母个数及字符总数,如图 3-33 所示。

图 3-32　统计空格、字母个数

图 3-33　统计大、小写字母及字符总数

5. 编写程序。在窗体上添加 1 个图像框、1 个标签、1 个命令按钮和 2 个框架,其中在"国家"框架和"基本信息"框架中各含有 2 个单选按钮。程序运行时,单击"确定"按钮,根据单选按钮选择情况,显示该国家的国旗或首都名称,如图 3-34 所示。

(a) 显示国旗　　　　　　　　　(b) 显示首都名称

图 3-34　程序运行界面

6. 编写程序。窗体中有 1 个框架、1 个标签和 1 个命令按钮,其中框架内含有 2 个单选按钮。程序运行时,单击"日期"或"时间"单选按钮,在标签中显示当前日期或时间,如图 3-35(a)所示;单击"闰年"按钮时,弹出消息框显示当前年份是否为闰年,如图 3-35(b)所示。满足以下条件之一者为闰年:(1)该年份能被 4 整除但不能被 100 整除;(2)该年份能被 400 整除。

7. 编写程序。窗体上有 1 个标签和 1 个计时器。程序运行时,标签中滚动显示一个随机的 10 位数字,按回车键时停止;再次按下回车键时又重新滚动显示,如图 3-36 所示。

(a) 显示日期　　　　(b) 消息框

图 3-35　程序运行界面　　　　　　　图 3-36　程序运行状态

8. 编写程序。窗体中有 4 个标签、1 个文本框、2 个复选框和 3 个命令按钮。程序运行时,单击"出题"按钮,根据复选框选择情况随机产生两位、三位或混合位数的数据,如图 3-37(a)所示;用户输入答案并单击"验证"按钮,弹出消息框显示对错信息,如图 3-37(b)所示;单击"退出"按钮,结束程序运行。

(a) 产生随机数据　　　　　　　　　(b) 消息框显示对错信息

图 3-37　程序运行界面

提高部分

9. 编写程序,判断从 2000 年起,某年某月的第 1 天是星期几。在窗体上添加 2 个文本框、3 个标签、2 个命令按钮和 1 条直线(BorderColor 属性为蓝色,BorderStyle 属性为 5)。程序运行时,根据输入的年份和月份,在直线下面的标签中显示该年该月的第 1 天是星期几,如图 3-38 所示。若输入的年份小于 2000 或月份小于 1 或大于 12,则弹出消息框提示输入错误。

10. 编写程序,设计一个滚动字幕。在窗体上添加 1 个标签、1 个框架(内含 3 个复选框)、1 个计时器和 1 个命令按钮,如图 3-39 所示。程序运行时,单击"开始"按钮,此时按钮变成"暂停"状态,同时字幕从右向左循环滚动;单击"暂停"按钮,字幕停止滚动,该按钮变成"继续"状态;单击"继续"按钮,字幕继续滚动。通过 3 个复选框可以随时改变字幕的字体格式(字幕初始字体为宋体、14、红色)。选中"隶书"复选框时,字幕的字体变为隶书;选中"大小"复选框时,字体大小设置为 28;选中"颜色"复选框时,字体颜色为蓝色。

图 3-38 显示星期

图 3-39 题 10 的界面设计

第 4 章 循环结构程序设计

本章内容

基础部分：

- For-Next、Do While-Loop、Do-Loop While 语句的使用、循环语句的嵌套。
- 循环结构的流程图。
- 使用 Pset、Line、Circle 等方法绘图。
- 算法：累加、连乘、求最大(小)值等算法。

提高部分：

- 系统坐标系与用户自定义坐标系、Scale 方法。
- 对象的 ScaleWidth 和 ScaleHeight 属性。
- 使用 Pset、Line、Circle 方法自行画图。
- 贯穿实例。

各例题知识要点

例 4.1 用 For-Next 语句实现循环结构；语句格式和流程图。

例 4.2 求最大值算法。

例 4.3 Pset、Line、Circle 方法；QBColor 函数。

例 4.4 累加算法；在循环体中使用循环控制变量。

例 4.5 同时使用连乘和累加算法。

例 4.6 用 Do While-Loop 语句实现循环结构；语句格式和流程图。

例 4.7 用 Do-Loop While 语句实现循环结构；语句格式和流程图。

例 4.8 循环的嵌套；输出矩阵及矩阵的下半三角。

（以下为提高部分例题）

例 4.9 PSet、Line 和 Circle 方法画图；Scale 方法自定义坐标系；Do While-Loop 循环。

贯穿实例　图书管理系统(4)。

在日常生活中经常会遇到需要重复处理的问题,如输出 1000 行"@@@@@@@@ @@",输入所有学生的考试成绩,计算商场每日的销售总额等,这些操作都需要用到循环控制,循环结构是结构化程序设计中的三种基本结构之一。

Visual Basic 中提供了形式多样的实现循环结构的语句,由于篇幅有限,本书只介绍 For-Next、Do While-Loop 和 Do-Loop While 语句,并将重点介绍 For-Next 语句。

4.1　用 For-Next 语句处理循环问题

【例 4.1】　For-Next 语句示例。程序运行时,单击窗体,在窗体中输出 10 行字符串 "@@@@@@@@@@",如图 4-1 所示。

【解】　在窗体中输出一行字符串的语句是:Print "@ @@@@@@@@@"。为了输出 10 行相同的字符串,需要反复执行该语句 10 次。采用 For-Next 循环语句编写的程序代码如下:

```
Private Sub Form_Click()
    For i=1 To 10                    'For 语句开始
        Print "@@@@@@@@@"            '此部分称为循环体语句
    Next i                           'For 语句结束
End Sub
```

图 4-1　例 4.1 的运行结果

上述过程的具体执行步骤是:

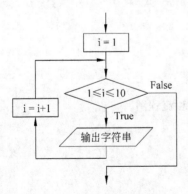

图 4-2　For-Next 语句的执行流程

(1) 给变量 i 赋初值 1。

(2) 判断 i 的值是否在 1~10 之间,若是则继续执行,否则转到步骤(5)。

(3) 执行语句 Print "@@@@@@@@@@",在窗体中输出字符串。

(4) 变量 i 的值加 1 后自动转到步骤(2)。

(5) 结束 For-Next 语句。

图 4-2 所示为上述 For-Next 语句的执行流程图。

程序说明:

(1) For-Next 语句常被用于循环次数已知的循环中。For-Next 循环一般语法格式是

```
For <循环变量>=<初始值>To <终止值> [ Step <步长>]
    循环体语句
Next [<循环变量>]
```

其中:

① 循环变量(也称循环控制变量)用于控制循环是否执行。当循环变量的值在初始值和终止值之间时,执行循环体语句,否则结束循环。每执行一次循环体语句后,循环变量的值自动按指定的步长变化。

② 循环体语句是需要重复执行的语句,它可以是一条或多条语句。

③ "Step <步长>"用于指定执行每次循环后循环变量的改变量,其中"步长"可以是正数或负数。当步长为正数时,表示循环变量的值逐次递增,此时要求终止值大于初始值;当步长为负数时,表示循环变量的值逐次递减,此时终止值应小于初始值。省略"Step <步长>"时,系统默认步长为1。本例题中即省略了步长,每次循环后 i 的值自动加1。

④ Next 必须与 For 成对出现,标志 For-Next 语句的结束。出现在 Next 后的循环变量可以省略。

⑤ 在循环体语句中可以使用 Exit For 语句提前结束循环。Exit For 语句可出现在循环体语句中的任意位置,通常与条件判断语句(如 If)联合使用,提供另一种退出 For 循环的方法。例如:

```
For i=1 To 10
    x=x+Int(Rnd * 100)
    sum=sum+x
    If sum>300 Then
        Exit For
    End If
Next i
Print  sum
```

上述 For 循环中,每执行一次循环体,就将随机产生的数 x 累加到 sum 变量中,如果 sum 的值已大于 300,流程立即从 For-Next 语句跳出,转去执行其后的下一条语句 Print sum。

(2) 为了在窗体中输出 1000 行字符串"@@@@@@@@@@",只需简单修改代码如下:

```
For i=1 To 1000
    Print  "@@@@@@@@@@"
Next i
```

【例 4.2】 窗体上添加 4 个标签和 1 个命令按钮。程序运行时,单击"最大值"按钮,立即产生 10 个 1~100 之间的随机整数显示在黄色标签中,同时将其中的最大值显示在粉色标签中,如图 4-3 所示。

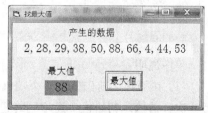

图 4-3 单击"最大值"按钮后

【解】 编程点拨

在例 3.6 中已经介绍过求三个数中最大值的算法。本例题在多个数中求最大值,具体算法描述如下:

（1）处理第 1 个数据：

① 产生一个随机数，存放在变量 a 中；

② 将 a 显示在黄色标签中；

③ 将 a 作为当前最大值放在变量 max 中。

（2）处理第 2 个数据：

① 产生新的随机数，存放在变量 a 中；

② 将 a 连接显示在黄色标签原有内容之后；

③ 如果 a 的值大于 max 中的值，则将 a 作为当前最大值放在 max 中。

（3）反复执行（2），处理其他数据。除第 1 个数据外，对于其他的 9 个数据，它们的处理方法完全相同，所以可以使用 For-Next 语句实现。

（4）在粉色标签中显示 max 中的值。

上述算法的流程图如图 4-4 所示。

本题的程序代码如下：

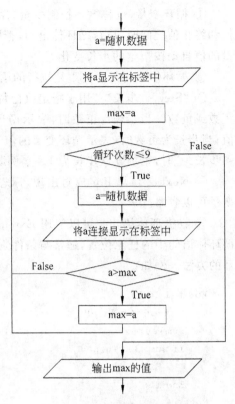

图 4-4 求最大值算法的流程图

```
Private Sub cmdMax_Click()
    Dim a As Integer
    Dim max As Integer
    Dim i As Integer
    Randomize
    a=Int(Rnd * 100)+1              '产生第 1 个随机数
    lblData.Caption=a               '在标签中显示第 1 个随机数
    max=a                           '将第 1 个随机数作为最大值保存到 max 中
    For i=1 To 9                    '重复执行 9 次
        a=Int(Rnd * 100)+1
        lblData.Caption=lblData.Caption&","&a
        If a>max Then               '若新随机数大于 max,则保存到 max 中
            max=a
        End If
    Next i
    lblMax.Caption=max              '输出最大值 max
End Sub
```

程序说明：

（1）在循环之前先处理 1 个随机数，在循环体内再处理 9 个随机数，因此循环体需执行 9 次，i 的值从初始值 1 递增到终止值 9。

（2）Int(Rnd * N)＋M 可以产生一个 M 到 M＋N−1 之间的随机整数。程序中 N 的值取 100,M 的值取 1,所以产生了 1～100 之间的随机数。

【例 4.3】 窗体上添加 3 个命令按钮。程序运行时,单击"画点"按钮,在窗体上显示 200 个位置随机的彩色点,如图 4-5 所示;单击"画直线"按钮,在窗体上画 15 条彩色平行线,如图 4-6 所示;单击"画圆"按钮,窗体上画 10 个彩色外切圆,如图 4-7 所示。

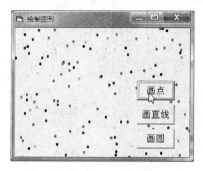

图 4-5　绘制点

图 4-6　绘制平行线

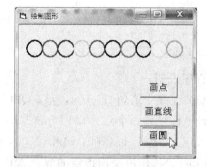

图 4-7　绘制外切圆

【解】 在窗体上画点、直线、圆,可用系统提供的 Pset、Line、Circle 方法。程序代码如下:

```
Private Sub cmdDot_Click()
    Dim x As Integer, y As Integer, a As Integer
    Dim i as Integer
    frmEx4_3.Cls
    frmEx4_3.DrawWidth=5
    Randomize
    For i=1 To 200
        x=Rnd * frmEx4_3.Width
        y=Rnd * frmEx4_3.Height
        a=Int(Rnd * 16)
        PSet(x, y), QBColor(a)                          '画点
    Next i
End Sub

Private Sub cmdLine_Click()
    Dim i As Integer, a As Integer, y As Integer
    frmEx4_3.Cls
```

```
        frmEx4_3.DrawWidth=3
        Randomize
        For i=1 To 15
            a=Int(Rnd * 16)
            y=y+200
            Line(200, y)-(2500, y), QBColor(a)              '画直线
        Next i
    End Sub

    Private Sub cmdCircle_Click()
        Dim i As Integer, a As Integer, x As Integer
        frmEx4_3.Cls
        frmEx4_3.DrawWidth=3
        Randomize
        For i=1 To 10
            x=x+400
            a=Int(Rnd * 16)
            Circle(x, 600), 200, QBColor(a)                 '画圆
        Next i
    End Sub
```

程序说明：

(1) 程序中语句 PSet(x，y)，QBColor(a)的作用是用指定的颜色 QBColor(a)，在 (x，y)坐标处画一个点；语句 Line(200，y)－(2500，y)，QBColor(a)的作用是用指定的 颜色 QBColor(a)，以(200，y)和(2500，y)为端点画一条直线；语句 Circle(x，600)，200， QBColor(a)的作用是用指定的颜色 QBColor(a)，以(x，600)为圆心、200 为半径画一个 圆。由于本例题画 200 个点、15 条线、10 个圆，所以采用了 For-Next 循环语句。

(2) QBColor 是 VB 提供的函数，返回不同的颜色，其调用形式是：

```
QBColor(颜色参数)
```

其中颜色参数是一个介于 0~15 之间的整型数值，表 4-1 列出了各颜色参数所对应 的颜色。

表 4-1　颜色参数与颜色对照表

参数值	显示颜色	参数值	显示颜色
0	黑色	8	灰色
1	蓝色	9	亮蓝色
2	绿色	10	亮绿色
3	青色	11	亮青色
4	红色	12	亮红色
5	洋红色	13	亮洋红色
6	黄色	14	亮黄色
7	白色	15	亮白色

(3) 窗体的 DrawWidth 属性用来指定绘图线的宽度。

有关 Pset、Line、Circle 方法的进一步介绍,参见例 4.9。

【例 4.4】 累加算法。在窗体上添加 2 个标签和 1 个命令按钮。程序运行时,单击
"计算"按钮,计算 $1+2+3+\cdots+100$ 的值并显示在黄色标签
中,如图 4-8 所示。

【解】 编程点拨

可以通过下面的程序段计算出 $1+2+3+\cdots+100$ 的
结果:

图 4-8 例 4.4 的运行结果

```
sum=0
sum=sum+1
sum=sum+2
    ⋮
sum=sum+100
```

变量 sum 用于存放计算结果,它的初始值应该为 0。这一系列求和语句可简单概括
为 sum=sum+i 的语句形式,这里 i 的值从 1 变化到 100。由此可见,计算 $1+2+3+\cdots+$
100 的过程就是不断执行 sum=sum+i 的循环累加过程,此操作可通过下面的 For-Next 循
环语句实现:

```
For  i=1  To  100
    sum=sum+i
Next  i
```

由此,"计算"按钮的 Click 事件过程代码如下:

```
Private Sub cmdCal_Click()
    Dim sum As Integer
    Dim i As Integer
    sum=0
    For i=1 To 100
        sum=sum+i                              '循环体语句
    Next i
    lblValue.Caption=sum
End Sub
```

程序说明:

(1) 本例题是用循环实现累加算法的实例。循环体语句 sum=sum+i 用于实现累
加计算,变量 sum 用于存放和值。式中,位于赋值号右边的 sum 中存放的是前一次循环
所计算出的和值,而位于赋值号左边的 sum 中则存放的是本次循环最新计算出的和值。
每执行一次循环体语句,sum 就在其原有值的基础上加上当前的 i 值,从而计算出新的累
加和。如此循环反复,直至循环结束。

(2) 根据题意,用于存放和值的变量 sum 应在循环累加前赋予初值 0。在 VB 中,对
于已经定义为 Integer 类型的变量,系统默认其初值为 0,故程序中可省略语句 sum=0。

（3）本例中，巧妙利用了循环控制变量 i 与当前累加数值间的对应关系（第 i 轮循环时需要在 sum 中加上 i），在循环体中，控制变量 i 直接参与计算，简化了程序代码。在循环体中直接使用循环控制变量的情况经常出现，但应避免其值发生变化，否则易造成循环控制逻辑的混乱。

（4）为了计算 1+3+5+…+99 的值，可以将 For-Next 语句简单修改如下：

```
For i=1 To 100 Step 2
    sum=sum+i
Next i
```

当 i 的值等于 99 时最后一次执行循环体语句，此后 i 的值自动增加 2，变成 101，已超出 1～100 的范围，所以退出循环。

同理，为了计算 100+90+80+…+10 的值，可以将 For-Next 语句修改如下：

```
For i=100 To 10 Step-10
    sum=sum+i
Next i
```

【例 4.5】 计算 1!+2!+…+n!(1≤n≤20) 的值。在窗体上添加 2 个标签、1 个文本框和 1 个命令按钮。程序运行时，在文本框中输入数据并单击"计算"按钮，在黄色标签中显示计算结果，如图 4-9 所示。如果输入的数据超出指定范围，则弹出如图 4-10 所示的"数据错误"消息框，单击"确定"按钮后，清除文本框和黄色标签中的内容，并将光标置于文本框中，等待用户的再次输入。

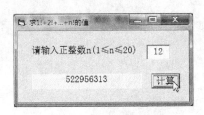

图 4-9　显示计算结果

图 4-10　出错时弹出的消息框

【解】　编程点拨

本例题要求计算 1!+2!+…+n!(1≤n≤20) 的值。不难看出，该式包含了两类运算：一是"连乘"运算，计算某数的阶乘，即 1!、2!、…、n!；二是"累加"运算，计算阶乘之和，即 1!+2!+…+n!。

（1）求阶乘运算，实际就是计算 1×2×3×…×n 的值，称为连乘算法，解题思路与累加算法相似。程序代码如下：

```
s=1                    '变量 s 用于存放连乘之积，其初值应设为 1
For i=1 To n           '求 n 的阶乘，结果放在 s 中
    s=s * i
Next  i
```

（2）使用累加算法计算阶乘之和。在循环过程中，每当得到一个连乘值 s，就将其累

加到 sum 中。程序代码修改如下：

```
s=1
sum=0
For i=1 To n
    s=s*i                    '求阶乘
    sum=sum+s                '求阶乘之和
Next i
```

本题程序代码如下：

```
Private Sub cmdCal_Click()
    Dim sum As Double, s As Double
    Dim n As Integer, i As Integer
    n=Val(txtIn.Text)
    If n>=1 And n<=20 Then         '输入数据合法
        s=1
        sum=0
        For i=1 To n
            s=s*i                  '连乘
            sum=sum+s              '累加
        Next i
        lblOut.Caption=sum
    Else                           '输入数据不合法
        MsgBox "数据输入错误,请重新输入!", vbCritical, "数据错误"
        txtIn.Text=""
        lblOut.Caption=""
        txtIn.SetFocus
    End If
End Sub
```

程序说明：

(1) 单击"计算"按钮后,如果输入的数据 n 满足条件 n>=1 And n<=20 就执行相应计算和输出的语句,否则进行出错处理。

(2) 程序中使用了连乘和累加算法。变量 s 和 sum 分别存放连乘和累加的结果,因而初值分别为 1 和 0。为防止数据溢出,在此将 s 和 sum 定义成 Double 类型。

(3) 在 For-Next 语句中,循环体语句可以由一条或多条语句组成。本例 For-Next 语句中包含两条语句。

(4) 利用本例题中介绍的算法还可以解决其他问题。例如,计算 $2^1+2^2+\cdots+2^n$ 的值,可通过以下 For-Next 语句实现：

```
s=1  :  sum=0
For i=1 To n
    s=s*2                    '连乘
    sum=sum+s               '累加
```

```
Next i
```

又如,计算 $1+(1+2)+(1+2+3)+\cdots+(1+2+\cdots+n)$ 的值,这里涉及累加的嵌套算法,可通过以下 For-Next 语句实现:

```
s=0  :  sum=0
For i=1 To n
    s=s+i                       '将 i 累加到 s 中
    sum=sum+s                   '将 s 累加到 sum 中
Next i
```

注意:在循环体语句中可以使用循环控制变量,但不是必须的。

4.2 认识 Do While-Loop 和 Do-Loop While 语句

在 4.1 节中已介绍了 For-Next 循环语句,它比较适用于解决那些易确定循环次数的问题。如果事先不知道循环的执行次数,则经常选用本节将介绍的循环语句。

【例 4.6】 Do While-Loop 语句示例。窗体上添加 7 个标签、2 个文本框和 1 个命令按钮。程序运行时,在文本框中输入存款金额及存款利率后,单击"计算"按钮,根据存款利率,计算出使本金翻番所需的最少存款年限,并在黄色标签中显示所需年限及到期后的本金总额,如图 4-11 所示。

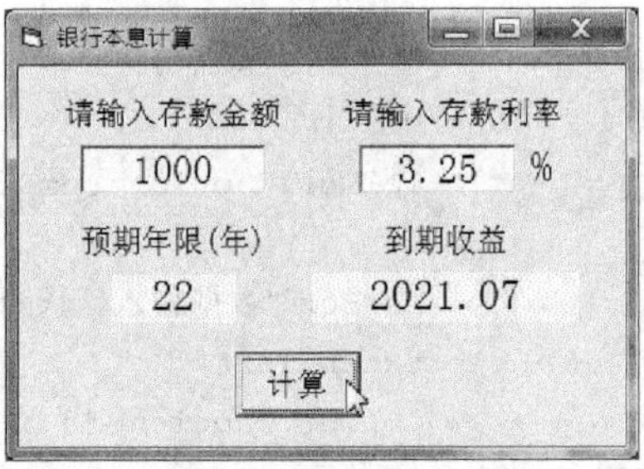

图 4-11 银行本息计算

【解】 程序代码如下:

```
Private Sub cmdCala_Click()
    Dim savings As Double, rate As Double
    Dim y As Integer, target As Double
    savings=Val(txtSavings.Text)        '本金
    rate=Val(txtRate.Text)/100          '利率
    target=2 * savings                  '目标收益
    Do While savings<target             '当到期收益小于目标收益时
        y=y+1                           '年限增加 1 年
        savings=savings * (1+rate)      '增加年限后的到期收益
    Loop
    lblYear.Caption=y
    lblAll.Caption=Format(savings, ".00")
End Sub
```

程序说明:

(1) 程序代码中 Do While-Loop 语句的执行过程是:

① 判断循环条件 savings＜target 是否成立,若不成立则转到步骤③;

② 执行循环体语句(即计算预期年限和到期收益)后转回步骤①;

③ 结束 Do Whil-Loop 语句。

以上步骤的执行流程如图 4-12 所示。

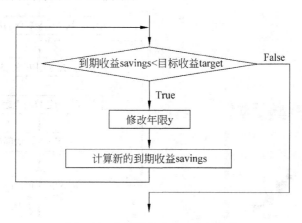

图 4-12　Do While-Loop 执行流程

（2）在循环体中，语句 y＝y＋1 的作用是累计已存款的年限，语句 savings＝savings＊(1＋rate)的作用则是计算增加 1 年存期后的到期收益。

（3）调用 Format 函数，以指定的格式（小数点后保留两位）输出 savings 中的值。Format 函数的使用方法参见 2.6.4 节。

（4）Do While-Loop 语句常用于循环次数未知，但执行条件明确的循环中，其一般语法格式为：

```
Do While 循环条件
    循环体语句
Loop
```

说明：

① Do While-Loop 语句为前测当型循环。其执行特点是：当循环条件为"真"时，执行循环体语句；当循环条件为"假"时，终止循环；如果循环条件一开始就为"假"，则循环体一次也不执行。

② 与 For-Next 语句不同，通常情况下，在进入 Do While-Loop 循环前应先给循环控制变量设置初始值，如本例代码中的语句 target＝2＊savings；在 Do While-Loop 循环体中必须包含使循环趋于结束的语句，如语句 savings＝savings＊(1＋rate)，随着 savings 值的不断增加，使循环条件 savings＜target 逐渐趋于 False。

③ 在循环体语句中可以使用 Exit Do 语句随时跳出当前所在的循环，提前结束 Do While-Loop 语句。Exit Do 语句可出现在循环体语句中的任意位置，通常与条件判断语句（如 If）联合使用，它提供了另一种退出 Do While-Loop 循环的方法。

【例 4.7】　Do-Loop While 语句示例。程序运行时，单击窗体，从窗体左上角开始绘制大小相同、对顶角互连的彩色方块，直至达窗体下边界结束，绘制结果如图 4-13 所示。

【解】　根据题意，从窗体坐标(0,0)起绘制第 1 个色块，每绘制完成一个色块后，需进一步计算出下一色块的绘制坐标，如果该坐标位于窗体内部，则继续绘制新的色块，否则结束绘制。上述操作的流程如图 4-14 所示。

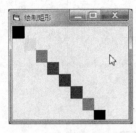

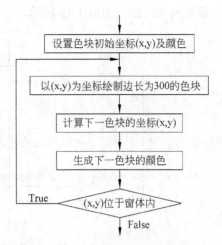

图 4-13　绘制彩色矩形串　　　　　　图 4-14　绘制色块串的流程图

使用 Do-Loop While 语句实现的程序代码如下：

```
Private Sub Form_Click()
    Dim x As Integer, y As Integer            '矩形左上角坐标
    Dim c As Integer                          '矩形颜色
    x=0  :  y=0  :  c=0                        '绘制矩形的初始坐标及颜色代码
    Do
        '以(x,y)为左上角坐标,边长为 300 绘制矩形
        Line(x, y)-(x+300, y+300), QBColor(c), BF
        x=x+300                               '计算新的矩形 x 坐标
        y=y+300                               '计算新的矩形 y 坐标
        c=Int(Rnd * 16)                       '产生新的颜色代码
    Loop While x< frmEx4_7.Width And y< frmEx4_7.Height    '新坐标在窗体内
End Sub
```

程序说明：

(1) 语句 Line(x, y)－(x+300, y+300)，QBColor(c)，BF 的功能是以坐标(x,y)和(x+300,y+300)为对顶点绘制矩形，并以颜色 QBColor(c)填充矩形内部。有关 Line 方法的详细介绍参见例 4.9。

(2) 通常情况下，在进入 Do-Loop While 循环前应先给循环控制变量设置初始值，如本例代码中的语句 x＝0：y＝0；在循环体中应包含使循环趋于结束的语句，如语句 x＝x+300 和 y＝y+300，随着 x、y 的不断增加，使循环条件逐渐趋于 False。

(3) Do-Loop While 语句的一般形式如下：

```
Do
    循环体语句
Loop  While 循环条件
```

说明：

① Do-Loop While 语句为后测当型循环。其执行特点是：先执行循环体，然后进行条件判断，循环条件为"真"时，继续执行循环体语句；否则，终止循环。在 Do-Loop While 循环中，循环体语句至少会被执行一次。

② 与 Do While-Loop 循环相同，在 Do-Loop While 的循环体中也应存在使循环趋于结束的语句。

③ 可以使用 Exit Do 语句随时跳出当前所在的循环，提前结束 Do-Loop While 语句。

4.3　循环语句的嵌套

通过前面的学习已经知道，可以使用循环语句在一行上输出 10 个"＊"，其程序代码是：

```
For j=1 To 10
    Print "＊";                   '以分号结尾，使后续输出紧跟在前一输出之后
Next j
Print                            '换行，后续输出将从新的一行开始
```

若想输出 20 行，每行 10 个"＊"，只需将上述 For 语句重复执行 20 次，其程序代码为：

此程序的执行特点是：每当外循环变量 i 得到一个新值，就执行一次外循环体：在一行上输出 10 个"＊"，并使光标转入下一行行首，等待后续输出。因此，当 i 从 1 变化到 20 时，执行了 20 次外循环体语句，于是就输出了一张含有 20 行，每行 10 个"＊"的平面图。由此可知，外循环变量 i 决定输出的行数，内循环变量 j 决定每行输出"＊"的个数。

像上述这种在一条循环语句的循环体中又包含另一个循环语句的现象，称为循环语句的嵌套。

【例 4.8】　嵌套的循环语句示例。窗体上添加 2 个命令按钮。程序运行时，单击"第1 个"按钮，窗体中显示 10×10 的星阵，如图 4-15 所示；单击"第 2 个"按钮，窗体中显示 10×10 的下半三角星阵，如图 4-16 所示。

【解】　编程点拨

从图 4-16 可以看出，该图只是一个 10 ＊ 10 平面图的下半三角部分。其特点是：第1 行输出 1 个"＊"，第 2 行输出 2 个"＊"，…，第 10 行输出 10 个"＊"，于是可简单地概括为：第 i 行输出 i 个"＊"。为了输出第 i 行，可用如下的 For 语句实现：

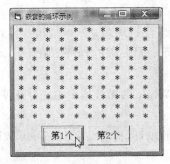

图 4-15　单击"第 1 个"按钮后

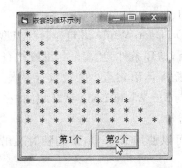

图 4-16　单击"第 2 个"按钮后

```
For j=1 To i                    '在一行中输出 i 个"*"
    Print "*";
Next j
Print                           '输出换行
```

当 i 的值从 1 变化到 10，就可依次输出图 4-16 所示的各行。下面是本例题的完整程序代码。

```
Private Sub cmdFirst_Click()
    Dim i As Integer, j As Integer
    Cls                         '清屏
    For i=1 To 10
        For j=1 To 10
            Print "*";          '输出"*"后不换行
        Next j
        Print                   '换行
    Next i
End Sub


Private Sub cmdSecond_Click()
    Dim i As Integer, j As Integer
    Cls
    For i=1 To 10
        For j=1 To i
            Print "*";
        Next j
        Print
    Next i
End Sub
```

程序说明：

（1）以 cmdSecond_Click 事件过程为例，实现屏幕输出的语句是一条嵌套的循环语句。其执行过程是：内循环变量 j 的值由 1 变化到 i，这就表明，每行上输出"*"的个数由外循环变量 i 的值所决定。当 i 为 1 时，j 由 1 变化到 1，第 1 行输出 1 个"*"；当 i 为 2

时,j 由 1 变化到 2,第 2 行输出 2 个"＊";以此类推,当 i 为 10 时,j 由 1 变化到 10,第 10 行将输出 10 个"＊";于是就输出了一张含有 10 行,且每行"＊"由 1 递增到 10 的下半三角形平面图。

（2）在嵌套的循环语句里,内、外循环的控制变量应采用不同的变量名,避免造成混乱。

（3）不能缺少控制换行的 Print 语句。以 cmdFirst_Click 为例,若缺少语句 Print,将会在一行内连续输出 100 个"＊"。

4.4 提 高 部 分

4.4.1 自行画图

【例 4.9】 绘制图形。窗体上有 1 个图片框和 4 个命令按钮。单击"画点"按钮,在图片框中绘制 100 个位置和颜色随机的点;单击"画直线"按钮,以图片框中心为起始点,绘制 100 条随机线段,如图 4-17(a)所示;单击"画矩形"按钮,在图片框中绘制同心矩形,如图 4-17(b)所示;单击"画圆"按钮,以图片框中心位置为圆心绘制同心圆,如图 4-17(c)。

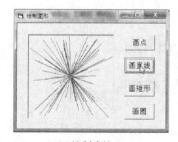  

(a) 绘制直线　　　　　　　　(b) 绘制同心矩形　　　　　　　(c) 绘制同心圆

图 4-17　例 4.9 的运行结果

【解】 在窗体或图片框中自行绘制图形,可用系统提供的 Pset(画点)、Line(画直线或矩形)、Circle(画圆或椭圆)等方法。程序代码如下:

```
Private Sub cmdDot_Click()              '单击"画点"按钮
    Dim i As Integer
    Dim x As Integer, y As Integer      '画点的坐标
    Dim col As Integer                  '画点的颜色
    picShow.Cls
    picShow.Scale(1, 1)-(100, 100)      '自定义图片框坐标系
    picShow.DrawWidth=2                  '绘图线的宽度为两个像素
    For i=1 To 100                       '画 100 个点
        x=Int(Rnd * 100)+1               '随机生成一组坐标
        y=Int(Rnd * 100)+1
        col=Int(Rnd * 16)                '随机生成颜色
```

```vb
        picShow.PSet(x, y), QBColor(col)          '在图片框的(x,y)处用指定颜色画点
    Next i
End Sub


Private Sub cmdLine_Click()                       '单击"画直线"按钮
    Dim i As Integer
    Dim x1 As Integer, y1 As Integer              '线段的起始坐标
    Dim x2 As Integer, y2 As Integer              '线段的终止坐标
    Dim col As Integer
    picShow.Cls
    picShow.Scale(1, 1)-(100, 100)
    picShow.DrawWidth=1
    x1=picShow.ScaleWidth/2                        '计算线段的起始坐标——图片框中心点
    y1=picShow.ScaleHeight/2
    For i=1 To 100
        x2=Int(Rnd * 100)+1                        '随机生成线段的终止坐标
        y2=Int(Rnd * 100)+1
        col=Int(Rnd * 16)                          '随机生成颜色
        picShow.Line(x1, y1)-(x2, y2), QBColor(col)    '以指定位置和颜色画线
    Next i
End Sub


Private Sub cmdRectangle_Click()                   '单击"画矩形"按钮
    Dim x1 As Integer, y1 As Integer               '矩形的左上角坐标
    Dim x2 As Integer, y2 As Integer               '矩形的右下角坐标
    Dim col As Integer
    picShow.Cls
    picShow.Scale(1, 1)-(100, 100)
    picShow.DrawWidth=1
    x1=1                                           '设置第1个矩形的左上角坐标
    y1=1
    x2=picShow.ScaleWidth                          '设置第1个矩形的右下角坐标——图片框右下角
    y2=picShow.ScaleHeight
    Do While x1<x2 And y1<y2
        col=Int(Rnd * 16)                          '随机生成颜色
        '以指定位置和颜色画实心矩形
        picShow.Line(x1, y1)-(x2, y2), QBColor(col), BF
        x1=x1+2                                    '设置下一矩形的两顶点坐标
        y1=y1+2
        x2=x2-2
        y2=y2-2
    Loop
End Sub
```

```
Private Sub cmdCircle_Click()                    '单击"画圆"按钮
    Dim r As Integer                             '圆的半径
    Dim col As Integer
    picShow.Cls
    picShow.Scale(-50, 50)-(50,-50)
    picShow.DrawWidth=1
    picShow.FillStyle=0                          '图片框填充样式——实心
    r=49
    Do While r>0
        col=Int(Rnd * 16)
        picShow.FillColor=QBColor(col)           '图片框填充颜色
        picShow.Circle(0, 0), r, QBColor(col)         '以指定位置、半径和颜色画圆
        r=r-5
    Loop
End Sub
```

程序说明:

(1) 在默认设置下,系统将容器控件的左上角坐标视为(0,0),并把右(下)方向作为x(y)轴的递增方向。向容器控件中添加控件或绘制图形时将使用此坐标系统(称为系统坐标系)进行定位。通过 Scale 方法,可以为对象重新定义新的坐标系统(称为用户自定义坐标系)。Scale 方法的调用格式是:

[对象名].Scale(x1,y1)-(x2,y2)

其中(x1,y1)、(x2,y2)是对象左上角和右下角在新坐标系中的坐标值。语句 picShow.Scale(1, 1)-(100, 100)的作用就是将图片框(picShow)的左上角和右下角坐标分别定义为(1,1)和(100,100),图 4-18(a)为该图片框的系统坐标系,图 4-18(b)为用户自定义坐标系。

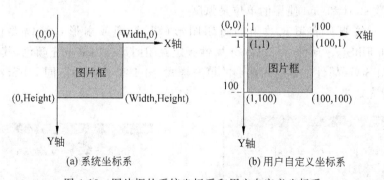

(a) 系统坐标系   (b) 用户自定义坐标系

图 4-18 图片框的系统坐标系和用户自定义坐标系

(2) 图片框的 DrawWidth 属性用来指定绘图线的宽度。图片框的 ScaleWidth 属性和 ScaleHeight 属性分别表示图片框内部区域的宽度和高度。坐标(ScaleWidth,ScaleHeight)即表示图片框右下角位置,而坐标(ScaleWidth/2,ScaleHeight/2)即表示图片框的中心位置。

(3) Pset 方法用于在对象上以指定的位置和颜色画点,其调用格式为:

`[对象名].PSet  [Step](x, y), [color]`

其中参数(x,y)指定画点的位置,当缺省关键字 Step 时,参数(x,y)即为画点的绝对坐标;使用关键字 Step 时,参数(x,y)表示画点位置距离当前图形位置的 x、y 方向的偏移量(即相对坐标)。参数 color 指定画点的颜色,若省略,则以对象的前景色(ForeColor)作为画点颜色。

(4) 使用 Line 方法可以在窗体或图片框中绘制直线或矩形。Line 方法的调用格式是:

`[对象名].Line [[Step](x1,y1)]-[Step](x2,y2)[ ,[颜色],B[F]]`

当省略参数 B 和 F 时,Line 方法绘制直线,这时参数(x1,y1)和(x2,y2)指定直线的起始坐标及终点坐标;使用关键字 Step 指明其后所给坐标为相对坐标(偏移量);若缺省(x1,y1),则以当前绘图位置或(0,0)作为直线的起始坐标;使用参数 B 将以(x1,y1)为左上角,(x2,y2)为右下角绘制空心矩形;使用参数 BF,则以指定颜色绘制实心矩形。

(5) 调用 Circle 方法可在对象上画圆、椭圆或弧。Circle 方法的语法格式是:

`[对象名].Circle [Step](x, y),radius [,[color],[start],[end],aspect]`

参数(x,y)指定画圆(椭圆或弧)的中心坐标,关键字 Step 表示所给中心坐标为相对坐标(偏移量);参数 radius 指定画圆(椭圆或弧)的半径;绘制椭圆时需使用参数 aspect 指定椭圆的纵横比(即 Y 轴与 X 轴的长度之比),它决定着椭圆的形状,图 4-19 所示为不同纵横比的椭圆;为了绘制圆弧,需要使用 start 和 end 参数以弧度为单位指定弧的起始角和终止角,start 和 end 的取值范围为 $0\sim2\pi$。当在 start 或 end 前添加负号"一"时,除了画圆弧外,还将圆心和圆弧端点进行连接。

在调用 Circle 方法时可以省略语法中的某些参数,但参数前用于分隔各参数的逗号不能省,参数 start 和 end 使用的单位是弧度。

(6) 为了绘制具有填充效果的封闭图形(圆、椭圆或扇形),还需要设置对象的 FillColor 和 FillStyle 属性。FillColor 属性指定封闭图形的内部填充颜色,其默认设置为 0(黑色);FillStyle 属性指定封闭图形的填充样式,图 4-20 所示为不同 FillStyle 属性值时所画圆的填充效果。

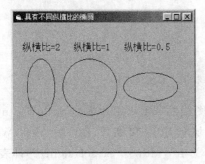

图 4-19 纵横比决定椭圆的形状

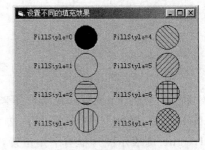

图 4-20 填充效果

（7）在绘制同心矩形或同心圆时，应按照从大到小、由外向内的顺序依次绘制各图形，否则，先绘制的小图形会被后续绘制的大图形覆盖而无法看到。

4.4.2 贯穿实例——图书管理系统（4）

图书管理系统之四：在3.4.2节图书管理系统之三的基础上，继续修改系统管理员窗体。当用户名或密码输入三次均错误时，在窗体底部显示一个等待时间记录点，15秒后方可再次登录，运行界面如图4-21所示。

在系统管理员窗体中添加1个标签控件，其上显示"请等待"。等待时间点的显示通过PSet方法画点实现。修改计时器Timer事件中的程序代码，使用For循环语句控制等待时间点的显示。

【解】 在图书管理系统（3）的基础上修改系统管理员窗体，添加1个名为lblWait的标签，设置其Visible属性为False。

图4-21 系统管理员登录等待界面

修改系统管理员窗体中计时器Timer事件的程序代码如下：

```
Private Sub tmrClock_Timer()
    Static c As Integer
    Dim w As Integer
    c=c+1
    w=600
    lblWait.Visible=True
    DrawWidth=3
    For j=1 To c
        w=w+200
        frmAdmin.PSet(w, 2700), vbRed
    Next j
    If c=15 Then
        c=0
        cmdOk.Enabled=True
        txtUser.Enabled=True
        txtUser.SetFocus
        txtPass.Enabled=True
        tmrClock.Enabled=False
        lblWait.Visible=False
        frmAdmin.Cls
    End If
End Sub
```

4.5　上 机 训 练

【**训练 4.1**】　窗体上添加 1 个图片框、2 个计时器和 2 个命令按钮,如图 4-22 所示。程序运行时,单击"黑天"按钮,在图片框中呈现夜幕下繁星闪烁的景象,如图 4-23 所示。单击"白天"按钮,图片框中呈现晴空下彩球飘飞的景象,如图 4-24 所示。

　　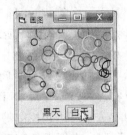

图 4-22　训练 4.1 的窗体界面　　图 4-23　单击"黑天"按钮后　　图 4-24　单击"白天"按钮后

1. 目标

(1) 掌握使用 For 语句的场合。

(2) 熟悉 For 语句格式。

(3) 掌握 Pset、Circle 绘图方法。

2. 步骤

(1) 设计用户界面,并设置属性。

(2) 编写代码、运行程序、保存窗体和工程。

① 编写"黑天"按钮的 Click 事件过程,代码如下:

```
Private Sub cmdNight_Click()
    picShow.DrawWidth=5                      '设置笔的宽度
    picShow.Picture=LoadPicture("")
    picShow.BackColor=vbBlack                '黑色天空
    tmrNight.Enabled=True                    '启动控制黑天的计时器
    tmrDay.Enabled=False                     '关闭控制白天的计时器
End Sub
```

② 编写用于控制黑天的计时器 tmrNight 的 Timer 事件过程,代码如下:

```
Private Sub tmrNight_Timer()
    Dim i As Integer
    Dim x As Double
    Dim y As Double
    picShow.Cls                              '清屏
```

```
    For i=1 To 100                          '循环 100 次
        x=Int(Rnd * frmXl4_1.Width)+1       '产生 x 坐标
        y=Int(Rnd * frmXl4_1.Height)+1      '产生 y 坐标
        picShow.PSet(x, y), QBColor(6)      '以黄色画点
    Next i
End Sub
```

③ 运行程序并单击"黑天"按钮,验证上述代码的正确性。

④ 编写"白天"按钮的 Click 事件及控制白天的计时器 tmrDay 的 Timer 事件过程,并运行程序以验证代码的正确性。

⑤ 保存窗体和工程。

3. 提示

(1) 因循环次数已知,选用 For 语句绘制 100 个点及 50 个圆圈。通过设置图片框的 DrawWidth 属性以决定画点或圆时笔的粗细。

(2) 单击"白天"按钮时,在图片框中加载图形文件作为背景,形成蓝天白云的显示效果;在计时器的 Timer 事件中再在图片框中随机绘制大小不一的 50 个彩色圆圈。

4. 扩展

修改程序,使程序运行时即显示繁星闪烁的景象,且此时"黑天"按钮不可用;单击"白天"按钮后,显示晴空中彩球飘飞的景象,同时"黑天"按钮可用,而"白天"按钮不可用。

【训练 4.2】 显示字符的 ASCII 码值。窗体无控制按钮,其上有 1 个文本框和 3 个命令按钮。程序运行时,单击"数字(N)"按钮或按 Alt＋N 组合键,文本框中显示所有数字字符及其对应的 ASCII 码值,如图 4-25 所示;单击"大写(U)"按钮或按 Alt＋U 组合键,文本框中显示所有大写字母及其对应的 ASCII 码值,如图 4-26 所示;单击"小写(L)"按钮或按 Alt＋L 组合键,文本框中显示所有小写字母及其对应的 ASCII 码值;双击窗体,结束程序的运行。

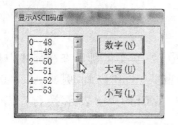

图 4-25　显示数字字符的 ASCII 码

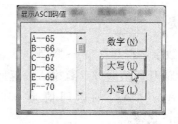

图 4-26　显示大写字母的 ASCII 码

1. 目标

(1) 巩固 For-Next 语句的使用方法。

(2) 学会由字符求 ASCII 码值或由 ASCII 码值求对应字符的方法。

(3) 学会输出换行及逆序输出的方法。

2. 步骤

(1) 设计用户界面,并设置属性。

为命令按钮设置热键的方法是,在其 Caption 属性中指定热键字符,并在该字符前使用符号"&"。例如,本例题中将"数字"按钮的 Caption 属性设置为"数字(&N)",在热键字符下会自动出现下划线。

(2) 编写代码、运行程序、保存窗体和工程。

① 编写"数字"按钮的 Click 事件过程,其主要代码是:

```
txtAsc.Text=""
For i=0 To 9
    txtAsc.Text=txtAsc.Text&i&"--"&Asc(i)&Chr(13)&Chr(10)
Next i
```

② 运行程序,验证"数字"按钮的 Click 事件过程的正确性。

③ 编写"大写"按钮的 Click 事件过程,其主要代码是:

```
Dim c As String
Dim code As Integer
For i=0 To 25
    code=Asc("A")+i                          '获得字母的 ASCII 码
    c=Chr(code)                              '由 ASCII 码得到相应字符
    txtAsc.Text=txtAsc.Text&c&"--"&code&Chr(13)&Chr(10)
Next i
```

④ 运行程序,验证"大写"按钮的 Click 事件过程的正确性。

⑤ 编写"小写"按钮的 Click 事件过程,并运行程序验证其正确性。

⑥ 编写窗体的双击 DblClick 事件过程,并运行程序验证其正确性。

⑦ 保存窗体和工程。

3. 提示

(1) 数字字符共有"0"~"9"10 个,故循环变量 i 从 0 变化到 9,在循环体中直接输出 i 及相应 ASCII 码值即可。函数 Asc 返回指定字符的 ASCII 码值,例如 Asc("0")的返回值是 48,Asc("A")的返回值是 65。Chr(13)&Chr(10)表示换行,也可用常量 vbNewLine 代替。

(2) 大写字母共有 26 个,故循环变量 i 从 0 变化到 25,在循环体中通过 code=Asc("A")+i 依次得到每个大写字母的 ASCII 码值,再通过 c=Chr(code)得到相应的字符。函数 Chr 返回指定 ASCII 码所对应的字符,例如 Chr(48)的返回值是字符"0",Chr(65)的返回值是"A"。小写字母情况类似。

(3) 本题目中,文本框仅用于显示信息,将其 Locked 属性设置为 True 以限制用户的输入。

4. 扩展

单击"数字"、"大写"、"小写"按钮时,按逆序显示字符和对应的 ASCII 码值。

【训练 4.3】 利用公式 $e \approx 1 + \frac{1}{1!} + \frac{1}{2!} + \frac{1}{3!} + \cdots + \frac{1}{n!}$ 计算 e 的近似值。窗体上有 2 个标签、1 个图像框和 1 个命令按钮。程序运行时,单击命令按钮,打开输入框接受用户输入,并根据用户输入的 n 值计算 e 的近似值,显示在黄色标签中,如图 4-27 所示(图中 n 值为 10)。

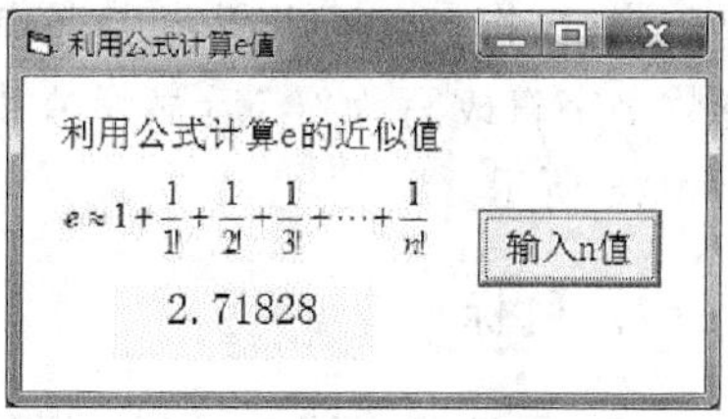

图 4-27　n＝10 时的运行结果

1. 目标

(1) 掌握 For-Next 语句的使用方法。

(2) 了解选择变量类型的原则。

(3) 会使用不同方法解决同一问题。

2. 步骤

(1) 设计用户界面,并设置属性。

(2) 编写代码、运行程序、保存窗体和工程。

① 编写"输入 n 值"按钮的 Click 事件代码,其中主要代码是:

```
n=Val(InputBox("请输入 n 的值", "输入框", 1))
If n>0 Then
    e=1
    t=1                           '连乘算法,初值为1
    For i=1 To n                  '循环执行 n 次,i 从 1 变到 n
        t=t * i                   '计算 i!
        e=e+1/t                   '累加
    Next i
End If
```

② 运行程序,验证按钮的 Click 事件过程的正确性。

③ 保存窗体和工程。

3. 提示

(1) 由于每一个累加项 t(＝1/i!)和 e 的值都是带有小数点的实型数据,故将 t 和 e 定义成 Double 或 Single 类型,但循环变量 i 和变量 n 定义为 Integer 类型即可。

(2) 算法设计与例 4.5 类似。

4. 扩展

利用双重 for 循环实现本题目功能。代码框架如下:

```
e=1
```

```
For i=1 To n                                          '执行 n 次
    利用 For 循环计算 i 的阶乘,保存在 t 中
    e=e+1/t
Next i
```

【**训练 4.4**】　窗体上添加 2 个标签、1 个文本框和 1 个命令按钮。程序运行时,在文本框中输入字符串,直至输入字符"♯",此时文本框禁止输入且命令按钮变为可用状态;单击按钮,将文本框内所输字符串(不含字符"♯")中的所有数字字符改写为"0"后显示在黄色标签中,运行结果如图 4-28 所示。

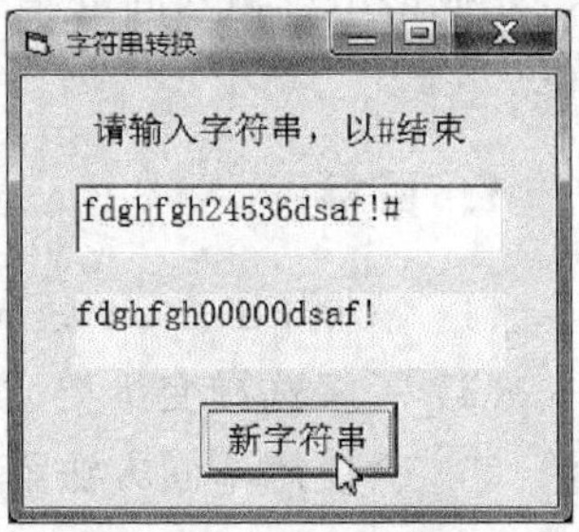

图 4-28　训练 4.4 的运行结果

1. 目标

(1) 了解 Do While-Loop 语句的使用方法。

(2) 了解判断数字字符的方法。

(3) 学会提取字符串中指定位置上的字符。

2. 步骤

(1) 设计用户界面,并设置属性。

(2) 编写代码、运行程序、保存窗体和工程。

① 编写文本框的 Change 事件,其中代码是:

```
If Right(txtIn.Text, 1)="#" Then
    cmdNew.Enabled=True
    txtIn.Locked=True
End If
```

② 运行程序验证 Change 事件过程的正确性。

③ 编写按钮的 Click 事件过程,主要代码如下:

```
i=1
ch=Mid(txtIn.Text, i, 1)                  '提取第 i 个字符
Do While ch<>"#"                          '只要提取的字符不是#
    If ch>="0" And ch<="9" Then          '如果是数字字符
        ch="0"
    End If
    lblNew.Caption=lblNew.Caption & ch    '连接显示到标签中
    i=i+1
    ch=Mid(txtIn.Text, i, 1)              '提取下一个字符
Loop
```

④ 运行程序验证按钮的 Click 事件过程的正确性。

⑤ 保存窗体和工程。

3. 提 示

（1）当文本框内容改变时，通过判断其最后一个字符是否为"♯"来确定是否禁止输入。文本框中最后一个字符可表示为 Right(txtIn. Text，1)。

（2）为了找到数字字符，需要对文本框中的所有字符逐一进行判断，通过 Mid(txtIn. Text，i，1)可以提取文本框中第 i 个字符。但由于文本框内字符的个数未知，i 的取值范围无法事先确定，故采用 Do While-Loop 语句更为方便。

4. 扩 展

改用 For-Next 语句实现"新字符串"按钮的功能。

习　题　4

基础部分

1. 编写程序。窗体上添加 8 个标签、1 个文本框和 1 个命令按钮。程序运行时，文本框中输入字符，单击"统计"按钮，在标签中显示各类字符的统计结果，如图 4-29 所示。

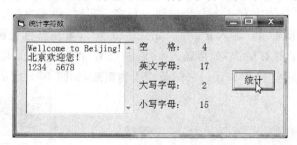

图 4-29　统计字符个数

2. 编写程序。窗体中有 1 个命令按钮。程序运行时，单击"显示"命令按钮，在窗体上输出 1000 以内个位数字为 5 且能被 3 整除的自然数，如图 4-30 所示（要求一行输出 5 个数据）。提示：变量 n 用于记录当前已输出的自然数个数，每输出一个数据 x 后，n 的值加 1，同时判断此时的 n 是否为 5 的倍数，若是则需要换行。伪代码描述如下：

图 4-30　输出满足要求的自然数

```
Print x
n=n+1
If n Mod 5=0 Then
    Print
End If
```

3. 编写程序。在窗体上添加 1 个图片框。程序运行时,在图片框中输出九九表,如图 4-31 所示。

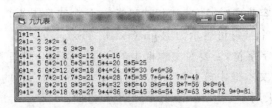

图 4-31　输出九九表

4. 编写程序。窗体中有 2 个命令按钮和 1 个图片框。程序运行时,单击"图形 1"按钮输出图 4-32 所示的上三角矩阵;单击"图形 2"按钮输出图 4-33 所示的下三角矩阵。

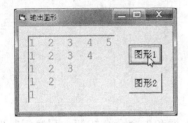

图 4-32　输出上三角矩阵

图 4-33　输出下三角矩阵

5. 编写程序。窗体中有 2 个命令按钮。程序运行时,单击"输入"按钮,弹出图 4-34 所示的输入对话框接收用户输入 0 或 1。如果输入为 1,则在窗体上画一条横线,并再次弹出输入框等待用户继续输入;如果输入 0 或按"取消"按钮,则结束输入。单击"结束"按钮退出程序。画线时要求第 5、10、15、…条线段为粗线,如图 4-35 所示。

图 4-34　输入对话框

图 4-35　题 5 的运行结果

6. 编写程序。窗体中添加 5 个标签和 2 个命令按钮。程序运行时,"输入 N 值"按钮可用,而"计算 X 值"按钮不可用,如图 4-36 所示;单击"输入 N 值"按钮,打开输入框接受用户输入 N 值并显示到黄色标签中,此时"输入 N 值"按钮不可用,而"计算 X 值"按钮可用,如图 4-37 所示;单击"计算 X 值"按钮,求满足 $1+2+3+\cdots+X\leqslant N$ 的最大 X 值,显示到蓝色标签中,如图 4-38 所示。

图 4-36　题 6 的初始运行界面

图 4-37 输入 N 值后

图 4-38 计算并显示 X 值

提高部分

7. 编写程序。程序运行时,在窗体中逐点绘制阿基米德螺线,如图 4-39 所示。阿基米德螺线参数方程如下:

```
x=t * cos(t)
y=t * sin(t)
```

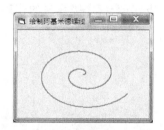

图 4-39 阿基米德螺线

8. 编写程序。窗体中添加 1 个框架(内含 3 个单选按钮)和 1 个图片框。程序运行时,单击某单选按钮,在图片框中显示相应图形,如图 4-40 所示。

(a) 绘制椭圆

(b) 绘制扇形

(c) 绘制圆弧

图 4-40 绘制椭圆、扇形或圆弧

第 5 章 过程

本章内容

基础部分：

- 函数过程和子程序过程的定义与调用。
- 过程级变量、窗体/模块级变量、程序级变量的作用域与有效性。
- 标准模块。

提高部分：

- 静态变量。
- 递归调用。
- 贯穿实例。

各例题知识要点

例 5.1　函数过程的定义与调用。

例 5.2　函数中形参的确定方法；实参与形参同名。

例 5.3　在一个过程中多次调用同一函数过程。

例 5.4　子程序过程的定义与调用。

例 5.5　子程序中形参的确定方法；通过形参返回结果。

例 5.6　一个过程中同时调用函数和子程序。

例 5.7　过程级变量的定义及其作用域。

例 5.8　窗体级变量的定义及其作用域。

例 5.9　程序级变量的定义及其作用域。

例 5.10　在标准模块中定义程序级变量及公有过程；文本框的 PasswordChar 属性。

（以下为提高部分例题）

例 5.11　静态变量的定义及其作用域。

例 5.12　过程的递归调用；Exit Sub 语句。

例 5.13　递归法求斐波拉契级数。

贯穿实例 图书管理系统(5)。

编写程序时,一般将较大的程序划分成若干模块(子任务),每个模块实现相对独立、简单的功能。采用模块化编程,不但可以使程序结构更加清晰,而且可以简化程序编码,提高代码的利用率。例如,在同一程序的多项操作中均需执行某一功能相同的子任务时,便可将该子任务作为一个独立的模块进行单独编程,以便在各操作中直接调用,无须再进行重复编码。

VB中通过"过程"实现程序的模块化。将一个程序分成若干相对独立的过程,每个过程实现单一功能。由于各模块功能单一、代码简单,便于程序的调试及维护,同时也易于阅读与理解。除了前面已经介绍的事件过程外,VB还允许自定义函数(Function)过程和子程序(Sub)过程。

5.1　过程的定义与调用

5.1.1　函数(Function)过程的定义与调用

【例 5.1】　函数过程示例。程序运行时,在两个文本框中分别输入 n 和 m 的值,单击"排列"或"组合"按钮后,计算并显示 n 个元素中取 m 个数的排列或组合数,如图 5-1 所示。计算排列数和组合数的公式为:排列数 $=\dfrac{n!}{(n-m)!}$,组合数 $=\dfrac{n!}{m!\times(n-m)!}$。

【解】　参照图 5-1 所示设计窗体,根据前面已学知识,编写程序代码如下:

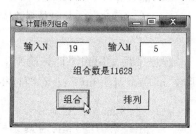

图 5-1　函数过程示例

```
Private Sub cmdC_Click()                        '计算组合数
    Dim n As Integer, m As Integer
    Dim i As Integer
    Dim a As Double, b As Double, c As Double
    n=Val(txtN.Text)
    m=Val(txtM.Text)
    a=1
    For i=1 To n                    计算 n 的阶乘
        a=a * i
    Next i
    b=1
    For i=1 To m                    计算 m 的阶乘
        b=b * i
    Next i
```

```
        c=1
        For i=1 To n-m
                          计算 n-m 的阶乘
            c=c * i
        Next i
        lblVal.Caption="组合数是"&a/(b * c)
    End Sub


    Private Sub cmdP_Click()                    '计算排列数
        Dim n As Integer, m As Integer
        Dim i As Integer
        Dim  u As Double, v As Double
        n=Val(txtN.Text)
        m=Val(txtM.Text)
        u=1
        For i=1 To n
                        计算 n 的阶乘
            u=u * i
        Next i
        v=1
        For i=1 To n-m
                          计算 n-m 的阶乘
            v=v * i
        Next i
        lblVal.Caption="排列数是"&u/v
    End Sub
```

程序中反复用到了计算阶乘的代码，使程序十分烦琐。假设系统已提供计算阶乘的
函数 myFac，调用 myFac(x) 即可得到 x 的阶乘值，则上述代码可简化为：

```
    Private Sub cmdC_Click()                    '计算组合数
        Dim n As Integer, m As Integer
        Dim a As Double, b As Double, c As Double
        n=Val(txtN.Text)
        m=Val(txtM.Text)
        a=myFac(n)                              '计算 n 的阶乘
        b=myFac(m)                              '计算 m 的阶乘
        c=myFac(n-m)                            '计算 n-m 的阶乘
        lblVal.Caption="组合数是"&a/(b * c)
    End Sub


    Private Sub cmdP_Click()                    '计算排列数
        Dim n As Integer, m As Integer
        Dim  u As Double, v As Double
        n=Val(txtN.Text)
        m=Val(txtM.Text)
        u=myFac(n)                              '计算 n 的阶乘
        v=myFac(n-m)                            '计算 n-m 的阶乘
```

```
            lblVal.Caption="排列数是" &u/v
End Sub
```

但事实上,VB 中没有提供名为 myFac 的函数,因此不能直接使用。这时需要利用本章将要介绍的知识自行编写 myFac 函数,代码如下:

```
Private Function myFac(x As Integer)As Double          '自定义函数 myFac,计算并返回 x!
    Dim s As Double
    Dim i As Integer
    s=1
    For i=1 To x      ⎤
        s=s * i       ⎬  计算 x 的阶乘,结果放在 s 中
    Next i            ⎦
    myFac=s                                             '将 s 的值赋给函数名
End Function
```

该函数功能是计算并返回 x! 的值。就像日常生活中使用的计算器一样,只要给出 x 的值,myFac 函数就能立刻计算出 x!。例如,当 x 为 5 时,myFac(x)返回 5! 的值 120;当 x 为 14 时,返回 14! 的值 87178291200。

本例题的完整程序代码如下:

```
Private Sub cmdC_Click()
    Dim n As Integer, m As Integer
    n=Val(txtN.Text)
    m=Val(txtM.Text)
    lblVal.Caption="组合数是" &myFac(n)/(myFac(m) * myFac(n-m))
End Sub


Private Sub cmdP_Click()
    Dim n As Integer, m As Integer
    n=Val(txtN.Text)
    m=Val(txtM.Text)
    lblVal.Caption="排列数是" &myFac(n)/myFac(n-m)
End Sub


'定义名为 myFac 的函数过程
Private Function myFac(x As Integer)As Double    '函数过程定义开始
    Dim s As Double
    Dim i As Integer
    s=1
    For i=1 To x
        s=s * i
    Next i
    myFac=s
End Function                                     '函数过程定义结束
```

程序说明：

（1）由于函数 myFac 的功能是计算阶乘值，所以通过表达式 myFac(n)/(myFac(m) * myFac(n−m))得到 $\dfrac{n!}{m! \times (n−m)!}$ 的值、通过 myFac(n)/myFac(n−m)得到 $\dfrac{n!}{(n−m)!}$ 的值。

（2）编写程序时，应合理选择各变量的数据类型，做到既不浪费内存空间，又能有效防止数据溢出。本例题中，若将 s 定义成 Integer 类型，则从 8! 开始会产生数据溢出。

（3）函数过程由一段独立的代码组成，该过程可以被其他过程多次使用。自定义函数过程的一般格式是：

```
[Private|Public][Static] Function 函数名([形式参数列表])[As 类型]
    语句组 1
    [ 函数名=返回值
      Exit Function
    ]
    语句组 2
    函数名=返回值
End Function
```

其中，形式参数列表的书写形式如下：

形式参数名 1　As　 数据类型 1,形式参数名 2　As　 数据类型 2,…

说明：

① 定义函数过程以 Function 语句开头，以 End Function 语句结尾，中间部分是描述操作过程的语句组，称为函数体。当程序执行到 End Function 语句时，退出此函数过程。函数体中，语句 Exit Function 的作用是强制退出函数过程。

② 可选关键字 Private 或 Public 用于指定函数的有效范围。选用 Private 时，表示该函数是私有的局部函数，只能被处于同一代码窗口（或标准模块）中的过程所使用；选用 Public 时，表示该函数是公共的全局过程，可被程序中任何窗体（或标准模块）中的过程所使用。在 Private 和 Public 中只能选择其一，缺省时默认为 Public。

③ 可选关键字 Static 表示该函数中使用的变量都是静态变量。有关静态变量的概念参见 5.4.1 节。

④ 函数名的命名规则与变量名相同。

⑤ 形式参数简称形参，形参的作用是接收使用函数时所提供的各参数值。

⑥ "As 类型"表示函数返回值（即函数的计算结果）的类型。省略时默认为变体类型（参见 2.6.3 节）。本例题中，由于计算出的阶乘值可能会很大，故将 myFac 函数的返回值类型指定为 Double。

⑦ 在函数体中必须存在形如"函数名=返回值"的语句，其作用是将执行函数所产生的结果保存到函数名中，从而通过函数名返回该值。以本例题 myFac 函数中的语句"myFac=s"为例，s 中存放的是已经计算出来的 x! 值，通过此语句便将 x 的阶乘值赋予了函数名 myFac。函数的特点就是可以通过函数名返回一个值。

⑧ 在代码窗口中定义函数过程的方法有两种。其中,最常用的方法是直接在代码区域的空白位置(所有过程之外)自行输入函数的首行,输入回车后将自动出现函数框架。例如,在本例中输入 Private Function myFac(x As Integer)As Double 后回车,出现如下代码框架:

```
Private Function myFac(x As Integer)As Double


End Function
```

然后在两行之间输入函数体语句即可。另外,也可以通过【工具】|【添加过程】命令添加过程框架。

(4) 定义函数过程后就可以像使用其他系统函数那样直接使用该函数,称为函数调用。调用自定义函数的方法与调用系统内部函数相同,其一般格式是:

函数名(实际参数列表)

其中,实际参数列表的格式为:

实际参数名 1, 实际参数名 2,…

说明:

① 实际参数简称实参,是指调用函数时所提供的参数,其类型及个数必须与定义函数时的形参对应一致,否则将产生编译错误。例如,在定义 myFac 函数时,只提供了 1 个 Integer 类型的形参 x,那么在调用 myFac 函数时也必须提供 1 个 Integer 类型的实参,如 cmdC_Click 事件过程中的 myFac(n)、myFac(m),而其中的 n、m 均已定义为 Integer 类型。

② 形参是用来接收实参值的,必须是变量;而实参是用来给形参提供具体值的,因而必须是具有确定值的变量、表达式或常量。

③ 在发生函数调用时,系统首先将各实参值一一对应传递给各形参,然后程序流程跳转到被调函数中,执行函数体语句。当执行到 End Function 语句或 Exit Function 语句时,程序流程再次返回到主调函数内调用该函数的地方,并且以函数名的形式返回一个函数值,继续执行下一条语句。在例 5.1 中,调用函数 myFac(n)时实参与形参间的传递过程如图 5-2 所示。图 5-3 所示为 cmdC_Click 事件过程的执行流程。

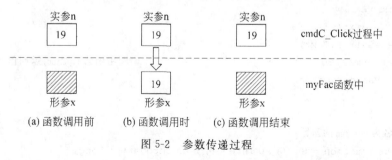

图 5-2　参数传递过程

④ 调用函数时,形参 x 中的值等于实参 n 中的值,但在函数 myFac 中只能使用形参

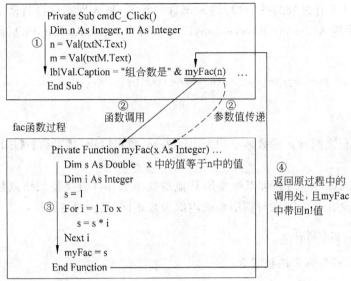

cmdC_Click事件过程

```
Private Sub cmdC_Click()
Dim n As Integer, m As Integer
① n = Val(txtN.Text)
m = Val(txtM.Text)
lblVal.Caption = "组合数是" & myFac(n)  ...
End Sub
```

② 函数调用   ② 参数值传递

fac函数过程

```
Private Function myFac(x As Integer) ...
Dim s As Double    x 中的值等于n中的值
Dim i As Integer
s = 1
③ For i = 1 To x
s = s * i
Next i
myFac = s
End Function
```

④
返回原过程中的
调用处,且myFac
中带回n!值

图 5-3   cmdC_Click 执行流程

x,而不能使用实参 n。

⑤ 函数过程与事件过程不同,它不因对象的某个事件而触发执行,即不与任何特定的事件相联系,而是在执行某个过程时通过语句调用而执行。

【例 5.2】 编写函数 mySum,其功能是计算 $\sum_{i=A}^{B} i$。在窗体上添加 4 个标签、2 个文本框 (Maxlength 属性为 2)和 1 个命令按钮。程序运行时,在两个文本框中分别输入 A 和 B,单击"计算"按钮,调用 mySum 函数进行计算,并将结果显示在黄色标签中,如图 5-4 所示。

【解】 程序代码如下:

图 5-4   调用函数计算从 A 到 B 的累加和

```
Private Sub cmdCala_Click()
    Dim a As Integer, b As Integer
    Dim c As Long
    a=Val(txtA.Text)
    b=Val(txtB.Text)
    c=mySum(a, b)                        '调用函数 mySum,返回值赋给 c
    lblValue.Caption=c
End Sub

'定义名为 mySum 的函数
Private Function mySum(a As Integer, b As Integer)As Long
    Dim i As Integer
    Dim s As Long
```

```
    For i=a To b                          '计算从 a 到 b 的累加和
        s=s+i
    Next i
    mySum=s                               '通过函数名返回 s 中的值
End Function
```

程序说明：

(1) 通常情况下，函数所需形参个数与完成该函数功能所需已知条件的个数一致，一个形参对应接收一个已知条件。以 mySum 函数为例，为了计算 $\sum_{i=A}^{B} i$ 的值，需事先知道 A 与 B 的值，即两个已知条件，所以 mySum 函数需要两个形参 a 和 b。至于各形参的类型则取决于对应已知条件的数据类型。由于已知条件 A、B 都是整数，故形参 a、b 也定义为 Integer 类型。此外，为了防止溢出，将存放累加和的变量 s 定义成 Long 类型，同时函数返回值类型也为 Long。

(2) 本例中，形参与实参采用了相同的变量名 a、b，但它们是不同的两组变量，分别在各自的过程中发挥作用。运行程序时，单击"计算"按钮，将文本框中的值赋给实参 a、b，然后调用 mySum 函数，程序流程跳转到 mySum 函数的定义处，同时将实参 a、b 中的值分别传递给同名的形参 a 和 b。在执行 mySum 函数时，只有形参 a、b 有效，利用 For 循环语句计算出函数值并通过函数名 mySum 返回，此时程序流程再次回到 cmdCala_Click 中的函数调用处，并通过赋值语句将函数名中的返回值赋给变量 c。

(3) 为了区别于系统函数，本书中所有自定义函数的命名均以 my 开头。

【例 5.3】 编写函数 myAdd，其功能是计算 1～n 中所有奇数或偶数的和。在窗体上添加 3 个标签、1 个文本框(Maxlength 属性为 2)、1 个框架(内含 2 个单选按钮)和 2 个命令按钮，如图 5-5 所示。程序运行时，在文本框中输入 n 值后，单击"奇偶计算"按钮，根据单选按钮的选择情况调用 myAdd 函数计算 1～n 中所有奇数或偶数的和，并将结果显示在黄色标签中，如图 5-6 所示；单击"累加计算"按钮，则调用 myAdd 函数计算并显示 $1-2+3-4+\cdots+(-1)^{n-1}*n$ 的和。

图 5-5　例 5.3 的界面设计

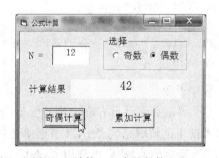
图 5-6　计算 n 以内的偶数之和

【解】 为了实现 myAdd 函数的功能，需要两个已知条件，即 n 的大小以及是计算奇数之和还是偶数之和。为此，给 myAdd 函数设置 2 个形参 n 和 f，分别用于接收上述两个已知条件，并假设 f 值为 1 时函数计算并返回奇数之和，为 0 时则是偶数之和。程序代码如下：

```
Private Function myAdd(n As Integer, f As Integer)As Integer          '定义函数
    Dim i As Integer
    Dim sum As Integer
    If f=0 Then                                          '计算偶数之和
        For i=2 To n Step 2
            sum=sum+i
        Next i
    Else                                                 '计算奇数之和
        For i=1 To n Step 2
            sum=sum+i
        Next i
    End If
    myAdd=sum
End Function

Private Sub cmdCala_Click()                               '单击"奇偶计算"按钮
    Dim n As Integer, f As Integer
    n=Val(txtIn.Text)                                    '给实参 n 赋值
    If optOdd.Value=True Then                             '根据单选按钮选择情况,给实参 f 赋值
        f=1
    Else
        f=0
    End If
    lblVal.Caption=myAdd(n, f)                            '调用 myAdd 函数
End Sub

Private Sub cmdAdd_Click()                                '单击"累加计算"按钮
    Dim n As Integer
    n=Val(txtIn.Text)                                    '给实参 n 赋值
    lblVal.Caption=myAdd(n, 1)-myAdd(n, 0)
End Sub
```

程序说明:

(1) 实参必须是具有确定值的变量、表达式或常量。在 cmdCala_Click 过程中,首先将文本框中的值赋给实参 n,并根据单选按钮的选择情况为实参 f 赋值 1 或 0,使两个实参均已有确定的值,然后再调用 myAdd(n, f);在 cmdAdd_Click 过程中,调用 myAdd 函数时,其第一个实参 n 由之前的赋值语句得到,而第二个实参则直接采用整型常量 1 和 0。

(2) 在一个过程中可以多次调用不同的函数或同一函数。在语句 lblVal. Caption＝myAdd(n, 1)－myAdd(n, 0)中,两次调用了同一函数 myAdd,其中 myAdd(n, 1)得到 n 以内所有奇数之和,而 myAdd(n, 0)得到 n 以内所有偶数之和,两数相减即得 $1-2+3-4+\cdots+(-1)^{n-1}*n$ 的和。

5.1.2　子程序(Sub)过程的定义与调用

【例5.4】　子程序过程示例。窗体上添加1个图片框和3个命令按钮。程序运行时,单击命令按钮,在图片框中绘制相应数目的同心矩形,如图5-7所示。

【解】　在图片框中绘制同心矩形时,应使各矩形不超出图片框的范围。为了绘制 n 个由大渐小的同心矩形,可设置各相邻矩形的长和宽依次递减 picRec. Width/n 和 picRec. Height/n,即各相邻矩形左上角坐标 x、y 的改变量为 dx = picRec. Width/n/2 和 dy = picRec. Height/n/2。那么,第1个(最大的)矩形的左上角、右下角坐标可表示为

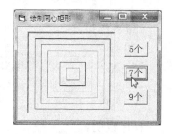

图 5-7　绘制 7 个同心矩形

(0,0)和(picRec. Width, picRec. Height),第 2 个矩形的左上角、右下角坐标可表示为(0+dx,0+dy)和(picRec. Width−dx, picRec. Height−dy),依此类推,第 i 个矩形的左上角、右下角坐标可表示为((i−1) * dx,(i−1) * dy)和(picRec. Width−(i−1) * dx, picRec. Height−(i−1) * dy)。在图片框中绘制第 i 个矩形的语句如下:

```
col=Int(Rnd * 16)                    '随机产生颜色值
x1=(i-1) * dx                        '矩形的左上角坐标
y1=(i-1) * dy
x2=picRec.Width - (i-1) * dx         '矩形的右下角坐标
y2=picRec.Height - (i-1) * dy
picRec.Line(x1, y1)-(x2, y2), QBColor(col), B
```

完整程序代码如下:

```
Private Sub myDraw(n As Integer)      '定义名为 myDraw 的子程序,绘制 n 个同心矩形
    Dim i As Integer, col As Integer
    Dim dx As Integer, dy As Integer
    Dim x1 As Integer, y1 As Integer
    Dim x2 As Integer, y2 As Integer
    picRec.Cls                        '擦除图片框原有图形
    dx=Int(picRec.Width/n/2)          '计算相邻矩形的 x 坐标改变量
    dy=Int(picRec.Height/n/2)         '计算相邻矩形的 y 坐标改变量
    For i=1 To n                      '绘制 n 个
        col=Int(Rnd * 16)            '随机产生颜色值
        x1=(i-1) * dx                '计算第 i 个矩形的左上角坐标
        y1=(i-1) * dy
        x2=picRec.Width- (i-1) * dx  '计算第 i 个矩形的右下角坐标
        y2=picRec.Height-(i-1) * dy
        picRec.Line(x1, y1)-(x2, y2), QBColor(col), B    '画第 i 个矩形
    Next i
End Sub
```

```
Private Sub cmd5_Click()
    myDraw 5                              '调用名为 myDraw 的子程序,常量 5 作实参
End Sub


Private Sub cmd7_Click()
    myDraw 7                              '调用名为 myDraw 的子程序,常量 7 作实参
End Sub


Private Sub cmd9_Click()
    Call myDraw(9)                        '调用名为 myDraw 的子程序,常量 9 作实参
End Sub
```

程序说明:

(1) 程序中定义了子程序过程 myDraw,其功能是在图片框 picRec 上绘制 n 个同心矩形。与函数一样,定义子程序后,可以多次调用该子程序。本程序中共调用了 3 次。

(2) Sub 过程的一般定义格式为:

```
[Private|Public][Static]Sub   子程序过程名([形参列表])
    语句组 1
    [Exit Sub]
    [语句组 2]
End Sub
```

说明:

① 定义子程序过程以 Sub 语句开头,End Sub 语句结尾,在 Sub 和 End Sub 之间是描述操作过程的语句组,称为"子程序体"。当调用子程序过程时,程序流程跳转到子程序过程,执行子程序体,直至 Exit Sub 语句或 End Sub 语句结束,程序流程再次返回到调用处,继续执行其后的语句。语句 Exit Sub 的作用是强制退出子程序过程。

② 子程序过程的命名规则、关键字 Private、Public 和 Static 的含义、实参与形参的要求等与函数一致。

③ 与函数不同,子程序不能通过子程序名带回任何数据,因而也不存在返回值类型。

(3) 调用子程序过程的一般形式有两种。

第一种形式:

```
子程序名 [实参列表]
```

第二种形式:

```
Call   子程序名 [(实参列表)]
```

其中,实参列表的格式、要求与函数相同。

说明:

① 在第一种调用形式中,各实参直接写在子程序名后面,不需用括号括起,但子程序名和实参之间必须用空格隔开。在第二种调用形式中,使用 Call 语句调用子程序,此时实参必须用括号括起。本例题中,在三个事件过程中分别采用 myDraw 5、myDraw 7 和

Call myDraw(9)两种形式调用了 myDraw 子程序。

② 调用子程序时,形参与实参间的传递方式以及程序执行流程跳转情况同函数。

【例 5.5】 修改例 5.1。编写子程序过程 myFact,其功能是计算 n!。在计算排列或组合数时,调用 myFact 子程序计算阶乘值。

【解】 打开例 5.1 工程后,另存窗体及工程文件,修改程序代码如下:

```
Private Sub cmdC_Click()
    Dim n As Integer, m As Integer
    Dim a As Double, b As Double, c As Double
    n=Val(txtN.Text)
    m=Val(txtM.Text)
    myFact n, a              '调用名为 myFact 的子程序计算 n 的阶乘,结果保存在 a 中
    myFact m, b              '调用名为 myFact 的子程序计算 m 的阶乘,结果保存在 b 中
    myFact n-m, c            '调用名为 myFact 的子程序计算 n-m 的阶乘,结果保存在 c 中
    lblVal.Caption="组合数是" & a/(b * c)
End Sub

Private Sub cmdP_Click()
    Dim n As Integer, m As Integer
    Dim u As Double, v As Double
    n=Val(txtN.Text)
    m=Val(txtM.Text)
    Call myFact(n, u)        '调用名为 myFact 的子程序计算 n 的阶乘,结果保存在 u 中
    Call myFact(n-m, v)      '调用名为 myFact 的子程序计算 n-m 的阶乘,结果保存在 v 中
    lblVal.Caption="排列数是" & u/v
End Sub

Private Sub myFact(x As Integer, t As Double)        '定义名为 myFact 的子程序
    Dim i As Integer
    t=1
    For i=1 To x
        t=t * i
    Next i
End Sub
```

程序说明:

(1) 本例题中,改用子程序过程实现了计算阶乘值的功能。由此可以看出,为了实现某一功能,既可以通过调用函数完成,也可以通过调用子程序完成,二者没有严格区分。一般情况下,当处理需要有返回值的问题时多采用函数,而对于那些没有返回值,仅仅执行某些操作的问题则采用子程序实现。由于函数有返回值,所以在定义函数时,函数名也就有了类型,而且在函数体中还必须要给函数名赋值。而子程序名不代表任何值,因而没有类型之分。

(2) 为了在调用子程序时也能返回计算结果,只有通过实参与形参的配合才能实现。

此时子程序所需形参个数由完成该功能所需已知条件的个数及返回值的个数决定。以 myFact 为例,为了计算并返回 n!,需要知道一个已知条件(n 的值)和返回一个结果(n! 值),所以 myFact 子程序需要两个形参 x 和 t,其中 x 用于接收已知条件 n 的值,t 用于存放返回值 n!。至于各形参的类型则取决于对应已知条件或返回值的数据类型。

(3) 在 cmdC_Click 事件过程中,当执行语句 myFact n, a 时,程序流程跳转到 myFact 的定义处,同时将实参 n、a(此时 a 的值为 0)的值对应传递给形参 x 和 t,此时 x 与 n 等价,t 与 a 等价。但在执行 myFact 过程时,只有形参 x、t 有效,实参 n 与 a 不能使用。在子程序体中,利用 For 循环计算出 x! 并保存在 t 中,随后子程序执行结束。程序流程再次回到 cmdC_Click 中的调用处,此时形参 x、t 无法使用,取而代之的是实参 n 和 a,而 a 中此时存放的即为 n! 值。

【例 5.6】 窗体上添加 3 个标签、3 个文本框和 2 个命令按钮。程序运行时,单击"计算"按钮,首先调用 myCaution 子程序将 3 个成绩中不及格的分数改为红色显示,如图 5-8 所示,然后再调用 myScore 函数计算总评成绩,以消息框形式显示,如图 5-9 所示;单击"刷新"按钮,文本框的文字颜色恢复成黑色,且清空原有成绩,同时将光标置于第 1 个文本框上。总评成绩的计算公式为:总评成绩=平时成绩×0.2+期中成绩×0.3+期末成绩×0.5。

图 5-8 红色显示不及格的分数

图 5-9 消息框显示总评成绩

【解】 程序代码如下:

```
'编写名为 myCaution 的子程序,将 a、b、c 中不及格分数所对应的文本框变为红字
Private Sub myCaution(a As Integer, b As Integer, c As Integer)
    If a< 60 Then
        txtOp1.ForeColor=vbRed
    End If
    If b< 60 Then
        txtOp2.ForeColor=vbRed
    End If
    If c< 60 Then
        txtOp3.ForeColor=vbRed
    End If
End Sub

'编写名为 myScore 函数,根据 a、b、c 的值计算出总评成绩
Private Function myScore(a As Integer, b As Integer, c As Integer)As Double
```

```
    Dim total As Double
    total=0.2*a+0.3*b+0.5*c
    myScore=total
End Function


Private Sub cmdCal_Click()        '单击"计算"按钮
    Dim a As Integer, b As Integer, c As Integer
    Dim s As Double
    a=Val(txtOp1.Text)            '给实参赋值
    b=Val(txtOp2.Text)
    c=Val(txtOp3.Text)
    myCaution a, b, c             '调用名为 myCaution 的子程序,将不及格的分数变为红色
    s=myScore(a, b, c)            '调用名为 myScore 的函数计算总评成绩,并赋给变量 s
    MsgBox "总评成绩为:"&s, vbInformation, "总评成绩"
End Sub


Private Sub cmdReset_Click()    '单击"刷新"按钮
    txtOp1.ForeColor=vbBlack
    txtOp2.ForeColor=vbBlack
    txtOp3.ForeColor=vbBlack
    txtOp1.Text=""
    txtOp2.Text=""
    txtOp3.Text=""
    txtOp1.SetFocus
End Sub
```

程序说明:

(1) 在 myCaution 子程序中,查找 a、b、c 中小于 60 的分数,将其所在文本框的前景色置为红色。因其仅是执行判断和设置文本颜色的操作,不需要返回任何数据,因此将其定义成子程序过程。

(2) 在 myScore 函数中,根据公式计算出总评成绩 total 并通过函数名返回。因 myScore 过程需要返回计算结果,故将其定义成函数。

(3) 本例题中,在 cmdCal_Click 事件过程中同时调用了子程序过程和函数过程。

5.2 变量的作用域

一个 VB 应用程序中包含若干个过程,而过程中必不可少的要使用变量。定义变量的位置不同,其使用范围也不同。将变量的有效范围称为变量的作用域。变量按其作用域分为过程级变量、窗体级变量和程序级变量三种。本节将分别介绍这些内容。

5.2.1 过程级变量及其作用域

在一个过程的内部,使用 Dim 语句定义的变量称为过程级变量,也叫局部变量。此

外,凡采用隐式定义(即不定义而直接使用)的变量,VB 中也视为过程级变量。过程级变量只在定义它的过程中有效。一旦过程结束,该变量被释放,其中的数据消失。

【例 5.7】 过程级变量示例。窗体中添加 1 个标签和 2 个命令按钮(如图 5-10 所示),并输入如下给定的程序代码。程序运行时,连续单击"测试 1"按钮 10 次,观察标签中显示内容的变化情况;再连续单击"测试 2"按钮 10 次,观察标签的变化情况。

图 5-10 过程级变量示例

```
Private Sub cmdTest1_Click()        '单击"测试 1"按钮时
    Dim a As Integer                '在过程内定义,a 是过程级变量
    a=a+1
    lblTest.Caption=a
End Sub


Private Sub cmdTest2_Click()        '单击"测试 2"按钮时
    Dim a As Integer                '在过程内定义,a 是过程级变量
    lblTest.Caption=a
End Sub
```

【解】 连续单击"测试 1"按钮时,在标签中总是显示"1",而连续单击"测试 2"按钮时,标签中总是显示"0"。

程序说明:

(1) 对于过程级变量,只有程序执行到该过程时这些变量才被产生并赋予初值,过程结束时,变量消失。例如,单击"测试 1"按钮时,执行 cmdTest1_Click 事件过程,系统自动为 a 分配内存单元,并为其赋初值 0;执行 a=a+1 语句后,a 的值变为 1,因而在标签中显示 1,此后过程执行结束,系统立即释放变量 a,a 及 a 中的值都不存在了;再次单击"测试 1"按钮,程序流程再次执行 cmdTest1_Click 事件过程,又重新为 a 分配内存单元并赋初值 0。所以无论单击多少次按钮,变量 a 的值都从 0 开始,因而在标签中始终显示的是 1。

(2) 本例分别在两个事件过程中各定义了 1 个过程级变量 a,虽然它们名字相同,但却是两个不同的变量,分别在各自所在的过程中起作用,彼此无关。

5.2.2 窗体级变量及其作用域

在一个窗体或模块的所有过程之外,使用 Dim 语句或 Private 语句定义的变量称为窗体级变量,也叫模块级变量。通常书写在代码区域的开始部分。窗体级变量只在定义它的窗体或模块中有效,而其他窗体或模块中不能使用(无效)。一旦窗体被卸载(执行 UnLoad 事件),该变量被释放,其中的数据消失。

【例 5.8】 窗体级变量示例。在第 1 个窗体中添加 1 个标签和 3 个命令按钮(如

图 5-11 所示),在第 2 个窗体上添加 1 个标签和 2 个命令按钮(如图 5-12 所示),并输入如下给定的程序代码。运行程序并单击 10 次"测试"按钮,单击"查看"按钮,观察此时黄色标签中的显示内容;再单击"切换"按钮,进入第 2 个窗体,单击"显示"按钮后观察此时蓝色标签中的内容。

图 5-11 窗体 1 的界面设计

图 5-12 窗体 2 的界面设计

窗体 1 中的程序代码如下:

```
Dim a As Integer              '在所有过程外定义,a 是窗体级变量,只能在此窗体内使用

Private Sub cmdTest_Click()   '单击"测试"按钮时
    a=a+1                     '窗体级变量 a,与 cmdShow_Click 事件中的 a 是同一个变量
End Sub

Private Sub cmdShow_Click()   '单击"查看"按钮时
    lblCheck.Caption=a        '窗体级变量 a,与 cmdTest_Click 事件中的 a 是同一个变量
End Sub

Private Sub cmdSwitch_Click() '单击"切换"按钮时
    frmEx5_8_1.Hide
    frmEx5_8_2.Show
End Sub
```

窗体 2 中的程序代码如下:

```
Private Sub cmdDisplay_Click() '单击"显示"按钮时
    Dim a As Integer           '在过程内定义,a 是过程级变量,只能在此过程中使用
    lblShow.Caption=a          '过程级变量 a,与窗体 1 中的 a 不是同一个变量
End Sub

Private Sub cmdExit_Click()    '单击"返回"按钮时
    frmEx5_8_1.Show
    frmEx5_8_2.Hide
End Sub
```

【解】 程序运行时,单击 10 次"测试"按钮后,再单击"查看"按钮,黄色标签中显示10。单击"切换"按钮进入第 2 个窗体后,单击"显示"按钮,蓝色标签中显示 0。

程序说明:

（1）运行程序时，两个窗体被加载（Load），系统自动为第 1 个窗体中的窗体级变量 a 分配内存单元，并为其赋初值 0；单击"测试"按钮后，执行 a＝a＋1 语句，a 的值变为 1。虽然过程执行结束，但窗体还存在，故变量 a 仍保留；当再次单击"测试"按钮，执行 a＝a＋1 语句时，a 在其原有基础上又加 1，它的值变成 2。依此类推，单击 10 次"测试"按钮后，a 的值变为 10。因为 cmdShow_Click 事件过程与 cmdTest_Click 事件过程位于同一个代码窗口中，所以其过程中出现的变量 a（未在本过程中定义而直接使用）就引用的是窗体级变量 a，因此单击"查看"按钮时，显示的是变化了的 a 值。

（2）在第 2 个窗体中单击"显示"按钮时，执行 cmdDisplay_Click 事件过程，系统为该过程内定义的过程级变量 a 分配内存并赋予初值 0，而此时窗体 1 中的窗体级变量 a 不起作用（不能使用），因而在蓝色标签中显示 0。

（3）本例在两个窗体中都定义了名为 a 的变量，一个是窗体级变量，另一个是过程级变量，它们互不干涉，各自在自己的有效范围内起作用。

5.2.3　程序级变量及其作用域

在一个窗体或标准模块中的所有过程之外，使用 Public 语句定义的变量称为程序级变量，也叫全局变量。程序级变量在整个程序中有效，在同一程序的任何窗体或模块中均可使用，它的值始终保留。只有当整个应用程序结束时，程序级变量才消失并释放其所占内存空间。

【例 5.9】　程序级变量示例。窗体设计与例 5.8 完全相同，改写程序代码如下。运行程序并单击 10 次"测试"按钮，分别单击"查看"及"显示"按钮，观察此时两标签中的显示内容。

窗体 1 中的程序代码如下：

```
Public a As Integer            '在所有过程之外使用 Public 定义,a 是程序级变量

Private Sub cmdTest_Click()     '单击"测试"按钮时
    a=a+1                        '程序级变量 a,与本程序中所有出现的 a 均为同一个变量
End Sub

Private Sub cmdShow_Click()     '单击"查看"按钮时
    lblCheck.Caption=a          '程序级变量 a,与程序中出现的所有 a 均为同一个变量
End Sub

Private Sub cmdSwitch_Click()   '单击"切换"按钮时
    frmEx5_9_1.Hide
    frmEx5_9_2.Show
End Sub
```

窗体 2 中的程序代码如下：

```
Private Sub cmdDisplay_Click()  '单击"显示"按钮时
```

```
        lblShow.Caption=frmEx5_9_1.a            '引用第一个窗体中的程序级变量a
End Sub

Private Sub cmdExit_Click()                      '单击"返回"按钮时
    frmEx5_9_1.Show
    frmEx5_9_2.Hide
End Sub
```

【解】 程序运行时,单击10次"测试"按钮后,单击"查看"按钮,在黄色标签中显示10;切换到窗体2后,再单击"显示"按钮,在蓝色标签中也显示10。

程序说明:

(1) 程序运行时,系统自动为程序级变量a分配内存单元并赋初值0,该变量可在本程序的所有代码窗口中使用,直至整个程序结束时才释放其内存空间(变量失效)。

(2) 在代码中使用其他窗体内所定义的程序级变量时,必须在该变量名前指出其所在的窗体名,如语句lblShow. Caption=frmEx5_9_1. a。

通过上述几个示例,介绍了各类变量的作用域。在编写较复杂程序时,可能涉及多个窗体和过程。在使用变量时,应尽量选用过程级变量,少用程序级变量。因为过程级变量只在某一过程中有效,不会影响到过程以外的其他代码,使用上比较安全且便于程序调试;而过多使用程序级变量,不但会增加系统开销,而且也容易造成变量关系混乱,产生逻辑错误。

5.3 标 准 模 块

标准模块是由程序代码组成的独立模块,不属于任何一个窗口。它主要用于定义程序级变量和一些通用过程,从而可以被当前应用程序中的所有窗体和模块使用。

【例5.10】 参照图5-13设计3个窗体。程序运行时,若用户输入了正确的用户名及密码,则单击"登录"按钮后进入第2个窗体,否则弹出"输入错误"消息框(如图5-14所示),提示允许再次输入的次数。若输入3次均不正确,则自动退出程序。在第2个(或第3个)窗体中,单击"出题"按钮,调用自定义函数MyData随机产生并返回两个10以内(或100以内)的整数,显示在标签中(如图5-15所示);在文本框中输入结果后单击"验

(a) 第1个窗体的界面设计

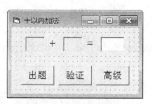

(b) 第2个窗体的界面设计

(c) 第3个窗体的界面设计

图5-13 例5.10的程序界面

证"按钮,调用自定义子程序 MyJudge 判断用户输入是否正确并弹出"正确"或"错误"对话框(如图 5-16 所示);单击"高级"按钮,进入第 3 个窗体。在第 3 个窗体中,单击"退出"按钮,弹出图 5-17 所示的消息框后结束整个程序。

图 5-14　登录错误消息框

图 5-15　产生数据并显示

图 5-16　正确消息框和错误消息框

图 5-17　退出时显示的消息框

【解】　编写函数 MyData,其功能是产生 n 以内的随机整数;编写子程序 MyJudge,判断两整数 a 和 b 是否相等,并根据判断结果弹出"正确"或"错误"消息框。由于在窗体 2 和窗体 3 中都需要完成产生随机数、验证计算正确性的操作,因而在两个窗体中都要调用 MyData 函数和 MyJudge 子程序。如果在多个窗体中都需要调用同一个过程,则可在标准模块中将其定义成通用的过程。

在工程资源管理器的空白处右击,并在弹出的快捷菜单中选择【添加】|【添加模块】命令,打开"添加模块"对话框,单击"打开"按钮后即添加了名为"Module1"的标准模块,此时在工程资源管理器中可以看到新添加的模块。

图 5-18　工程资源管理器

图 5-18 所示为包含 3 个窗体和 1 个标准模块的工程资源管理器。

标准模块中的程序代码如下:

```
Public num As Integer            '使用 Public 定义,num 为程序级变量,用于记录已做题目数

Public Function MyData(n As Integer)As Integer        '定义通用函数
    Dim a As Integer
    a=Int(Rnd * n)+1
    MyData=a
End Function
```

```
Public Sub MyJudge(a As Integer, b As Integer)        '定义通用子程序
    If a=b Then
        MsgBox "正确", vbExclamation, "验证"
    Else
        MsgBox "错误", vbCritical, "验证"
    End If
End Sub
```

第 1 个窗体的程序代码如下：

```
Dim n As Integer                      '使用 Dim 定义,n 为窗体级变量,用于记录输入密码的次数

Private Sub cmdCheck_Click()                  '单击"登录"按钮时
    Dim username As String                    '输入的用户名
    Dim userpsw As String                     '输入的密码
    username=txtID.Text
    userpsw=txtPsw.Text
    If username="123" And userpsw="123" Then
        frmEx5_10_1.Hide
        frmEx5_10_2.Show
    Else
        txtID.Text=""
        txtPsw.Text=""
        txtID.SetFocus
        n=n+1
        If n<3 Then
            MsgBox "密码错误,还有"&3-n&"次输入机会!", vbCritical, "输入错误"
        Else
            MsgBox "抱歉,密码错误,无法登录!", vbInformation, "结束信息"
            End
        End If
    End If
End Sub
```

第 2 个窗体的程序代码如下：

```
Private Sub cmdLow_Click()                    '单击"出题"按钮时
    num=num+1                                 '已做题目数加 1
    lblOp1.Caption=MyData(10)                 '调用通用函数 MyData,产生 10 以内的随机数
    lblOp2.Caption=MyData(10)
    txtAns.Text=""
    txtAns.SetFocus
End Sub

Private Sub cmdTest_Click()                   '单击"验证"按钮时
    Dim ans As Integer                        '正确答案
```

```
    Dim data As Integer                            '用户输入的答案
    ans=Val(lblOp1.Caption)+Val(lblOp2.Caption)
    data=Val(txtAns.Text)
    MyJudge ans, data                      '调用通用子程序 MyJudge,判断 ans 与 data 是否相等
End Sub


Private Sub cmdHigher_Click()                      '单击"高级"按钮时
    frmEx5_10_2.Hide
    frmEx5_10_3.Show
End Sub
```

第 3 个窗体的程序代码如下:

```
Private Sub cmdExit_Click()                        '单击"退出"按钮时
    MsgBox "已做总题数为" & num & "道"                '使用程序级变量 num
    End
End Sub


Private Sub cmdHigh_Click()                        '单击"出题"按钮时
    num=num+1                                      '已做题目数加 1
    lblOp1.Caption=MyData(100)            '调用通用函数 MyData,产生 100 以内的随机数
    lblOp2.Caption=MyData(100)
    txtAns.Text=""
    txtAns.SetFocus
End Sub


Private Sub cmdTest_Click()                        '单击"验证"按钮时
    Dim ans As Integer
    Dim data As Integer
    ans=Val(lblOp1.Caption)+Val(lblOp2.Caption)
    data=Val(txtAns.Text)
    MyJudge ans, data                      '调用通用子程序 MyJudge,判断 ans 与 data 是否相等
End Sub
```

程序说明:

(1) 文本框的 PasswordChar 属性用于设置文本的显示方式。本例中,将密码文本框的该属性设置为"﹡",使输入的密码字符均以"﹡"显示。

(2) 定义窗体级变量 n,用于记录已经输入密码的次数。每次单击"登录"按钮后,如果密码输入不正确,则将 n 的值加 1。当 n 的值为 3 时,表明用户已三次输入错误密码,退出程序。

(3) 在每次单击"登录"按钮时,变量 n 中应保留着上一次执行结束时的值(即 cmdCheck_Click 过程执行结束后该变量依然保持有效、其值不消失),同时又因 n 只在本窗体中使用,因而将其定义为窗体级变量,而非程序级变量。

(4) 执行【工程】|【添加模块】命令也可以在当前工程中添加标准模块。标准模块只

有代码窗口,主要用于定义程序级变量或通用过程等。本例题在标准模块中定义了一个程序级变量 num(用于记录已做题目总数)和两个通用过程 MyData 函数和 MyJudge 子程序,使它们可以被当前应用程序中的所有窗体使用。在标准模块中使用 Public 定义的变量或过程,可以在其他窗体代码中直接使用,如语句 num=num+1 和 lblOp1. Caption=MyData(10)。

(5)与保存窗体一样,标准模块也必须单独进行保存,其文件扩展名为. bas。如果需要删除一个标准模块,在工程资源管理器中右击该模块,在弹出的菜单中选择【移除模块】即可。

5.4 提 高 部 分

5.4.1 静态变量的使用

使用 Static 语句定义的变量称为静态变量。静态变量的特点是,在整个程序运行期间,它都始终占据内存空间,一直保留其当前值。

【例 5.11】 静态变量使用示例。参照图 5-19,在窗体上添加 4 个标签和 2 个命令按钮。程序运行时,单击"测试 1"按钮和"测试 2"按钮各 10 次,观察两黄色标签中显示内容的变化。给定的程序代码如下:

```
Private Sub cmdTest1_Click()        '单击"测试 1"按钮
    Dim a As Integer                '过程内用 Dim 定义,a 是过程级变量
    Static b As Integer             '过程内用 Static 定义,b 是过程级静态变量
    a=a+1                           '每次执行此过程时,a 都重新分配地址并赋初值 0
    b=b+1                           '每次执行此过程时,b 都保留其上一次的值
    lblA.Caption=a
    lblB.Caption=b
End Sub


Private Static Sub cmdTest2_Click() '单击"测试 2"按钮,定义为静态过程
    Dim a As Integer                '定义过程级静态变量 a
    Dim b As Integer                '定义过程级静态变量 b
    a=a+1                           '每次执行此过程时,a 都保留其上一次的值
    b=b+1                           '每次执行此过程时,b 都保留其上一次的值
    lblA.Caption=a
    lblB.Caption=b
End Sub
```

【解】 程序运行时,单击"测试 1"按钮 10 次后,两黄色标签中显示内容如图 5-19 所示;单击"测试 2"按钮 10 次后,两黄色标签中显示内容如图 5-20 所示。

图 5-19　单击"测试 1"按钮 10 次后　　　　图 5-20　单击"测试 2"按钮 10 次后

程序说明：

（1）在 cmdTest1_Click 事件中，分别使用 Dim 语句和 Static 语句定义了变量 a 和 b。由于是在过程内定义，所以它们都是过程级变量，其中 b 又称为过程级静态变量。作为过程级变量，a 和 b 只能在这个过程中使用，一旦离开此过程则无效。但因变量 b 同时还是一个静态变量，所以虽然在过程外不能使用，但它并没有被释放，其中所存放的值还继续保留。当再次执行 cmdTest1_Click 过程时，变量 a 被重新分配内存并赋予初值 0，而变量 b 则被"激活"，继续使用。所以，单击 10 次"测试 1"按钮后，变量 a 中的值还是 1，而变量 b 中的值则增加到 10。

（2）编写 cmdTest2_Click 事件过程时，在子程序名前使用了关键字 Static。VB 规定，在定义过程时若使用关键字 Static，则系统自动将该过程内定义的所有过程级变量（含隐式定义的变量）处理为静态变量。因此，在 cmdTest2_Click 事件过程中定义的变量 a 和 b 均为过程级静态变量，所以，单击 10 次"测试 2"按钮后，变量 a 和 b 中的值都变成 10。

（3）本例题中，虽然在 cmdTest1_Click 和 cmdTest2_Click 事件过程中都分别定义了两个同名变量 a 和 b，但它们彼此互不影响，各自在自己所在的过程中起作用。在不同过程中，可以使用同名的过程级变量，它们相互独立，就像不同楼房中的同一房间号一样。若过程级变量与窗体级变量（或程序级变量）重名，则在过程内部，该过程所属的过程级变量起作用，而窗体级变量（或程序级变量）被暂时屏蔽掉。

5.4.2　过程的递归调用

VB 允许在一个过程中又再次调用该过程自身，称为过程的递归调用。

【例 5.12】　过程的递归调用示例。编写函数 myFct，用递归的方法计算 n!。在窗体上添加 1 个标签和 1 个命令按钮。程序运行时，单击"输入"按钮，在弹出的输入框中输入一个整数，调用自定义函数 myFct 计算其阶乘值并显示在标签中，如图 5-21 所示。

【解】　编程点拨

在第 4 章中曾介绍用循环语句求 n! 的方法，在此将采用另一种处理方法。先看以下各式子：

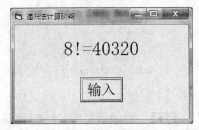

图 5-21　计算阶乘

n!＝n×(n−1)!　　　　　(为了求 n! 的值,只要知道(n−1)! 的值就行)

(n−1)!＝(n−1)×(n−2)!　(为了求 (n−1)! 的值,只要知道(n−2)! 的值就行)

(n−2)!＝(n−2)×(n−3)!　(为了求 (n−2)! 的值,只要知道(n−3)! 的值就行)

　　⋮

2!＝2×1!　　　　　　　(为了求 2! 的值,只要知道 1! 的值就行)

1!＝1　　　　　　　　　(已知 1! 的值为 1)

因此,计算 n! 可用下列式子表示:

$$n! = \begin{cases} 1 & \text{当 } n=0 \text{ 或 } 1 \text{ 时} \\ n×(n−1)! & \text{当 } n>1 \text{ 时} \end{cases}$$

根据上述公式,可以编写出计算 n! 的函数 myFct。具体计算步骤如下:

(1) 判断 n 的值是否为 0 或 1,如果是则返回 1;

(2) 否则,返回 n×(n−1)! 的值。

在计算(n−1)! 的时候,又需要再次调用 myFct 函数,只是这时的参数值已由原来的 n 变成 n−1。不断执行上述操作,使问题由求 n! 逐渐递推到求 1!,而 1! 已知为 1,所以将 1! 值再带回到求 2! 中,从而得到 2!,在逐步回退的过程中,依次得到了各阶乘的值,并最终计算出 n!。程序代码如下:

```
Private Sub cmdInput_Click()
    Dim m As Integer
    m=Val(InputBox("请输入一个 1~12 之间的整数:", "计算阶乘"))
    If m<0 Or m>12 Then                      '为防止数据溢出,m 的值不能过大
        MsgBox  "非法数据!"
        Exit Sub                             '退出当前过程
    Else
        lblValue.Caption=m & "!=" & myFct(m) '调用 myFct 函数
    End If
End Sub

Private Function myFct(n As Integer)As Long  '定义 myFct 函数
    If n=0 Or n=1 Then
        myFct=1                              '给函数名赋值,返回 1
    Else
        myFct=n * myFct(n-1)                 '递归调用 myFct 函数
    End If
End Function
```

程序说明:

(1) 下面以输入整数 3 为例(即求 3!),介绍程序执行的具体过程。

① 在 cmdInput_Click 事件过程中,通过输入框给 m 输入了 3,因此调用 myFct 函数时实参为 3。

② 第 1 次调用 myFct 函数时,形参 n 得到 3,执行语句 myFct＝3 * myFct(2),然而为了得到 myFct(2)的值,还要再次调用 myFct 函数。

③ 第 2 次调用 myFct 函数时,形参 n 得到 2,执行语句 myFct＝2 * myFct(1),然而为了得到 myFct(1)的值,还要再次调用 myFct 函数。

④ 第 3 次调用 myFct 函数时,形参 n 的值为 1,因此执行语句 myFct＝1,通过函数名返回函数值 1(不再调用 myFct 函数)。

⑤ 程序流程从 myFct 函数的第 3 次调用中返回到第 2 次调用内的 myFct＝2 * myFct(1)语句处,并得到 myFct(1)的值 1,从而可以计算出 2 * myFct(1)的值 2。

⑥ 程序流程从 myFct 函数的第 2 次调用中返回到第 1 次调用内的 myFct＝3 * myFct(2)语句处,并得到 myFct(2)的值 2,从而可以计算出 3 * myFct(2)的值 6。

⑦ 程序流程从 myFct 函数的第 1 次调用中返回到 cmdInput_Click 事件过程内的 lblValue. Caption＝m＆"!＝"＆myFct(m)语句处,得到 myFct(3)的值 6,从而在标签中显示出计算结果。

上述求解 n! 的执行过程如图 5-22 所示。

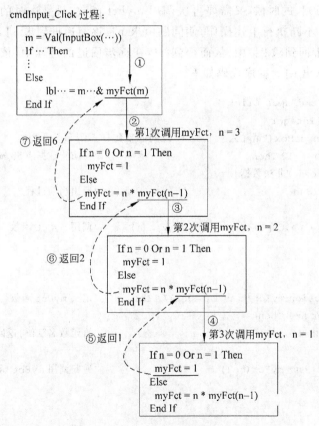

图 5-22　myFct 函数的递归调用

(2) 与本例相比,使用循环语句的求解方法更能节省内存,而且执行效率也高。在实际应用中应尽量避免使用递归算法。这里只是为了使学习者能够通过这个简单的例子,了解递归调用的过程。有些实际问题若不使用递归的方法,则无法解决。

(3) 递归调用是一个反推的过程,即要解决一个问题,必须先解决一个子问题;为了解决这一子问题,还要解决另一个子问题,以此类推;而求解每一个子问题的处理方法都相同,并且最终一定能推导至使递归调用结束的条件。

（4）语句 Exit Sub 的作用是提前结束当前的过程。

【例5.13】 编写递归函数myFib,计算n阶斐波拉契级数。窗体上添加1个标签和1个按钮。程序运行时,单击"输入"按钮,在弹出的输入框中输入阶数n,调用 myFib 函数计算 n 阶斐波拉契级数并显示在标签中,如图5-23所示。

图 5-23　求斐波拉契级数

【解】 编程点拨

计算 n 阶斐波拉契级数的公式为:

$$f(n) = \begin{cases} 1 & \text{当 } n = 1 \text{ 或 } 2 \text{ 时} \\ f(n-1) + f(n-2) & \text{当 } n > 2 \text{ 时} \end{cases}$$

本例题使用递归函数求解斐波拉契级数。由计算公式可知,为了求出 f(n),需要知道 f(n−1) 和 f(n−2) 的值,而求出 f(n−1)、f(n−2) 的方法与求解 f(n) 相同;当阶数 n 达到 1 或 2 时,这种递推过程结束,即 f(1) 和 f(2) 的值是确定的(均为 1)。程序代码如下:

```
Private Sub cmdInput_Click()
  Dim m As Integer
  m=Val(InputBox("请输入一个整数:", "输入"))
  If m<=0 Then
    MsgBox "输入错误,请重新输入!"
    Exit Sub
  Else
    lblOut.Caption=m & "阶斐波拉契级数:" & myFib(m)
  End If
End Sub


Private Function myFib(n As Integer)As Long
  If n=1 Or n=2 Then
    myFib=1
  Else
    myFib=myFib(n-1)+myFib(n-2)
  End If
End Function
```

程序说明:

在 myFib 函数中,首先需要判断 n 的值是否为 1 或 2,如果是则返回 1,否则,要计算 myFib(n−1) 和 myFib(n−2) 的值。在计算 myFib(n−1) 和 myFib(n−2) 的过程中,还需再次调用 myFib 函数,上述过程将反复执行到 myFib(1) 和 myFib(2)。

5.4.3　贯穿实例——图书管理系统(5)

图书管理系统之五:在 4.4.2 节图书管理系统之四的基础上,继续修改系统管理员窗体中的程序代码,利用子程序过程精简代码。界面设计同图书管理系统之四。

修改系统管理员窗体程序代码如下:

```vb
Private Sub cmdOk_Click()
    Static i As Integer
    If txtUser.Text="admin" And txtPass.Text="123456" Then
        frmAdmin.Hide
        frmAdminFn.Show
    Else
    i=i+1
    If i=3 Then
        i=0
        Call setkey(False)
        MsgBox "用户名或密码错误,请在 15 秒后重新输入!", vbOKOnly, "输入错误"
        tmrClock.Enabled=True
        Call reset
        Exit Sub
    End If
    MsgBox "用户名或密码错误,你还有 "&3-i&"次机会,请重新输入!", vbOKOnly, "输入错误"
    Call reset
    txtUser.SetFocus
    End If
End Sub


Private Sub tmrClock_Timer()
    Static c As Integer
    Dim w As Integer
    c=c+1
    w=600
    lblWait.Visible=True
    DrawWidth=3
    For j=1 To c
        w=w+200
        frmAdmin.PSet(w, 2700), vbRed
    Next j
    If c=15 Then
        c=0
        Call setkey(True)
        txtUser.SetFocus
        tmrClock.Enabled=False
        lblWait.Visible=False
        frmAdmin.Cls
    End If
End Sub
```

```
Private Sub setkey(keyE As Boolean)
    txtUser.Enabled= keyE
    txtPass.Enabled= keyE
    cmdOk.Enabled= keyE
End Sub

Private Sub reset()
    txtUser.Text=""
    txtPass.Text=""
End Sub

Private Sub cmdReturn_Click()
    frmMain.Show
    frmAdmin.Hide
End Sub
```

5.5　上　机　训　练

【训练 5.1】　编写函数 mySum,其功能是计算 1～n 之间所有整数的和。在窗体上添加 3 个标签、1 个文本框和 2 个命令按钮。程序运行时,在文本框中输入一个整数 n 后,单击"总和"按钮,调用 mySum 函数计算 1～n 之间所有整数的和,并显示在黄色标签上,如图 5-24 所示。单击"平均值"按钮,调用 mySum 函数计算 1～n 之间所有整数之和后,再进一步计算出平均值,将其显示在黄色标签上,如图 5-25 所示。

图 5-24　计算总和

图 5-25　计算平均值

1. 目标

(1) 掌握函数的定义方法。

(2) 掌握函数的调用方法。

(3) 了解算法:计算 1～n 之间能被 3 整除且个位是 5 的整数之和。

2. 步骤

(1) 设计用户界面,并设置属性。

(2) 编写代码、运行程序、保存窗体和工程。

3. 提示

(1) mySum 函数的编写可参见例 5.2。

(2) 平均值可通过 mySum(n)/n 计算得到。

4. 扩展

编写 myAdd 函数,其功能是计算 1～n 之间能被 3 整除,且个位是 5 的整数之和;编写 myNum 函数,返回 1～n 之间能被 3 整除,且个位是 5 的整数个数。程序运行时,单击"总和"或"平均值"按钮时,调用 myAdd 函数或 myNum 函数计算 1～n 之间能被 3 整除,且个位是 5 的整数之和与平均值,然后显示。

【训练 5.2】 编写子程序 mySort,其功能是对 3 个数按从小到大的顺序排序。在窗体上添加 1 个标签、3 个文本框和 2 个命令按钮。程序运行时,在文本框中输入 3 个整数后,单击"排序"按钮,调用 mySort 子程序将所输入的 3 个数由小到大顺序排序。排序前后的运行结果如图 5-26 和图 5-27 所示。

图 5-26　排序前

图 5-27　排序后

1. 目标

(1) 掌握子程序的定义方法。

(2) 掌握子程序的调用方法。

2. 步骤

(1) 设计用户界面,并设置属性。

(2) 编写代码、运行程序、保存窗体和工程。

① 编写 mySort 子程序。

② 编写"排序"按钮的 Click 事件过程,其中调用 mySort 子程序。运行程序验证其正确性。代码如下:

```
Private Sub cmdSort_Click()
    Dim a As Integer, b As Integer, c As Integer
    a=Val(txt1.Text)
    b=Val(txt2.Text)
    c=Val(txt3.Text)
```

```
    mySort a, b, c                                    '调用 mySort 子程序
    txt1.Text=a
    txt2.Text=b
    txt3.Text=c
End Sub
```

③ 编写"退出"按钮的 Click 事件代码,运行程序验证无误后,保存窗体和工程。

3. 提示

mySort 子程序的流程如图 5-28 所示。

4. 扩展

编写子程序 mySort1,其功能是对 3 个数按从大到小的顺序排序。原窗体上添加"小到大"和"大到小"2 个单选按钮,其中"小到大"单选按钮为选中状态。程序运行时,在文本框中输入 3 个整数,单击"排序"按钮,根据单选按钮的选择情况调用相应子程序进行排序,并显示在文本框中。

【训练 5.3】 编写通用的子程序 mySwap,其功能是交换两变量中的值。在窗体 1 上添加 2 个标签和 2 个命令按钮,窗体 2 上添加 3 个文本框和 2 个命令按钮。程序运行时,单击"交换"按钮,调用 mySwap 子程序交换 2 个标签中的内容,如图 5-29 所示;单击"切换"按钮,进入窗体 2。在窗体 2 中,输入 3 个整数并单击"升序"按钮,多次调用 mySwap 子程序将 3 个整数按升序重新显示在文本框中,如图 5-30 所示;单击"返回"按钮回到窗体 1。

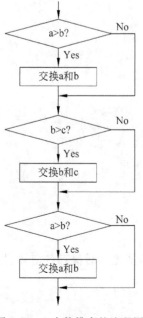

图 5-28 3 个数排序的流程图

图 5-29 交换字符串

图 5-30 按升序显示

1. 目标

(1) 了解添加标准模块的方法。

(2) 了解通用过程的定义和调用方法。

(3) 巩固数据交换和 3 个数中求最大值的算法。

2. 步骤

(1) 设计用户界面,并设置属性。

(2) 编写代码、运行程序、保存各窗体、标准模块和工程。

① 添加标准模块,并编写 mySwap 子程序代码。代码如下:

```
Public Sub mySwap(x As String, y As String)
    Dim temp As String
    temp=x
    x=y
    y=temp
End Sub
```

② 编写窗体 1 中 2 个命令按钮的 Click 事件过程,并验证。

③ 编写窗体 2 中"升序"按钮的 Click 事件过程,并验证。代码如下:

```
Private Sub cmdMax_Click()
    Dim a As String, b As String, c As String
    a=txtOp1.Text
    b=txtOp2.Text
    c=txtOp3.Text
    If Val(a)>Val(b)Then
        mySwap a, b
    End If
    If Val(a)>Val(c)Then
        mySwap a, c
    End If
    If Val(b)>Val(c)Then
        mySwap b, c
    End If
    txtOp1.Text=a
    txtOp2.Text=b
    txtOp3.Text=c
End Sub
```

④ 编写窗体 2 中"返回"按钮的 Click 事件过程,验证无误后保存各窗体、标准模块和工程。

3. 提示

由于将变量 a、b、c 定义成 String 类型,因而在进行大小比较时,需要先将各变量的值转化为数值型。例如：

```
If Val(a)>Val(b)Then
    mySwap a,b
End If
```

4. 扩展

在窗体 2 中添加"降序"命令按钮，单击时反复调用 mySwap 子程序实现 3 个整数的降序排列，如图 5-31 所示。

图 5-31　按降序显示

习　题　5

基础部分

1. 判断正误。在 Visual Basic 集成环境中，运行含有多个窗体的程序时，总是从启动窗体开始执行。

2. 判断正误。在某过程内定义的变量一定是过程级变量；在窗体的通用声明部分中定义的变量一定是窗体级变量；在标准模块中定义的变量一定是程序级变量。

3. 下面事件过程的功能是每次单击命令按钮时，在图像框中交替显示图"f1.bmp"和图"f2.bmp"。请补充完整程序代码。

```
【1】      '此处编写一条语句,定义程序级变量 s
Private  Sub  Command1_Click()
    【2】      '此处编写若干语句,根据 s 的值在图像框中显示 f1.BMP 或 f2.BMP 文件
    s=Not s
End  Sub
```

4. 有如下程序段：

```
Dim b As Integer
Private Sub Form_Click()
    Dim a As Integer
    a=2
    b=a+b
    abc a,b
    Print a,b
End Sub

Sub abc(x As Integer, y As Integer)
    x=x+1
    y=y+1
```

End Sub

程序运行时,连续两次单击窗体后屏幕上输出的内容是_____。

5. 编写函数 myFun1,其功能是计算表达式 $\frac{1}{2}+\frac{3}{4}+\frac{5}{6}+\cdots+\frac{n}{n+1}$(其中 n 为奇数)的值。窗体中有 1 个标签、1 个文本框和 2 个命令按钮。程序运行时,在文本框中输入 n 值后,单击"计算"按钮,调用该函数计算表达式的值,并弹出消息框显示结果,如图 5-32 所示;单击"退出"按钮,结束程序运行。

图 5-32　题 5 的运行界面及显示计算结果的消息框

6. 编写函数 myFun2,其功能是计算表达式 $1+\frac{1}{2}+\frac{1}{3}+\cdots+\frac{1}{n}$ 的值。窗体界面设计及按钮功能同第 5 题。程序运行结果如图 5-33 所示。

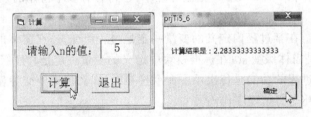

图 5-33　题 6 的运行界面及显示计算结果的消息框

7. 编写子程序过程 mySub,其功能是在窗体中以给定字符输出图形。程序运行时,单击窗体,出现输入框,在输入框中输入一个字符(如果输入多个字符,则取第一个字符)后,单击"确定"按钮,调用 mySub 子程序在窗体上显示由该字符组成的图形,如图 5-34 所示;单击"取消"按钮,不做任何操作。

8. 编写子程序过程 myPrn,其功能是在窗体中以给定字符输出图形。程序运行时,单击窗体并在弹出的输入框中输入一个字符(如果输入多个字符,则取第一个字符)后,单击"确定"按钮,调用 myPrn 子程序在窗体上显示由该字符组成的图形,如图 5-35 所示;单击"取消"按钮,不做任何操作。

图 5-34　题 7 的显示结果(输入字符 * 时)

图 5-35　题 8 的显示结果(输入字符 ♯ 时)

提高部分

9. 编写递归函数 mySum1,其功能是计算表达式 $1^2+2^2+3^2+\cdots+n^2$ 的值。程序运行时,在文本框中输入 n 值后,单击"计算"按钮,调用该函数进行计算,并弹出消息框显示结果,如图 5-36 所示。

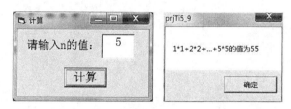

图 5-36　题 9 的运行界面及显示结果的消息框

10. 编写递归函数 mySum2,其功能是计算表达式 $1+2+3+\cdots+n$ 的值。程序运行时,在文本框中输入 n 值后,单击"计算"按钮,调用该函数进行计算,并弹出消息框显示结果,如图 5-37 所示。

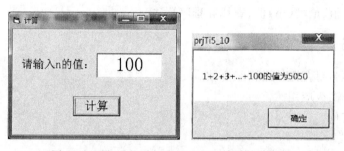

图 5-37　题 10 的运行界面及显示结果的消息框

第 **6** 章 数组

本章内容

基础部分：

- 数组的定义和数组元素的引用。
- 控件数组的概念。
- 列表框与组合框的使用。
- 求平均值、最大(小)值；查找和排序算法。

提高部分：

- 列表框与组合框的进一步介绍。
- 数组的高级应用。
- 贯穿实例。

各例题知识要点

例 6.1　数组的概念；数组的定义；引用数组元素。

例 6.2　Option Base 语句。

例 6.3　一维数组作参数。

例 6.4　Sub Main 过程；程序级数组的定义与初始化。

例 6.5　列表框；列表框的 AddItem 方法及 Text 属性。

例 6.6　列表框的 Clear 方法及 ListIndex、List 属性。

例 6.7　列表框的 RemoveItem 方法及 ListCount 属性。

例 6.8　组合框。

例 6.9　控件数组。

（以下为提高部分例题）

例 6.10　选择法排序。

例 6.11　二维数组。

例 6.12　过程调用时传递数组参数。

例 6.13　动态数组。

贯穿实例 图书管理系统(6)。

在计算机应用领域中,常常遇到对批量数据进行处理的情况,如统计大量的学生考试成绩和求平均值等。这类问题通常都具有数据处理量大、各数据间存在内部联系的特点。如果单纯采用简单变量处理这些数据,不但烦琐而且对于某些问题还可能根本无法解决。

在 VB 中,通常使用数组解决这一类问题。所谓数组,就是由一组(若干个)类型相同的相关变量结合在一起而构成的集合;而构成数组的每一个变量称为数组元素。作为同一数组中的元素,它们都使用统一的变量名称,只是通过不同的下标加以区分。只有一个下标的数组称为一维数组,有两个下标的数组称为二维数组。

6.1　一 维 数 组

【例 6.1】　数组引例。窗体上添加 3 个标签和 2 个命令按钮,其中第 3 个标签的 AutoSize 属性为 True。程序运行时,随机产生 10 个两位整数显示在黄色标签中;单击"平均值"按钮,计算该 10 个数的平均值,显示在蓝色标签中,如图 6-1 所示;单击"大于平均值"按钮,找出该 10 个数中大于平均值的整数显示在蓝色标签中,如图 6-2 所示。注意,只有在计算出平均值后,"大于平均值"按钮才有效。

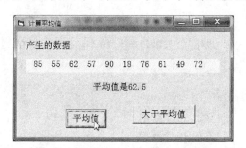

图 6-1　计算 10 个数据的平均值

图 6-2　显示大于平均值的数据

【解】　将标签 AutoSize 属性设置为 True 时,其大小可根据显示内容的长度自动进行调整。为了实现产生随机数据、计算平均值的功能,可编写代码如下:

```
Dim sum As Integer                      '定义窗体级变量,存放 10 个整数的累加和

Private Sub Form_Load()
    Dim a As Integer
    Dim i As Integer
    Randomize                           '产生随机种子
    For i=1 To 10
        a=Int(Rnd * 90)+10              '产生一个 10~99 之间的整数 a
        lblData.Caption=lblData.Caption & " " &a    '连接显示 a
```

```
            sum=sum+a                              '将 a 累加到 sum 中
        Next i
    End Sub

    Private Sub cmdAve_Click()                     '单击"平均值"按钮
        lblAve.Caption="平均值是" & sum/10
        cmdLarge.Enabled=True                      '使"大于平均值"按钮可用
    End Sub
```

在 Form_Load 过程的 For 循环中,使用变量 a 依次存放 10 个随机数据,待循环结束时 sum 中存放了 10 个数据的累加和,而 a 中仅保留了最后一个随机数据。

但是,为了进一步找出大于平均值的各个数据,就必须要全部保存 10 个整数,以便在计算出平均值后,再通过比较判断,依次得到大于平均值的各数据。为此,不能只定义 1 个变量 a,而需要定义 10 个变量,如 a1、a2、…、a10。由于各变量相互独立,不能再使用 For-Next 语句产生数据。修改后的程序代码如下:

```
    Dim sum As Integer              '以下 11 个变量在两个事件中都要使用,定义为窗体级变量
    Dim a1 As Integer               '以下定义 10 个窗体级变量,分别存放 10 个随机数
    Dim a2 As Integer
         ⋮
    Dim a10 As Integer

    Private Sub Form_Load()
        Randomize
        a1=Int(Rnd * 90)+10                        '以下 10 条语句产生 10 个随机数并保存
        a2=Int(Rnd * 90)+10
             ⋮
        a10=Int(Rnd * 90)+10
        lblData.Caption=a1&"   "&a2&...&a10         '显示 10 个数据
        sum=a1+a2+...+a10                           '累加 10 个数据
    End Sub

    Private Sub cmdAve_Click()                     '单击"平均值"按钮
        lblAve.Caption="平均值是" & sum/10
        cmdLarge.Enabled=True
    End Sub

    Private Sub cmdLarge_Click()                   '单击"大于平均值"按钮
        Dim ave As Double
        ave=sum/10
        lblAve.Caption=""
        If a1>ave Then                             '以下 10 个 If 语句,找出大于平均值的各数据
            lblAve.Caption=lblAve.Caption & a1 & "   "
        End If
```

```
    If a2>ave Then
        lblAve.Caption=lblAve.Caption&a2&"  "
    End If
        ⋮
    If a10>ave Then
        lblAve.Caption=lblAve.Caption&a10
    End If
End Sub
```

这样烦琐的程序仅对 10 个数据进行处理,若要求对 100 个、1000 个甚至更多的批量数据进行同样的处理,则代码量激增,无法接受。使用本章介绍的数组解决此类批量处理问题,将使整个程序代码书写简洁、清晰。使用数组实现例 6.1 功能的程序代码如下:

```
Dim sum As Integer
Dim a(1 To 10)As Integer                   '定义数组 a,包含 10 个 Integer 类型的元素
Private Sub Form_Load()
    Dim i As Integer
    Randomize
    For i=1 To 10
        a(i)=Int(Rnd * 90)+10              '产生随机数,存放在下标为 i 的元素中
        lblData.Caption=lblData.Caption&a(i)&"  "
        sum=sum+a(i)                       '将下标为 i 的元素值累加到 sum 中
    Next i
End Sub

Private Sub cmdAve_Click()
    lblAve.Caption="平均值是"&sum/10
    cmdLarge.Enabled=True
End Sub

Private Sub cmdLarge_Click()
    Dim ave As Double
    Dim i As Integer
    ave=sum/10
    lblAve.Caption=""
    For i=1 To 10
        If a(i)>ave Then                   '判断下标为 i 的元素是否大于平均值 ave
            lblAve.Caption=lblAve.Caption&a(i)&"  "    '连接 a(i)
        End If
    Next i
End Sub
```

程序说明:

(1) 采用数组后可以方便地使用同一个数组名代表逻辑上相关的一批变量(10 个),而为了表示不同的数组元素,只需要简单地指出该元素的下标即可。

（2）语句 Dim a(1 To 10)As Integer 定义了一个名为 a 的一维数组,它包含 10 个元素:a(1)、a(2)、…、a(9)、a(10),其中每一个元素都是一个 Integer 类型的变量,也就是说在每个元素中只能存放整型数据。请注意:在使用数组前,必须对其进行定义。VB 中定义一维数组的一般形式如下:

```
Dim  数组名([下界 To ]上界)As  数据类型
```

其中,上界和下界规定了数组元素下标的取值范围,它们的值不得超过 Long 数据类型的范围。数组中所包含元素的个数为:上界-下界+1。若省略[下界 To],则系统默认下界为 0。例如:

```
Dim  b(-2 To 3)As  Integer
```

定义一维数组 b,包含 6 个 Integer 型元素 b(-2)、b(-1)、b(0)、b(1)、b(2)、b(3);

```
Dim  x(4)  As  String
```

定义一维数组 x,包含 5 个字符型元素 x(0)、x(1)、…、x(4)。

（3）数组名的命名规则与变量名相同。

（4）数组元素代表内存中的一个存储单元,它可以像普通变量一样使用,只不过数组元素用下标形式表示。引用一维数组元素的一般形式是:

```
数组名(下标)
```

注意:下标的取值范围应在定义该数组时所限定的[下界,上界]范围内,不得越界。

（5）系统为数组中的元素分配连续的内存单元。图 6-3 所示为数组 a 在内存中的存储结构示意图,系统为其分配 10 个连续的存储单元(2 字节×10＝20 个字节)。

图 6-3 数组的存储结构示意

（6）由于在多个事件过程中都要用到变量 sum 和数组 a,所以将它们定义为窗体级。

【例 6.2】 窗体上添加 4 个标签和 1 个命令按钮。程序运行时,随机产生 20 个两位整数,显示在黄色标签中;单击"逆置"按钮,在蓝色标签中逆序显示各整数,如图 6-4 所示。

图 6-4 逆序输出

【解】 程序代码如下：

```
Option Base 1                                  '指定数组默认的元素下标下界
Dim a(20)As Integer                            '定义窗体级数组 a,包含 20 个整型元素

Private Sub Form_Load()
    Dim i As Integer
    For i=1 To 20
        a(i)=Int(Rnd * 90)+10                  '产生随机数,存放在下标为 i 的元素中
        lblData.Caption=lblData.Caption & a(i)&" "          '将 a(i)连接到标签中
    Next i
End Sub

Private Sub cmdOK_Click()
    Dim i As Integer
    For i=20 To 1 Step-1                        '逆序输出
        lblOut.Caption=lblOut.Caption & a(i)&" "
    Next i
End Sub
```

程序说明：

（1）语句 Option Base 1 的作用是,在定义数组时若省略[下界 To],则默认元素的下标从 1 开始。因此,本例中语句 Dim a(20)As Integer 等价于 Dim a(1 To 20)As Integer。出现在 Option Base 后面的数字只能是 0 或 1,如果是 0,则元素下标从 0 开始(此时该语句没有实质意义)。

（2）Option Base 语句必须出现在数组定义之前,且位于所有事件过程的前面。其作用范围仅限于出现在同一代码窗口且在定义时未指出下标下界的数组。在一个代码窗口中,Option Base 语句只能出现一次。

（3）通常情况下,数组操作总是借助于循环语句实现。在例 6.1 和例 6.2 中,正是使用了 For-Next 语句,巧妙地利用循环变量 i 与数组元素下标的一一对应关系实现对数组元素的逐一引用,并对数组元素进行相应的处理。

现实生活中的许多实际问题都可以使用数组解决。为了更好地掌握数组的应用,应在平时的编程练习中注意多模仿、多实践,不断总结经验,提高独立编程能力。

【例 6.3】 编写函数 myCount,其功能是统计某包含 n 个整型元素的数组中奇数的个数。在窗体上添加 4 个标签和 1 个命令按钮。程序运行时,随机产生并显示 20 个两位整数;单击"统计"按钮,调用 myCount 函数统计数据中奇数的个数,如图 6-5 所示。

【解】 程序代码如下：

```
Dim a(1 To 20)As Integer

Private Sub Form_Load()
```

图 6-5　统计奇数个数

```
    Dim i As Integer
    Randomize
    For i=1 To 20
        a(i)=Int(Rnd*90)+10
        lblData.Caption=lblData.Caption&a(i)&" "
    Next i
End Sub

Private Sub cmdCount_Click()                    '单击"统计"按钮
    '调用自编函数 myCount,求包含 20 个元素的数组 a 中奇数的个数
    lblOut.Caption=myCount(a(), 20)
End Sub

Private Function myCount(a()As Integer, n As Integer)As Integer        '定义函数
    Dim i As Integer
    Dim k As Integer
    For i=1 To n
        If a(i)Mod 2=1 Then
            k=k+1
        End If
    Next i
    myCount=k
End Function
```

程序说明:

(1) 为了统计数组中奇数的个数,需要知道两个已知条件,即该数组及数组中包含元素的个数,由此可以确定 myCount 函数需要两个形参。和变量一样,一维数组也可以作为参数出现在过程的参数列表中。一维数组型形参的定义形式是:

形参数组名() As 数据类型

(2) 语句 lblOut.Caption＝myCount(a(), 20)是以数组 a 和整型常量 20(数组中元素个数)作为实参调用 myCount 函数。出现在实参数组名 a 后的小括号可以省略,即 myCount(a, 20)。注意,在调用过程时,出现在实参列表中的数组必须与对应形参的数组保持类型一致。

【例 6.4】 编写校验密码程序。参照图 6-6 和图 6-7 设计两个窗体。程序运行时,在文本框中输入密码并单击"校验密码"按钮(如图 6-6 所示),若输入密码与事先规定的密码集中任一密码匹配,则进入第 2 个窗体显示密码信息(如图 6-7 所示),否则弹出消息框提示错误。

【解】 假设密码集中包含 10 个预先指定的密码,程序运行时,只要输入其中的一个即可进入下一窗体。添加标准模块,定义程序级变量 a、s 和程序级数组 psw,并编写 Sub Main 过程。

在标准模块中添加程序代码如下:

图 6-6　输入密码　　　　　　　　　　图 6-7　显示密码信息

```
Public a As Integer                     '存放输入密码的长度
Public s As String                      '存放输入的密码
Public psw(1 To 10)As String            '定义过程级数组,存放密码集

Sub Main()
    psw(1)="123"                        '初始化密码集
    psw(2)="vb6"
    psw(3)="vb6.0"
    psw(4)="vb60"
    psw(5)="vb6-0"
    psw(6)="Vb6"
    psw(7)="Vb6.0"
    psw(8)="Vb60"
    psw(9)="Vb6-0"
    psw(10)="vbgood"
    frmEx6_4_1.Show                     '进入窗体 1
End Sub
```

第 1 个窗体的程序代码如下：

```
Private Sub cmdCheck_Click()            '单击"校验密码"按钮
    Dim i As Integer
    a=Len(txtPsw.Text)
    s=txtPsw.Text
    For i=1 To 10
        If s=psw(i)Then                 '与密码集中第 i 个密码匹配
            frmEx6_4_1.Hide
            frmEx6_4_2.Show
            Exit For                    '提前结束 For 循环
        End If
    Next i
    If i>10 Then                        '未找到匹配的密码
        MsgBox "抱歉,密码错误,无法登录!", vbInformation, "错误"
        txtPsw.Text=""
        txtPsw.SetFocus
    End If
```

```
End Sub
```

第 2 个窗体的主要代码如下：

```
Private Sub Form_Activate()
    lblPsw.Caption=s
    lblLen.Caption=a
End Sub
```

程序说明：

(1) 在标准模块中，定义程序级数组 psw，它由 10 个 String 类型的元素组成，用于存放事先规定的 10 个密码；定义程序级变量 s、a，用于存放用户输入的密码及密码长度。

(2) 编写 Sub Main 过程，并将其设置成启动过程。Sub Main 过程常用于完成变量的初始化或指定程序执行顺序等操作。该过程只能在标准模块中编写，在标准模块的代码窗口中输入 Sub Main()<回车>，即可自动生成该过程框架。将 Sub Main 设置为启动过程的方法与设置启动窗体的方法相同。在 Sub Main 过程中，对 psw 数组进行初始化，将 10 个指定的密码依次存入，随后进入窗体 1。

(3) 在 cmdCheck_Click 事件过程中，使用 For-Next 语句，将用户输入的密码 s 与事先指定的 10 个密码依次进行比较。一旦出现匹配的情况，则进入第 2 个窗体，不再执行后续的密码比对，提前结束 For-Next 循环。

(4) 在退出 For-Next 循环后，若循环变量 i 的值大于 10，表明全部的 10 次密码比对均不匹配，此时应进行密码输入错误的相应处理。

【例 6.5】 列表框使用示例。窗体中添加 1 个标签和 1 个列表框。程序运行时，随机产生 20 个两位整数显示在列表框中，如图 6-8 所示；单击列表框中某数据时，弹出消息框显示该数据的奇偶性，如图 6-9 所示。

图 6-8 列表框中显示数据

图 6-9 判断数据的奇偶性

【解】 本例题需要显示多个数据，并从中频繁地选取数据，这时选用列表框较方便。列表框控件在工具箱中的图标是 ▤。

列表框控件为用户提供选项的列表，它以列表的形式显示若干数据。每个数据称为一个项目或一个列表项，用户可从中选择一个或多个项目。当列表框中的项目数超过列表框可显示的数目时，控件上将自动出现垂直或水平滚动条。程序代码如下：

```
Private Sub Form_Load()
    Dim i As Integer
```

```
        Dim a As Integer
        Randomize
        For i=1 To 20
            a=Int(Rnd * 90)+10
            lstData.AddItem a                    '将 a 作为一个项目添加到列表框 lstData 中
        Next i
    End Sub

    Private Sub lstData_Click()
        Dim x As Integer
        x=Val(lstData.Text)                      '将列表框中当前选中的数据赋给 x
        If x Mod 2=0 Then
            MsgBox x & "是偶数!"
        Else
            MsgBox x & "是奇数!"
        End If
    End Sub
```

程序说明:

(1) 语句 lstData.AddItem a 的作用是把数据 a 作为一个项目添加到列表框 lstData 中。调用列表框的 AddItem 方法可将一个项目添加到列表框中,其调用格式是:

列表框名称.AddItem　项目字符串 [,项目在列表框中的索引号]

例如,语句 lstLeft.AddItem "VB 程序设计",0 将把字符串"VB 程序设计"作为一个新项目插入到列表框的第 1 行位置上。

注意:列表框中项目的索引号从 0 开始,即出现在第 i 行位置上的数据项其索引号为 i-1。若语句中省略索引号,则新项目被添加到表尾。

程序中使用 For 循环将 20 个随机数依次添加到列表框的表尾。

(2) 列表框的 Text 属性用于返回列表框中当前所选项目的文本内容,即由蓝色背景框框住的文本,是只读属性,设计阶段不可用。在图 6-9 中,列表框当前 Text 属性值就是字符串"35"。为了判断数据的奇偶性,需使用 Val 函数将字符串转换成对应的数值。

【例 6.6】 窗体中添加 2 个标签、2 个列表框和 2 个命令按钮。程序运行时,随机产生 10 个两位整数显示在左侧列表框中;单击"添加"按钮,将左侧列表框中所选数据复制到右侧列表框中(如图 6-10 所示),若没有选中任何数据,则弹出消息框提示"请先进行选择!";单击"全部"按钮,将左侧列表框中的所有列表项复制到右侧列表框中(如图 6-11 所示)。

【解】 程序代码如下:

```
Private Sub Form_Load()
    Dim i As Integer
    Dim a As Integer
    Randomize
```

图 6-10　添加所选数据　　　　　　图 6-11　添加全部数据

```
    For i=0 To 9
        a=Int(Rnd*90)+10
        lstLeft.List(i)=a                '将a的值赋给左侧列表框中下标为i的列表项
    Next i
End Sub


Private Sub cmdAdd_Click()               '单击"添加"按钮
    If lstLeft.ListIndex<>-1 Then        '如果左侧列表框中已选中数据项
        lstRight.AddItem lstLeft.Text    '将当前已选项目添加到右侧列表框中
    Else
        MsgBox "请先进行选择!"
    End If
End Sub


Private Sub cmdAll_Click()               '单击"全部"按钮
    Dim i As Integer
    lstRight.Clear                       '清除右侧列表框中的所有项目
    For i=0 To 9                         '通过循环,依次向右侧列表框中添加10个数据
        '将左侧列表框中下标为i的项目添加到右侧列表框中
        lstRight.AddItem lstLeft.List(i)
    Next i
End Sub
```

程序说明:

(1) 列表框的 List 属性是一个字符型数组,其元素一一对应列表框中的每个项目。例如,List(0)对应索引号为 0 的项目,List(i)对应索引号为 i 的项目。在图 6-10 中,左侧列表框 lstLeft. List(0)的值是"48",lstLeft. List(3)的值是"24"。在 Form_Load 中,语句 lstLeft. List(i)=a 的作用是将变量 a 中的数据赋给左侧列表框中下标为 i 的列表项,该语句也可改写为 lstLeft. AddItem a,i。由于列表项的下标从 0 开始,故将循环控制变量 i 的值设置为 0~9。在程序设计阶段,也可以通过 List 属性直接为列表框添加列表项,具体方法是:选中窗体中的列表框,在对象属性列表中找到 List 属性并单击其右侧的下拉箭头,在打开的下拉列表中按行输入各列表项。为了连续输入多个列表项,可在换行时同时按下 Ctrl 和 Enter 键。

(2) 列表框的 ListIndex 属性返回当前所选项目的索引号,若没有选中任何项目,则返回-1。表达式 lstLeft. ListIndex<>-1 用于判断列表框 lstLeft 中是否选中项目,值为 True 时,表明当前已选中某数据,此时应将选中的数据添加到右侧列表框中;值为 False,则表明目前还没有选中任何数据,应弹出消息框提示错误。语句 lstRight. AddItem lstLeft. Text 的作用就是将左侧列表框当前所选数据添加到右侧列表框中。

(3)语句 lstRight. Clear 的作用是删除列表框 lstRight 中的所有项目。调用列表框的 Clear 方法可以一次性删除列表框中的所有项目,其调用格式是:

```
列表框名称.Clear
```

单击"全部"按钮时,应首先清除右侧列表框中原有各项目。

(4)在图 6-10 中,单击数据"96"时,列表框 lstLeft 的 Text 属性值是字符串"96",而 ListIndex 属性值是 1,此时 lstLeft. List(1)与 lstLeft. List(lstLeft. ListIndex)、lstLeft. Text 等价,都表示字符串"96"。

【例 6.7】 修改例 6.6,将"添加"按钮改为"移动"按钮。程序运行时,单击"移动"按钮,将左侧列表框中选中的数据移动到右侧列表框中;单击"全部"按钮时,将左侧列表框中的所有列表项移动到右侧列表框中,同时"移动"和"全部"按钮不可用。

【解】 修改两个命令按钮的程序代码如下:

```
Private Sub cmdMove_Click()              '单击"移动"按钮
    If lstLeft.ListIndex<>-1 Then
        lstRight.AddItem lstLeft.Text
        lstLeft.RemoveItem lstLeft.ListIndex        '删除左侧列表框中当前所选项目
    Else
        MsgBox "请先进行选择!"
    End If
End Sub


Private Sub cmdAll_Click()               '单击"全部"按钮时
    Dim n As Integer
    Dim i As Integer
    n=lstLeft.ListCount                  '得到左侧列表框中当前含有项目的总个数
    For i=0 To n-1                       '将左侧列表框中全部项目添加到右侧列表框中
        lstRight.AddItem lstLeft.List(i)
    Next i
    lstLeft.Clear                        '清空左侧列表框
    cmdMove.Enabled=False
    cmdAll.Enabled=False
End Sub
```

程序说明:

(1)在 cmdMove_Click 中,添加语句 lstLeft. RemoveItem lstLeft. ListIndex,其功能是删除左侧列表框中当前所选项目。RemoveItem 是列表框的方法,其语法格式是:

```
列表框名称.RemoveItem   删除项索引号
```

该方法将从列表框中删除指定的一个项目。例如：

删除左侧列表框中的第 1 项：lstLeft. RemoveItem 0

删除左侧列表框中的第 5 项：lstLeft. RemoveItem 4

删除左侧列表框中当前所选项：lstLeft. RemoveItem lstLeft. ListIndex

删除左侧列表框中的所有项：lstLeft. Clear

需要注意的是，在 AddItem 方法中，需要提供欲添加项目的内容及插入位置索引，而 RemoveItem 方法中却只要求提供欲删除项目的索引号。

（2）列表框的 ListCount 属性返回列表框中当前已有项目的总数目。由于 n＝lstLeft. ListCount，因而左侧列表框中的各项目可依次表示为 lstLeft. List(0)、lstLeft. List(1)、… lstLeft. List(n－1)。特别注意的是，最后一个项目的下标是 n－1，而不是 n。语句 lstLeft. RemoveItem lstLeft. ListCount－1 可以删除左侧列表框中的最后一项。

（3）当移动左侧列表框中的项目时，其项目总数将发生变化，因而在执行"全部"命令时，n 不能使用最初的项目数 10。

（4）使用 For-Next 语句将左侧列表框中的全部项目添加到右侧列表框后，再执行语句 lstLeft. Clear，将左侧列表框清空。

【例 6.8】 组合框使用示例。修改例 6.7，将窗体左侧的列表框更换为组合框。程序运行时，用户在组合框编辑区中输入新的数据并按下回车键后，该数据被添加到组合框的尾部，如图 6-12 所示。

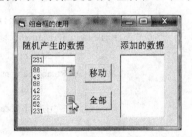

图 6-12　向组合框中添加新数据

【解】 组合框控件在工具箱中的图标是　。组合框是将文本框和列表框组合在一起而构成的控件，它具有文本框和列表框的双重功效。用户既可通过它的列表框选定项目，也可在它的文本框中直接输入选项。修改后的程序代码如下：

```
Private Sub Form_Load()
    Dim i As Integer
    Dim a As Integer
    Randomize
    For i=0 To 19
        a=Int(Rnd * 90)+10
        cboLeft.AddItem a                        '将数据 a 作为一个项目添加到组合框 cboLeft 中
    Next i
End Sub


Private Sub cboLeft_KeyPress(KeyAscii As Integer)
    If KeyAscii=13 Then                          '输入回车键时
        cboLeft.AddItem cboLeft.Text             '将输入数据作为一个项目添加到 cboLeft 尾部
    End If
End Sub
```

```
Private Sub cmdMove_Click()              '单击"移动"按钮
    If cboLeft.ListIndex<>-1 Then
        lstRight.AddItem cboLeft.Text
        cboLeft.RemoveItem cboLeft.ListIndex
    Else
        MsgBox "请先进行选择!"
    End If
End Sub

Private Sub cmdAll_Click()               '单击"全部"按钮
    Dim n As Integer
    Dim i As Integer
    n=cboLeft.ListCount                  '得到左侧组合框中当前含有项目的总个数
    For i=0 To n-1                       '将左侧组合框中全部项目添加到右侧列表框中
        lstRight.AddItem cboLeft.List(i)
    Next i
    cboLeft.Clear                        '清空左侧组合框中的所有项目
    cmdMove.Enabled=False
    cmdAll.Enabled=False
End Sub
```

程序说明:

(1) 与列表框相同,组合框向用户提供了选项列表,当其项目数超出其所能显示的数目时,控件上将自动出现滚动条。与列表框不同的是,组合框包含编辑区域——文本框,用户可直接在此进行输入。

(2) 通过 Style 属性可以设置不同类型的组合框。本例题中,将组合框的 Style 属性设置为1,即简单组合框,它由一个文本框和一个不能下拉的固定列表组成,用户可以从列表中选择项目或是在文本框中输入。在默认设置下,组合框 Style 属性为0,即下拉式组合框,其由一个下拉式列表和一个文本框组成。用户可在文本框中直接输入文本,也可单击组合框右侧的下拉箭头打开列表并进行选择,选定项目将自动显示在文本框内。当 Style 属性设置为2时,组合框仅由一个下拉式列表构成,用户只能从下拉列表中选择项目,而不能进行输入,此样式下的组合框等同于能够折叠显示的列表框。因而,在窗体空间有限、无法容纳列表框的地方可以考虑使用组合框替代。

(3) 组合框拥有列表框和文本框的大部分属性及方法,如 List、Text、ListIndex 和 ListCount 属性及 AddItem、RemoveItem、Clear 方法等,它们的作用及使用方法与列表框或文本框相同。例如,组合框的 Text 属性就表示其文本框中所显示的文本。

(4) 在组合框的文本框内输入数据后,该数据并不能自动添加到列表中,需要自行编写代码实现。用户按下或松开一个键盘键时触发 KeyPress 事件,其自带参数 KeyAscii 返回该按键的 ASCII 码。本例题中,当用户输入新数据时,会连续触发组合框的 KeyPress 事件,而仅当 KeyAscii 的值为13(即"回车")时,表示数据输入完毕,此时才将该数据添加到组合框中。为此,编写组合框的 KeyPress 事件,当用户输入数据并按下回车键时,通过语句 cboLeft. AddItem cboLeft. Text 将文本框的内容添加到组合框尾部。

6.2 控 件 数 组

【例 6.9】 控件数组使用示例。在窗体中添加 1 个标签和 1 个由 7 个命令按钮组成的控件数组。程序运行时,单击按钮,在标签中显示相应的英文拼写,如图 6-13 所示。

【解】 本例题中,7 个命令按钮的作用相同,此时采用控件数组更为简便。添加控件数组的方法是:先添加第 1 个命令按钮,将其(名称)属性设为 cmdWeekDay,调整其大小及标题字体格式后再"复制"、"粘贴"该按钮,此时弹出图 6-14 所示的对话框,选择"是",创建名为 cmdWeekDay 的控件数组,窗体中出现两个同名的命令按钮。再次执行"粘贴"命令,依次向窗体中添加具有统一名称(cmdWeekDay)的其余命令按钮,最后再分别调整各按钮的位置及 Caption 属性。程序代码如下:

图 6-13 显示相应英文拼写

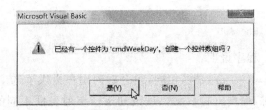

图 6-14 创建控件数组对话框

```
Private Sub cmdWeekday_Click(Index As Integer)
    Select Case Index
        Case 0
            lblOut.Caption="Monday"
        Case 1
            lblOut.Caption="Tuesday"
        Case 2
            lblOut.Caption="Wednesday"
        Case 3
            lblOut.Caption="Thurday"
        Case 4
            lblOut.Caption="Friday"
        Case 5
            lblOut.Caption="Saturday "
        Case 6
            lblOut.Caption="Sunday"
    End Select
End Sub
```

程序说明：

（1）将具有相同类型和名称的一组控件称为控件数组。以本例题中的 7 个命令按钮为例，它们都属于同一控件类型——命令按钮，且具有相同的控件名 cmdWeekDay，因而这 7 个命令按钮就是一个控件数组。与前面介绍的数组类似，可通过索引号（Index 属性）标识和区分同一控件数组内的各个控件。

（2）在设计阶段，添加第 1 个命令按钮后，其 Index 属性值是空的，但把第 1 个按钮复制 6 次并创建成命令按钮控件数组后，此时 7 个命令按钮的 Index 属性自动变为 0、1、2、…、6，这是系统默认设置的结果。实际上也可以通过 Index 属性人为指定索引号，其取值范围是 0～32767，但对于同一控件数组中的各控件，索引号必须互不相同。

（3）在设计时，使用控件数组比直接向窗体中添加相同类型的多个控件所消耗的资源要少；而且对于同一控件数组中的各控件，它们都共享相同的事件过程，从而可减少程序的编码量。

（4）程序运行时无论单击哪一个命令按钮，都会触发 cmdWeekday_Click 事件过程。

当单击"星期一"按钮时，将调用 cmdWeekday 的公共事件过程 cmdWeekday_Click，并将该按钮的索引号 0 赋与参数 Index，代码中再根据 Index 的不同取值而执行相应操作。同理，单击"星期四"按钮时，也将执行 cmdWeekday_Click 事件过程，并将索引号 3 传递给 Index 参数，即同一控件数组中的各控件共享同一事件过程。

（5）在 cmdWeekday_Click 事件过程中，根据 Index 参数的不同取值，使用 Select Case 语句按不同情况进行处理，在标签上显示对应的英文拼写。

（6）引用控件数组中各控件对象的方法是：

控件数组名(索引号)

如 cmdWeekday(0)代表 cmdWeekday 数组中索引号为 0 的命令按钮，即"星期一"按钮，cmdWeekday(6)代表索引号为 6 的命令按钮，即"星期日"按钮；而 cmdWeekday(0).Caption 则引用的是索引号为 0 的命令按钮的 Caption 属性。

修改程序功能，要求单击各命令按钮时在标签中显示对应中文信息，则程序代码可简化如下：

```
Private Sub cmdWeekday_Click(Index As Integer)
    lblOut.Caption=cmdWeekday(Index).Caption
End Sub
```

其中 cmdWeekday(Index)表示当前所单击的命令按钮。

6.3　提　高　部　分

6.3.1　列表框与组合框

鉴于列表框和组合框所具有的属性、事件和方法大致相同，在此将这两个控件放在一起进行讨论。

（1）属性

List 属性　字符型数组，数组的每个元素分别对应一个列表项。

ListCount 属性　列表项的总数目，设计时不可用。因列表项的索引号从 0 开始，所以列表中最后一项的索引号为 ListCount－1。

ListIndex 属性　返回或设置当前被选项目的索引号，设计时不可用。若当前未选中任何项目，则 ListIndex 属性值为－1。

Locked 属性　决定组合框是否可以编辑，默认值是 False，此时可以在文本框中输入或在列表中进行选择。值为 True 时，组合框被锁住，不能执行输入和选择的操作。

Sorted 属性　指定各列表项的排列方式。默认设置（值为 False）下，各列表项按其添加时的顺序排列，否则（值为 True 时）按字母表顺序排列。

Style 属性　设置列表框和组合框的显示类型，该属性在运行阶段不可用。图 6-15、图 6-16 所示为列表框和组合框的不同显示类型。

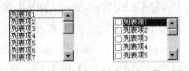

(a) Style=0–Standard　　(b) Style=1–Checkbox

图 6-15　列表框 Style 属性设置

(a) 下拉式组合框Style=0　　(b)简单组合框Style=1　　(c) 下拉式列表Style=2

图 6-16　组合框 Style 属性设置

Text 属性　返回被选中的列表项，其返回值与表达式 List(ListIndex) 的值相同。该属性为只读属性。

以下属性是列表框独有的，组合框没有。

Columns 属性　设置列表框的显示方式。值为 0 时，各列表项按顺序从上到下依次排列，当列表项较多时出现垂直滚动条；值为 1 时仍为单列显示，但列表项较多时出现水平滚动条；Columns 属性值为 n(n＞1) 时，各列表项以 n 列形式显示在列表中。图 6-17 所示为列表框具有不同 Columns 属性值时的显示状态。对于水平滚动的列表框（Columns 属性≥1），其列宽等于列表框宽度除以列的个数。

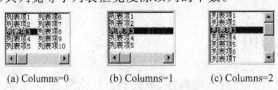

(a) Columns=0　　　(b) Columns=1　　　(c) Columns=2

图 6-17　列表框的 Columns 属性

MultiSelect 属性　设置列表框是否可以多选以及多选时的选择方式,该属性只能在设计阶段进行设置,运行时为只读。表 6-1 列出了 MultiSelect 属性值的含义。

表 6-1　MultiSelect 属性设置

属性值	含　义
0	只能选择单个列表项(默认设置)
1	可以选择多个列表项;用鼠标单击可选中各列表项,再次单击则取消
2	可以选择多个列表项;按下 Ctrl 键后单击,可选中或取消各列表项;按下 Shift 键后单击,可选中从前一选中项至当前选中项范围内的所有列表项

Selected 属性　布尔型数组,元素个数与列表项的数目相同。其元素值一一对应各列表项的选择状态,被选中列表项所对应的元素值为 True,否则为 False。通过 Selected 属性可以快速检查列表框中的哪些项已被选中,而且在运行阶段还可通过该属性选中或取消某一列表项。Selected 属性在设计时不可用。

SelCount 属性　返回列表框中所选列表项的数量,如果没有列表项被选中,则 SelCount 值为 0。

(2) 事件

列表框和组合框可以识别大多数的键盘事件(如 KeyPress、KeyDown 和 KeyUp 等)以及 Click 和 DblClick 鼠标事件。此外,列表框还可以识别鼠标的 MouseMove、MouseDown 和 MouseUp 事件。特别地,当列表框的 Style 属性设置为 1(复选框)时,选中或清除一个列表项前的复选框将引发 ItemCheck 事件。

(3) 方法

AddItem 方法　添加列表项,新列表项被添加到指定的索引号位置。如果省略索引号,当 Sorted 属性设置为 True 时,新列表项将添加到恰当的排序位置;当 Sorted 属性设置为 False 时,新列表项将添加到表尾。

RemoveItem 方法　删除具有指定索引号的列表项。

Clear 方法　删除所有列表项。

6.3.2　数组的高级应用

【例 6.10】　选择法排序。窗体中添加 2 个框架和 1 个命令按钮,其中每个框架中再放置一个标签。程序运行时,随机生成 10 个两位整数显示在上部框架内的标签中;单击"排序(S)"按钮,使用选择法排序将 10 个数据按从大到小排序后显示在下部框架内的标签中,如图 6-18 所示。

【解】　编程点拨

采用"选择法"对包含 n 个数据的数组 a 按从大到小排列,其基本步骤是:

第 1 步:找出 a(1)~a(n) 中的最大数,并与 a(1) 进行交换;

第 2 步:找出 a(2)~a(n) 中的最大数,并与 a(2) 进行交换;

⋮

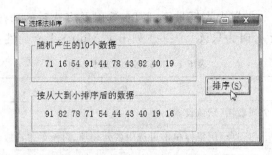

图 6-18　选择法排序

第 i 步：找出 a(i)~a(n)中的最大数,并与 a(i)进行交换；
⋮

第 n−1 步：找出 a(n−1)和 a(n)中的最大数,并与 a(n−1)进行交换。

此时,剩下的第 n 个数据一定已是最小值,排序结束。通过分析可知,如果对 n 个数据进行排序,上述步骤只需进行到 n−1 步即可。至此,"选择法"排序的算法可简单概括为：

```
For i=1 To n-1
    找出 a(i)至 a(n)中的最大值
    将最大值与第 i 个数据 a(i)交换位置
Next i
```

其中,为了找出 a(i)至 a(n)中的最大值,可以先假设第 1 个数据 a(i)就是最大值,将其所在下标(或位置)记录在变量 k 中(变量 k 用于记录最大值所在下标),此时 k=i；然后再利用循环依次将 a(i+1)~a(n)分别与当前最大值 a(k)进行比较。若存在某一数据值大于当前最大值,则以该数据所在下标(或位置)更新 k。循环结束后,变量 k 中保存的即为最大值所在下标(或位置)。注意,在查找最大值时不一定非要找到最大值本身,只要找到最大值所在下标(或位置)也就间接地找到了最大值。上述操作可用程序代码描述如下：

```
k=i
For j=i+1 To n
    If a(j)>a(k)Then
        k=j
    End If
Next j
```

此时 k 中存放的是最大值所在元素下标,而 a(k)即为最大值。

完整程序代码如下：

```
Dim a(1 To 10)As Integer
Private Sub Form_Load()
    Dim i As Integer
    Randomize
```

```
    For i=1 To 10                        '产生随机数据并显示
        a(i)=Int(Rnd * 90)+10
        lblData.Caption=lblData.Caption & a(i) &" "
    Next i
End Sub

Private Sub cmdSort_Click()
    Dim i As Integer, j As Integer, k As Integer
    Dim temp As Integer
    For i=1 To 9                         '对 10 个数据进行选择法排序,只需执行 9 次
        k=i
        For j=i+1 To 10
            If a(j)>a(k)Then              (1) 找出 a(i)至 a(10)中的最大值
                k=j
            End If
        Next j
        If k<>i Then
            temp=a(i)
            a(i)=a(k)                     (2) 借助中间变量 temp,交换 a(i)与 a(k)的位置
            a(k)=temp
        End If
    Next i
    For i=1 To 10                         '输出排序后的数据
        lblSort.Caption=lblSort.Caption & a(i) &" "
    Next i
End Sub
```

程序说明:

(1) 为了实现对 10 个数据的排序,循环变量 i 的值应是从 1~9。

(2) 使用语句 If k<>i Then …限定 a(k)与 a(i)进行交换的条件,即仅当 a(i)本身不是最大值时才进行交换,提高了程序的执行效率。

【例 6.11】 二维数组示例。窗体上添加 1 个图片框、1 个标签和 2 个命令按钮。程序运行时,单击"矩阵"按钮,随机产生 12 个两位整数,并以 3 行 4 列的矩阵形式显示在图片框中,如图 6-19 所示;单击"平均值"按钮,计算 12 个整数的平均值并显示在标签中,如图 6-20 所示。

图 6-19　产生二维数组元素的值

图 6-20　计算二维数组元素的平均值

第 6 章　数组　203

【解】 在处理表格或矩阵问题时,经常使用二维数组。因为二维数组有两个下标,第1个下标能够处理行,第2个下标能够处理列。程序代码如下:

```
Dim a(1 To 3, 1 To 4)As Integer          '定义二维数组
Private Sub cmdArr_Click()
    Dim i As Integer, j As Integer
    picArr.Cls                           '清空图片框,为显示矩阵作准备
    lblAve.Caption=""
    For i=1 To 3                         '控制 3 行
        For j=1 To 4                     '控制每行的 4 列
            a(i, j)=Int(Rnd * 90)+10     '随机产生 1 个两位数
            picArr.Print a(i, j)&"  ";    '显示刚生成的数,并加两个空格
        Next j
        picArr.Print                     '每输出 4 个数据后换行
    Next i
End Sub


Private Sub cmdAve_Click()
    Dim i As Integer, j As Integer
    Dim sum As Integer
    Dim ave As Double
    For i=1 To 3
        For j=1 To 4
            sum=sum+a(i, j)
        Next j
    Next i
    ave=sum/12
    lblAve.Caption="平均值是" & Format(ave, "0.00")
End Sub
```

程序说明:

(1) 语句 Dim a(1 To 3, 1 To 4)As Integer 定义了一个名为 a 的二维数组,它包括 3×4 共 12 个元素:a(1,1)、a(1,2)、a(1,3)、a(1,4)、a(2,1)、a(2,2)、a(2,3)、a(2,4)、a(3,1)、a(3,2)、a(3,3)、a(3,4),其中每个元素都是整型。

定义二维数组的一般格式是:

Dim　数组名([下界 1　To]上界 1,[下界 2　To]上界 2)As 数据类型

例如:Dim b(2,1 To 2)As Single 定义了二维数组 b,包含 6 个(即 3 行 2 列)Single 型元素 b(0,1)、b(0,2)、b(1,1)、b(1,2)、b(2,1)、b(2,2)。

(2) a 数组中的各个元素在内存中占据连续的存储单元,其物理存储结构如图 6-21 所示。

由于经常用二维数组处理表格或矩阵问题,为了便于理解和分析,一般采用图 6-22 所示的逻辑存储结构表示二维数组。

a(1,1)	a(1,2)	a(1,3)	a(1,4)	a(2,1)	a(2,2)	a(2,3)	a(2,4)	a(3,1)	a(3,2)	a(3,3)	a(3,4)

图 6-21　数组 a 的物理存储结构

a(1,1)	a(1,2)	a(1,3)	a(1,4)
a(2,1)	a(2,2)	a(2,3)	a(2,4)
a(3,1)	a(3,2)	a(3,3)	a(3,4)

图 6-22　数组 a 的逻辑存储结构

（3）引用二维数组元素的一般形式是：

数组名(下标 1,下标 2)

其中：下标 1 称为行下标；下标 2 称为列下标。

（4）通过双层 For 循环可以方便地引用二维数组中的各个元素,实现二维数组的输入、输出等操作。通常情况下,用外层循环控制行下标,内层循环控制列下标。

【例 6.12】　过程调用中使用二维数组作参数。修改例 6.11,编写 myAve 函数,其功能是计算二维数组的所有元素平均值。程序运行时,单击"平均值"按钮,调用 myAve 函数计算各数据的平均值,显示在标签中。

【解】　修改后的部分程序代码如下：

```
Option Base 1                    '定义数组时,若省略下标下界则默认从 1 开始
Dim a(3, 4)As Integer            '等价于 Dim a(1 To 3,1 To 4)As Integer

Private Sub cmdAve_Click()
    Dim ave As Double
    ave=myAve(a(), 3, 4)         '调用 myAve 函数计算 3 行 4 列数组 a 中各元素的平均值
    lblAve.Caption="平均值是" & Format(ave, "0.00")
End Sub

'定义函数 myAve,其中第 1 个形参是二维数组
Private Function myAve(a()As Integer, m As Integer, n As Integer)As Double
    Dim i As Integer, j As Integer
    Dim sum As Integer
    For i=1 To m
        For j=1 To n
            sum=sum+a(i, j)
        Next j
    Next i
    myAve=sum/(m * n)            '为函数名 myAve 赋值
End Function
```

程序说明：

（1）使用语句 Option Base 1 规定二维数组 a 的行、列下标值均从 1 开始。本例题下

标从 1 开始的目的是使元素下标与其所在行、列位置一致。

（2）定义函数 myAve，用于计算数组元素的平均值。和一维数组一样，二维数组也可以作为参数出现在过程的参数列表中。程序中的语句 ave＝myAve(a(), 3, 4) 是以二维数组 a 作为实参调用 myAve 函数，其中 3 和 4 给出的是数组的行数及列数。出现在实参数组名 a 后的小括号可以省略，即 ave＝myAve(a, 3, 4)。

调用过程时，出现在实参列表中的数组必须与对应形参的数组保持类型一致。在定义过程时，数组型形参的定义形式是：

形参数组名()[As 数据类型]

注意：与实参不同，形参数组名后的一对小括号不能省略！

前面介绍的数组中，都是在定义时即明确指出其上、下界，数组的大小是确定的，称这样的数组为固定长度的数组。如语句 Dim a(1 To 10)As Integer 定义了一个一维数组 a，其下标的下界是 1，上界是 10。在 a 的有效作用范围内它的大小不能改变，始终是 10 个元素。对于固定长度的数组，系统在编译程序时为其分配存储单元。

但是，在很多情况下往往是无法事前估计出所需数组的大小，为此不得不将数组定义的足够大，从而造成存储空间的浪费。如果过度使用这种方法，将导致内存的运行速度变慢。使用动态数组可以很好地解决上述问题。

动态数组的大小可以在程序运行期间随时发生改变。例如，可以在短时间内使用一个大数组，然后在不使用时又将其内存空间释放给系统。在使用动态数组前必须先进行声明，但声明时不用指出其大小（即只写括号，省略括号中的上下界），在程序运行过程中可根据需要随时使用 ReDim 语句指定。系统在运行时才为动态数组开辟存储空间。

图 6-23　动态数组示例

【例 6.13】　动态数组示例。窗体上添加 1 个图片框、2 个单选按钮和 1 个命令按钮。程序运行时，单击"数据"按钮，根据单选钮选择情况弹出输入框，提示用户输入一维数组的元素个数或二维数组的行、列数，并根据用户的输入自动生成数据并显示在图片框中，如图 6-23 所示。

【解】　编写程序代码如下：

```
Option Base 1
Private Sub cmdData_Click()
    Dim a()As Integer                        '声明动态数组 a
    Dim i As Integer, j As Integer
    Dim n As Integer, m As Integer
    picShow.Cls
    Randomize
    If opt1.Value=True Then                  '选中"一维"单选按钮
        n=InputBox("请输入一维数组的元素个数(<=10)", "输入数据", 10)
```

```
        ReDim a(n)                              '动态定义一维数组 a 的大小为 n
        For i=1 To n
            a(i)=Int(Rnd * 90)+10
            picShow.Print a(i)&" ";
        Next i
    Else
        n=Val(InputBox("请输入二维数组的行数(<=10)","输入数据",10))
        m=Val(InputBox("请输入二维数组的列数(<=10)","输入数据",10))
        ReDim a(n, m)                           '动态定义二维数组 a 的大小为 n×m
        For i=1 To n
            For j=1 To m
                a(i, j)=Int(Rnd * 90)+10
                picShow.Print a(i, j)&" ";
            Next j
            picShow.Print
        Next i
    End If
End Sub
```

程序说明:

(1) 语句 Dim a()As Integer 声明 a 为一个动态数组,该数组的维数及大小不定。

(2) ReDim 语句用于定义或重新定义已经声明过的动态数组的大小及维数,执行该语句时,存储在数组中的原有数据全部丢失。程序中的语句 ReDim a(n)是将数组 a 定义成具有 n 个元素的一维数组,而语句 ReDim a(n,m)是将 a 重新定义成具有 n 行 m 列(共 n×m 个元素)的二维数组。由此可知,使用 ReDim 语句可以反复地改变数组的元素以及维数的数目。ReDim 语句的语法格式是:

ReDim [Preserve] 数组名(第 1 维下标的上下界 [,第 2 维下标的上下界,…])[As 数组类型]

在使用 ReDim 语句时需要注意以下 5 点:

① ReDim 语句是一个可执行语句,只能出现在过程中。

② 不能通过 ReDim 语句改变数组的数据类型。

③ 不同于固定长度的数组定义,在 ReDim 语句中可以使用变量或变量表达式设置下标的边界。

④ 使用关键字 Preserve 可以使数组在改变大小的同时还保留原有数据。但此时不能改变数组的维数,且只能改变多维数组中最后一维的上界,否则将在运行时产生错误。

⑤ 如果将数组改小,则被删除元素中的数据丢失(即使使用了关键字 Preserve)。

6.3.3 贯穿实例——图书管理系统(6)

图书管理系统之六:在 5.4.3 节图书管理系统之五的基础上,添加会员信息管理窗体,其功能是显示或添加、删除会员信息。

在会员信息管理窗体上添加 3 个命令按钮和 2 个框架。其中在左侧框架中添加 1 个标签控件数组(由 6 个标签组成)和 1 个文本框控件数组(由 6 个文本框组成,用于输入会员信息),在右侧框架中添加 1 个多行文本框(用于显示会员信息),如图 6-24 所示。本例中,将类型相同的控件创建成控件数组,便于进行统一控制,简化程序代码;创建用户自定义类型 Infor,以使输入的会员信息组合起来形成一条条记录。本程序还存在不足之处,将在后续的实例中通过不同方法进一步修改完善。

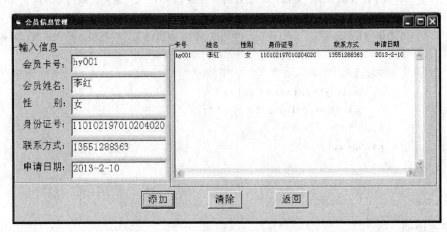

图 6-24 会员信息管理窗体

【解】 在图书管理系统(5)的基础上,添加会员信息管理窗体(名称为 frmMember),并按表 6-2 设置各对象的属性。

表 6-2 会员信息管理窗体中对象的属性值

对　象	属 性 名	属 性 值	作　　　用
框架 1	(名称)	fraInput	框架的名称
	Caption	输入信息	框架的标题
	Font	宋体,常规,四号	框架的标题字体
框架 2	(名称)	fraInformation	框架的名称
	Caption	卡号 姓名 性别 身份证号 联系方式 申请日期	框架的标题
	Font	宋体,常规,四号	框架的标题字体
标签数组	(名称)	lblMsg	标签的名称
	Caption	会员卡号、会员姓名、性别、身份证号、联系方式、申请日期	各标签的标题
文本框数组	(名称)	txtIn	文本框的名称
	Index	0,1,2,3,4,5	各文本框的索引号
文本框	(名称)	txtInformation	文本框的名称
	ScrollBars	3-Both	文本框显示滚动条

会员信息管理窗体的程序代码如下：

```
Private Type Infor
    code As String * 8
    name As String * 8
    gender As String * 2
    id As String * 18
    tel As String * 11
    da As Date
End Type
Dim vip As Infor


Private Sub cmdAdd_Click()
  If txtIn(0)="" Or txtIn(1)="" Or txtIn(5)="" Then
    MsgBox "会员卡号、姓名、申请日期(按日期格式要求)为必填项目,不能为空!"
  Else
    vip.code=txtIn(0).Text
    vip.name=txtIn(1).Text
    vip.gender=txtIn(2).Text
    vip.id=txtIn(3).Text
    vip.tel=txtIn(4).Text
    vip.da=CDate(txtIn(5).Text)
    txtInformation.Text=txtInformation.Text&vip.code&Space(2)_
    &vip.name&Space(2)&vip.gender&Space(2)&vip.id _
    &Space(4)&vip.tel&Space(4)&vip.da&vbCrLf
  End If
End Sub


Private Sub cmdCls_Click()
  For i=0 To 5
    txtIn(i).Text=""
  Next i
  txtIn(0).SetFocus
End Sub


Private Sub cmdBack_Click()
  frmMember.Hide
  frmAdminFn.Show
End Sub
```

6.4 上机训练

【训练 6.1】 窗体上添加 4 个标签和 3 个单选按钮。程序运行时,随机产生 10 个两位整数显示在黄色标签中;单击"奇数"单选按钮,找出其中的所有奇数显示在蓝色标签中,如图 6-25 所示;单击"偶数"单选按钮,则显示所有偶数;单击"最大数"单选按钮,找出

10 个数中的最大数,显示在蓝色标签中,如图 6-26 所示。

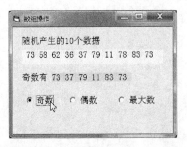

图 6-25 显示数组中的所有奇数

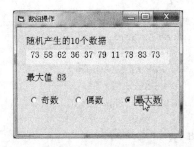

图 6-26 显示数组中的最大数

1. 目标

(1) 掌握一维数组的定义及使用方法。
(2) 掌握求最大(小)值的算法。
(3) 掌握判断数据奇偶性的方法。
(4) 了解数组做参数时函数的定义与调用方法。

2. 步骤

(1) 设计用户界面,并设置属性。
(2) 编写代码、运行程序、保存窗体和工程。
① 定义窗体级一维数组 a,包含 10 个 Integer 型元素。

```
Dim a(1 To 10)As Integer
```

② 编写窗体的 Load 事件过程,并运行程序验证。代码如下:

```
Private Sub Form_Load()
    Dim i As Integer
    Randomize
    For i=1 To 10
        a(i)=Int(Rnd * 90)+10
        lblData.Caption=lblData.Caption&a(i)&" "
    Next i
End Sub
```

③ 编写"奇数"单选按钮的 Click 事件过程,并运行程序验证。代码如下:

```
Private Sub optOdd_Click()
    Dim i As Integer
    lblMsg.Caption="奇数有:"
    lblOut.Caption=""
    For i=1 To 10
        If a(i)Mod 2=1 Then
            lblOut.Caption=lblOut.Caption&a(i)&" "
```

```
        End If
    Next i
End Sub
```

④ 编写"偶数"单选按钮的 Click 事件过程,并运行程序验证。

⑤ 编写"最大数"单选按钮的 Click 事件过程,并运行程序验证。代码如下:

```
Private Sub optMax_Click()
    Dim max As Integer
    Dim i As Integer
    lblMsg.Caption="最大值:"
    max=a(1)
    For i=2 To 10
        If max<a(i)Then
            max=a(i)
        End If
    Next i
    lblOut.Caption=max
End Sub
```

⑥ 保存窗体和工程。

3. 提示

(1) 求最大值的算法参见例 4.2。从数组元素中查找最大值的算法流程图如图 6-27 所示。

(2) 在数组中,判断各元素值奇偶性的算法参见例 6.3。

4. 扩展

(1) 添加"最小数"单选按钮,单击时查找并显示数组中的最小值。

(2) 编写 myMax 函数,其功能是在包含 n 个元素的一维数组中查找最大值。单击"最大数"单选按钮时,调用该函数查找最大数并显示。

【训练6.2】 窗体中包括 2 个标签、2 个列表框和 3 个命令按钮。程序运行时,在左侧列表框中显示如图 6-28 所示的 8 首歌曲名称;单击"加入收藏夹"按钮,将左侧列表框中所选歌曲名称复制到右侧列表框中,若未选中任何歌曲名,则弹出消息框提示"没有选中歌曲!";单击"全部收藏"命令按钮,将左侧列表框中的所有列表项复制到右侧列表框中;单击"清除收藏夹"命令按钮,删除右侧列表框中的全部列表项。

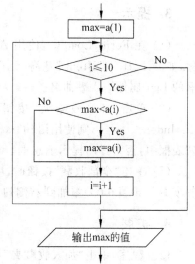

图 6-27 查找最大数算法的流程图

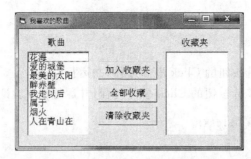

图 6-28 列表框中显示 8 首歌曲名称

1. 目标

（1）掌握列表框的使用方法。

（2）了解列表框和组合框的相同与不同之处。

2. 步骤

（1）设计用户界面，并设置属性。

（2）编写代码、运行程序、保存窗体和工程。

① 编写窗体的 Load 事件过程，并运行程序验证。

② 编写 3 个命令按钮的 Click 事件过程，并运行程序验证。

③ 保存窗体和工程。

3. 提示

（1）在 Form_Load 中，使用 AddItem 方法依次向左侧列表框中添加 8 首歌曲的名称，如 lstLeft. AddItem "花海"。也可以在窗体设计器中通过对象属性窗口直接给列表框的 List 属性输入歌曲名。

（2）单击"加入收藏夹"按钮时，如果左侧列表框中已选择某一歌曲，即 lstLeft. ListIndex<>－1，则使用语句"lstRight. AddItem lstLeft. Text"将所选歌曲添加到右侧列表框中，否则弹出提示消息框。

（3）单击"全部收藏"按钮时，应首先清空右侧列表框，然后再依次将左侧列表框中的各项 lstLeft. List(i) 添加到右侧列表框中。

4. 扩展

修改程序，单击"加入收藏夹"或"全部收藏"按钮时，将左侧列表框中所选歌曲或全部歌曲名称移动到右侧列表框中。

【训练 6.3】 窗体中添加 1 个图像框、1 个文本框和 1 个命令按钮控件数组（由 12 个按钮组成）。程序运行时，单击数字命令按钮以输入电话号码，并即时显示在文本框中，如图 6-29 所示；单击 C 按钮时，删除当前号码的最后一位；单击 ♯ 按钮时，删除整个号码，等待重新输入。

1. 目标

(1) 熟悉多行文本框的使用。

(2) 掌握控件数组的使用方法。

(3) 了解在标准模块中定义程序级数组的方法。

(4) 了解 Sub Main 过程。

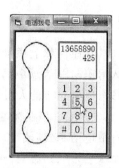

图 6-29　电话拨号程序

2. 步骤

(1) 设计用户界面,并设置属性。

设置图像框大小与窗体的大小一致,其中加载电话面板图形;使用多行文本框以实现电话号码的多行显示,同时,为了限制键盘输入,将文本框设定为锁定状态(Locked＝True);设置各数字按钮的索引号与其标题数字一致,其中"♯"和"C"的索引号分别为10、11。

(2) 编写代码、运行程序、保存窗体和工程。

① 编写命令按钮(控件数组)的 Click 事件过程,并运行程序验证。代码如下:

```
Private Sub cmdNum_Click(Index As Integer)
    Dim n As Integer                       '电话号码的位数
    Select Case Index
        Case 0 To 9
            txtCode.Text=txtCode.Text & Index
        Case 10                            '按#键时
            txtCode.Text=""
        Case 11                            '按 C 键时
            n=Len(txtCode.Text)
            txtCode.Text=Left(txtCode.Text, n-1)
    End Select
End Sub
```

② 保存窗体和工程。

3. 提示

(1) 设置控件数组的 Index 属性时,应在添加一个控件后马上修改其 Index 属性值。若在添加完成全部按钮后再一起进行修改则会比较麻烦。假设第 1、2、3 个命令按钮的 Index 属性值分别为 0、1、2,为了把它们的 Index 属性值变为 1、2、3,应先把第 3 个按钮的 Index 属性值改为 3,再把第 2 个按钮的 Index 属性值改为 2,最后把第 1 个按钮的 Index 属性值改为 1。

(2) 在命令按钮的 Click 事件过程中,根据参数 Index 的不同取值,使用 Select Case 语句分 3 种情况进行处理。

4. 扩展

在原窗体上添加"拨号"命令按钮。单击该按钮时,若输入号码与电话簿中的任一电话号码匹配,则在文本框中显示该号码所对应的人员姓名,如图 6-30 所示。

提示:(1)在标准模块中,定义 2 个程序级字符数组,分别存放电话簿(存放 10 个电话号码)及对应的人名簿(存放 10 个人名)。(2)编写 Sub Main 过程,并将其设置成启动过程。在 Sub Main 中,先对 2 个数组进行初始化,然后进入窗体。

图 6-30 单击"拨号"按钮

习 题 6

基础部分

1. 编写程序。程序运行时,随机产生 10 个[1,100]之间的整数显示在窗体上部的标签中。单击"移动"按钮后,将 10 个数据向右侧循环移动两个位置,显示在窗体下部的标签中,如图 6-31 所示。

2. 编写程序,修改第 1 题。程序运行时,单击"移动"按钮,将 10 个数据向左侧循环移动一个位置,显示在窗体下部的标签中,如图 6-32 所示。

图 6-31 循环右移数据

图 6-32 循环左移数据

3. 编写程序,在数组的指定位置插入新数据。程序运行时,随机产生 10 个两位整数,显示在黄色标签中,如图 6-33 所示;单击"插入"按钮,弹出图 6-34 所示的两个输入框接受用户输入并显示在对应标签中,同时在蓝色标签中显示插入新数据后的数组,如图 6-35 所示。

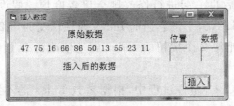

图 6-33 显示随机产生的数据

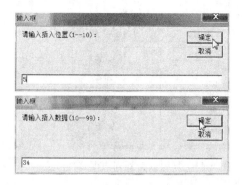

图 6-34　输入对话框　　　　　　　　　　　图 6-35　显示插入新数据后的数组

4. 编写程序,删除数组中指定位置的数据。程序运行时,随机产生 10 个两位整数,显示在黄色标签中,如图 6-36 所示;单击"删除"按钮,弹出图 6-37 所示输入框接收用户输入并显示在对应标签中,同时在蓝色标签中显示删除数据后的数组,如图 6-38 所示。

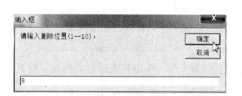

图 6-36　显示随机产生的数据　　　　　　　图 6-37　输入删除位置对话框

5. 编写程序。窗体中有 1 个组合框、1 个列表框和 4 个命令按钮。程序运行时,随机产生 20 个[100,999]之间的整数添加到组合框中;单击"输入"按钮,将用户在组合框编辑区中输入的数据添加到组合框尾部,如图 6-39 所示;单击"复制"或"移动"按钮时,弹出如图 6-40 所示的消息框询问是否将组合框当前所选内容复制或移动到列表框中,单击"确定"按钮后,将该数据复制或移动到列表框首位(如图 6-41 所示),若单击"取消"按钮则不执行任何操作;单击"删除"按钮,清空列表框中所有内容。

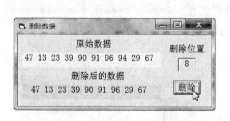

图 6-38　显示删除后的新数组　　　　　　　图 6-39　添加输入数据到组合框尾部

6. 编写程序。窗体中有 1 个列表框和 6 个标签。程序运行时,随机生成 20 个[1,100]的整数添加到列表框中;单击列表框时,在黄色标签中显示当前选中数据的信息,如图 6-42 所示;双击列表框时,删除该数据,同时清空全部黄色标签中的信息,如图 6-43 所示。

图 6-40　数据确认消息框

图 6-41　复制数据到列表框首部

图 6-42　单击列表框时数据相应信息

图 6-43　双击列表框时删除该数据

7. 编写程序。窗体上添加 1 个图像框、1 个图形化按钮、8 个标签和 1 个控件数组（包含 6 个黄色背景的标签）。程序运行时，单击"掷骰子"按钮，将 50 次掷骰子的结果显示在中间的标签中，同时统计并显示各点数出现的次数，如图 6-44 所示。

8. 编写程序。如图 6-45 所示设计窗体，其中包括 1 个形状、2 个复选框、1 个框架和 1 个控件数组（由 6 个单选按钮组成）。程序运行时，单击某单选按钮，形状控件设置为相应形状；选中"背景色"复选框时，形状控件的背景为红色，否则为黑色；选中"边框色"复选框时，形状控件的边框为红色，否则为黑色，如图 6-46 所示。

图 6-44　统计掷骰子结果

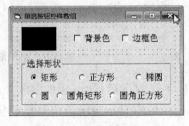

图 6-45　题 8 的界面设计

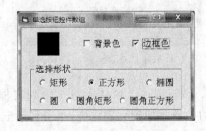

图 6-46　题 8 的运行结果

提高部分

9. 编写程序。在窗体中添加 1 个列表框和 1 个命令按钮。程序运行时,单击"同构
数"命令按钮,找出 1000 以内的所有同构数保存在动态数组
中,同时显示在列表框中,如图 6-47 所示。若一个数出现在它
的平方数右侧,则称其为同构数,如 5、6、25 等。

10. 编写程序。程序运行时,单击"计算"按钮,弹出如图 6-48
所示的输入框输入 n 值,计算斐波拉契级数的前 n 项保存在动
态数组中,同时以每行 5 个的形式输出到窗体中,如图 6-49 所
示。要求:调用 Sub 过程计算斐波拉契级数的前 n 项,并保存
到动态数组 a 中。

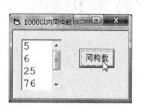

图 6-47　找出同构数

图 6-48　输入框

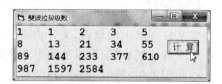

图 6-49　计算斐波拉契级数前 18 项

11. 编写程序。窗体中有 1 个命令按钮和 2 个框架,在左侧框架内添加 1 个图片框,
右侧框架内添加 1 个标签控件数组(由 5 个标签构成)。程序运行时,随机产生 25 个两位
整数,并以 5×5 方阵形式显示在图片框中。单击"计算"按钮,计算方阵中各行数据的平
均值,并分别显示在 5 个标签中,如图 6-50 所示。

12. 编写程序。程序运行后在窗体中输出图 6-51 所示的矩阵。该矩阵主对角线上
的元素全部为 1,其余的元素为其所在行数、列数之和。

图 6-50　计算各行平均值

图 6-51　输出特殊矩阵

第 **7** 章 文件

本章内容

基础部分：

- 文件和记录的概念、文件访问模式概述。
- 驱动器列表框、目录列表框和文件列表框控件的使用。
- 使用通用对话框控件设计"打开"、"另存为"、"字体"、"颜色"等对话框。
- 顺序文件的操作：打开、关闭及读写数据。

提高部分：

- 文件系统控件与通用对话框控件的进一步讨论。
- 声明和使用记录类型、记录类型变量。
- 随机文件的读写操作。
- 用 On Error 语句进行出错处理。
- 文件操作语句和函数。
- 贯穿实例。

各例题知识要点

例 7.1 文件系统控件：驱动器列表框、目录列表框和文件列表框。

例 7.2 通用对话框。

例 7.3 顺序文件的写操作：Open 语句；Print ♯语句；Close 语句；Write ♯语句。

例 7.4 顺序文件的读操作：Line Input ♯语句；Input ♯语句。

例 7.5 从顺序文件中"读"多项数据。

（以下为提高部分例题）

例 7.6 声明和使用记录类型；定义和使用记录类型的数组、变量；引用记录类型变量的成员。

例 7.7 随机文件的读写：Open ♯语句；Get ♯语句；Put ♯语句；LOF 函数；Trim

函数;With 语句;固定长度的 String 类型。

例 7.8　通用对话框的 CancelError 属性;On Error 语句;Kill 语句;Refresh 方法;常用文件操作语句及函数介绍。

贯穿实例　图书管理系统(7)。

到目前为止,程序中所涉及的所有输入输出都是通过键盘和显示器完成的,即通过键盘输入数据,再将处理结果以某种形式显示在显示器上。采用此种操作方法的弊端是,每次运行程序时都需要重新输入数据,且程序的运行结果不能保存。为此,可以通过文件操作将输入或输出数据以文件的形式存储在计算机中,实现数据的长期保存,便于数据的输入及查询等操作。文件及文件操作是程序设计中十分重要的内容,本章将就这些内容进行介绍。

7.1　文件概述

1. 文件

在计算机领域中,文件是一个非常重要的概念。在处理实际问题时,经常会将那些需要保留的信息以文件的形式存放在磁盘上。例如,将 VB 中编写的程序以窗体文件和工程文件的形式保存在磁盘上。概括地说,“文件”就是存储在外部介质(如磁盘)上的数据的集合。

人们常常从不同的角度对文件进行分类,例如,按照存储内容的不同,文件可分为程序文件和数据文件;而按文件的组织形式,又可以分为文本文件和二进制文件。

在文本文件中,数据以字符的 ASCII 码形式存储。以整型数据 1234 为例,其存储方式如图 7-1(a)所示,文件中顺序存放的是字符“1”、“2”、“3”、“4”的 ASCII 码值,即 49、50、51 和 52 的二进制表示。每个字符占用 1 个字节,总共需要 4 个字节。而在二进制文件中,数据的存储方式与其在内存中的存储形式完全相同,整数 1234 在二进制文件中的存储方式如图 7-1(b)所示,占用 2 个字节。

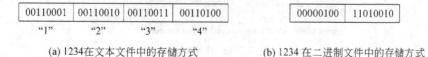

| 00110001 | 00110010 | 00110011 | 00110100 | | 00000100 | 11010010 |

　　“1”　　　　“2”　　　　“3”　　　　“4”

(a) 1234在文本文件中的存储方式　　　　(b) 1234 在二进制文件中的存储方式

图 7-1　文本文件和二进制文件的存储方式

在对文件进行操作时,文本文件不仅能够在屏幕上直接输出,也能够通过键盘直接输入;二进制文件则不能。但由于二进制文件不需要数据的格式转换,因而其处理速度比文本文件快。

2. 记录

记录是一组相互关联的数据项集合。例如,一名学生的学号、姓名和成绩这 3 项数据就可以构成一条记录,该记录反映了这位学生的具体信息。其中学号、姓名和成绩是构成记录的基本数据项,称为字段或域。如果将这样的 50 个记录(即 50 名学生的信息)存放在一个文件中,该文件就是一个学生信息的数据文件。

3. 文件访问模式

在 Visual Basic 中,文件的访问模式分为三种:顺序访问、随机访问和二进制访问。在实际应用中,应根据数据文件的类型选用合适的访问模式。

顺序访问——适用于数据连续存放的文本文件。

随机访问——适用于记录长度固定的文本文件或二进制文件。

二进制访问——适用于任意结构的文件。

7.2 文件浏览

在应用程序中,常常需要对文件进行打开、编辑及保存等处理操作。为此,首先需要浏览计算机的文件系统,以选择文件。

【**例 7.1**】 设计图片浏览器。在窗体中添加驱动器列表框、目录列表框、文件列表框、标签、组合框和图像框等控件。程序运行时,选择指定类型的图形文件后,在图像框中显示该图形,如图 7-2 所示。

图 7-2 图片浏览器

【**解**】 VB 中提供了三种文件系统控件:驱动器列表框、目录列表框和文件列表框。作为标准控件,它们分别以图标、和的形式显示在工具箱中。通过使用这三种控件的组合,可以创建出满足各种特殊需要的自定义文件系统对话框。程序代码如下:

```
Private Sub Form_Load()
    imgShow.Stretch=True
    cboFile.AddItem "位图文件(*.bmp)"
    cboFile.AddItem "图标文件(*.ico)"
    cboFile.AddItem "图元文件(*.wmf)"
```

```vb
        cboFile.AddItem "JPEG 文件(*.jpg)"
        cboFile.AddItem "GIF 文件(*.gif)"
        cboFile.ListIndex=0
        filFile.Pattern="*.bmp"
    End Sub

    Private Sub cboFile_Click()                    '设置文件列表框中所显示文件的类型
        Select Case cboFile.ListIndex
            Case 0
                filFile.Pattern="*.bmp"
            Case 1
                filFile.Pattern="*.ico"
            Case 2
                filFile.Pattern="*.wmf"
            Case 3
                filFile.Pattern="*.jpg"
            Case 4
                filFile.Pattern="*.gif"
        End Select
    End Sub

    Private Sub drvFile_Change()                   '保持驱动器列表框与目录列表框的一致性
        dirFile.Path=drvFile.Drive
    End Sub

    Private Sub dirFile_Change()                   '保持目录列表框与文件列表框的一致性
        filFile.Path=dirFile.Path
    End Sub

    Private Sub filFile_Click()
        imgShow.Picture=LoadPicture(filFile.Path & "\" & filFile.FileName)
    End Sub
```

程序说明：

（1）在许多应用程序中需要显示关于磁盘驱动器、目录和文件的信息,为使用户能够利用文件系统,Visual Basic 提供了文件系统控件。

驱动器列表框用于显示系统中所有的有效驱动器,其 Drive 属性返回或设置当前所选驱动器,该属性在设计阶段不可用。

目录列表框用于分层显示当前路径下的所有上级目录及下一级子目录。程序运行时,双击目录列表框可选择或改变其当前路径。通过目录列表框的 Path 属性可返回或设置当前路径,但设计阶段不可用。

文件列表框以列表形式显示当前路径下的所有文件名。其 Path 属性用于返回或设置当前路径,设计阶段不可用;Pattern 属性用于指定列表框中所显示文件的类型。

（2）由于是图片浏览器，本例题中应限制用户只能选择图形文件。用户在组合框中指定所要浏览的图片类型后，在文件列表框中只显示该类型的文件。

语句 filFile.Pattern="＊.bmp"的作用是设定文件列表框 filFile 中只显示 bmp 类型的文件名。程序中使用 Select Case 语句，根据用户在组合框中的不同选择，为文件列表框指定相应的 Pattern 属性值。

（3）在使用文件系统控件时，必须要编写相应的程序代码以使驱动器列表框、目录列表框和文件列表框的显示内容保持一致，同步变化。

用户改变当前驱动器的操作将产生驱动器列表框的 Change 事件。为使驱动器列表框与目录列表框的显示内容保持一致，应将目录列表框的当前路径做相应变动。语句 dirFile.Path＝drvFile.Drive 是把驱动器列表框 drvFile 中当前选定的驱动器设置成目录列表框 dirFile 的当前路径，使目录列表框中显示当前驱动器上的所有一级目录。

同样地，在改变目录列表框的当前路径（即目录列表框发生 Change 事件）时，也应同时改变文件列表框的当前路径，即执行语句 filFile.Path＝dirFile.Path，使文件列表框 filFile 和目录列表框 dirFile 的当前路径保持一致。

（4）文件列表框的 Path 属性和 FileName 属性分别返回所选文件的路径和文件名。为了得到完整的文件名，应使用分隔符"\"将文件路径与文件名进行连接，即 filFile.Path&"\"&filFile.FileName。

【例 7.2】 修改例 7.1，使用通用对话框控件实现图形文件的浏览。在窗体中添加 1 个图像框、1 个命令按钮和 1 个通用对话框，如图 7-3 所示。程序运行时，单击"浏览"按钮打开图 7-4 所示的"选择图片文件"对话框，选择图形文件并单击"打开"按钮，将所选图形文件显示在图像框中。

图 7-3　例 7.2 的界面设计　　　　　　图 7-4　"选择图片文件"对话框

【解】 在 Windows 操作环境中，经常用到"打开"、"保存"等文件操作的对话框。作为 Windows 的资源，这些对话框已被作成 VB 中的"通用对话框"控件（Common Dialog Box），在设计程序时可方便地直接使用。

通用对话框是外部控件，在默认状态下不出现在工具箱中，使用前需另行添加。在工具箱中添加通用对话框控件的操作步骤如下：

（1）执行【工程】|【部件】命令，或者在工具箱中右击并选择快捷菜单中的【部件】命令，打开如图 7-5 所示的"部件"对话框。

图 7-5 "部件"对话框

（2）在【控件】选项卡中找到"Microsoft Common Dialog Control 6.0"，并单击位于前部的选择框将其选中（再次单击，则取消选中状态）。

（3）单击【应用】或【确定】按钮，关闭"部件"对话框。

此时，工具箱中出现通用对话框控件的图标▣。通用对话框控件在程序运行时不可见（与计时器控件相同）。

在窗体上添加通用对话框后，右击该控件，并在随后出现的快捷菜单中选择"属性"命令，此时打开图 7-6 所示的"属性页"对话框。其中，"对话框标题"（DialogTitle 属性）用于返回或设置对话框标题栏中所显示的标题；"初始化路径"（InitDir 属性）指定对话框的初始路径，缺省时使用当前工作路径；而"过滤器"（Filter 属性）则指定了在对话框的文件列表框中所能显示的文件类型。按图 7-6 所示内容对通用对话框控件进行属性设置。

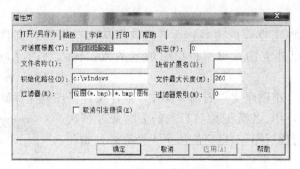

图 7-6 通用对话框的属性设置

程序代码如下：

```
Private Sub cmdBrow_Click()
    dlgOpen.ShowOpen
    imgShow.Picture=LoadPicture(dlgOpen.FileName)
End Sub
```

程序说明：

(1) 设置通用对话框过滤器(Filter)属性的格式是：

显示文本|通配符

当需要设置多个过滤器时，应在各过滤器间使用管道符号"|"隔开。例如，本例题在属性页中将"过滤器"设置为：位图(＊.bmp)|＊.bmp|图标(＊.ico)|＊.ico，因而在图 7-4 所示的"选择图片文件"对话框中，在"文件类型"组合框内有"位图(＊.bmp)"和"图标(＊.ico)"两个选项。如果将"过滤器"属性设置为：所有文件(＊.＊)|＊.＊|工程文件(＊.vbp)|＊.vbp|窗体文件(＊.frm)|＊.frm，那么将在"文件类型"组合框内出现"所有文件(＊.＊)"、"工程文件(＊.vbp)"和"窗体文件(＊.frm)"三个选项。有关文件通配符的使用和表示方法，请参阅计算机基础知识方面的相关书籍。

(2) 语句 dlgOpen.ShowOpen 的作用是调用通用对话框 dlgOpen 的 ShowOpen 方法，打开"选择图片文件"对话框。该语句也可以改写为 dlgOpen.Action＝1。调用通用对话框的 ShowOpen 方法，可以弹出"打开"对话框。

(3) 通用对话框的 FileName 属性用于返回或设置"打开"对话框中所选文件的完整路径及文件名。程序中，由 dlgOpen.FileName 获得用户在"选择图片文件"对话框中所选的文件名，并调用 LoadPicture 函数将其加载到图像框中。与"打开"对话框有关的其他属性介绍参见 7.4.1 节。

(4) 通用对话框控件提供了包括"打开"、"另存为"、"颜色"、"字体"和"打印"等在内的一组标准对话框，在运行 Windows 帮助引擎时，还能够显示应用程序的帮助。

7.3　顺序文件的读写操作

文件操作包含两个方面的内容：一是将数据从内存输出到文件上，这个过程称为"写"文件；二是从已建立的数据文件中将所要的数据输入到内存，这个过程称为"读"文件。

在这一节中将介绍顺序文件的读写操作。顺序文件是按顺序存储方式存储数据的文本文件。在这类文件中，各数据按照写入的先后顺序依次排列，若要对文件进行读写操作，也只能从第 1 个记录开始顺次进行。

【例 7.3】　向顺序文件中写入数据。窗体上添加 1 个标签、1 个文本框和 1 个命令按钮，如图 7-7 所示。程序运行时，在文本框中输入字符串后，单击"保存"按钮，将字符串保存到

图 7-7　例 7.3 的界面设计

a. dat 文件中。

【解】 在对文件进行操作时,必需先打开文件,一旦操作完毕后还要及时将其关闭,以保护文件不受破坏。使用 Print ♯ 语句可以将字符串写入文件中,其用法与 Print 方法十分相似。程序代码如下:

```
Private Sub cmdSave_Click()
    Open "a.dat" For Output As #1          '打开 a.dat 文件,准备向里"写入"数据
    Print #1, txtInput.Text                '将文本框中的内容"写入"文件中
    Close #1                               '关闭文件
    MsgBox "完成文件保存!"
End Sub
```

程序说明:

(1) 语句 Open "a.dat" For Output As ♯1 的作用是新建并打开名为 a.dat 的文件,准备向文件中"写入"数据,同时给该文件指定文件编号 1。

对文件进行操作前必须使用 Open 语句将文件打开,使用如下格式的 Open 语句将按顺序访问模式打开一个文本文件:

Open 文件名 For 打开方式 As ♯文件号 [Len=缓冲区大小]

其中,"文件名"指定要打开文件所在的路径(驱动器及文件夹)及文件名称;"打开方式"指定文件的操作类型,在顺序访问模式下,可以执行以下三种操作:

Input——从文件中读出字符。

Output——向文件中写入字符。

Append——在文件原有内容的尾部追加字符。

为了能够向文件中写入字符串,本例题选择"写"方式打开文件 a. dat。在使用 Output 方式打开文件时,Open 语句将首先创建该文件,然后再打开它。若指定的文件已经存在,则原有文件内容全部丢失。

"文件号"是一个界于 1~511 范围内的整数,为当前打开的文件指定一个编号,在随后的操作中将通过该文件号引用相应的文件。当同时打开多个文件时,应给每个文件指定不同的文件号。

可选参数 Len 指定缓冲区的字符数,完成文件与程序间的数据拷贝。

(2) 语句"Print ♯1,txtInput. Text"的作用是将文本框 txtInput 中的文本写入文件号为 1 的文件中。使用 Print ♯ 语句可以将格式化显示的数据写入到顺序文件中,其语法格式为:

Print ♯文件号, [输出项列表][,|;]

在多个输出项之间可以使用分隔符——分号或逗号进行分隔,分隔符的使用方法与 Print 方法相同(参见第 2 章中的 2.6.1 节)。没有输出项的 Print ♯ 语句将向文件中插入一个空白行。

除 Print ♯ 语句外,使用 Write ♯ 语句也可实现文件的写操作。Write ♯ 语句的使用方法与 Print ♯ 基本相同,只是在写入数据时自动在各数据间加入逗号,对于字符型数据

还会添加双引号将其括起。

(3) Close ♯1 的作用是关闭文件号为 1 的文件。在完成读写操作,特别是"写"操作后,必须将文件立即关闭。正常关闭文件可以避免数据的丢失和破坏！通过 Close 语句可以关闭使用 Open 语句所打开的文件,并终结文件与文件号之间的关联,文件号可再次分配给其他文件使用。Close 语句的一般形式是:

```
Close  [文件号]
```

如果省略文件号,则关闭所有已打开的文件。

(4) 程序运行结束后,系统在当前工作路径下建立了名为 a.dat 的顺序文件,文件内容可以通过 Windows 记事本进行查看。

【例 7.4】 从顺序文件中读取数据。在例 7.3 的基础上再添加 2 个标签和 1 个命令按钮,如图 7-8 所示。程序运行时,在文本框中输入字符串后,单击"保存"按钮,将字符串保存到 a.dat 文件中;单击"读取"按钮,则将 a.dat 文件中的内容读出并显示到黄色标签中,如图 7-9 所示。

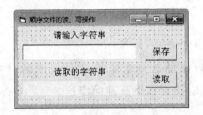
图 7-8　例 7.4 的界面设计

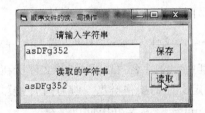
图 7-9　读取并显示文件内容

【解】 为了从顺序文件中读取数据,可使用 Input ♯ 或 Line Input ♯ 语句,这时也同样需要先用 Open 语句将文件打开,并在操作完毕后立即关闭。"读取"按钮的 Click 事件过程代码如下:

```
Private Sub cmdRead_Click()
    Dim s As String
    Open "a.dat" For Input As #1          '打开 a.dat 文件,准备"读取"数据
    Line Input #1, s                      '从 1 号文件中读出一行字符,赋给变量 s
    lblOutput.Caption=s
    Close #1
End Sub
```

程序说明:

(1) 语句 Open "a.dat" For Input As ♯1 的作用是以"读"方式打开文件 a.dat,并赋予其文件号 1。关键字 Input 指定了以"读"方式打开文件,用于从 a.dat 中读出字符。使用 Input 方式打开文件时,要求该文件必须已经存在,否则将产生文件错误。

(2) 语句 Line Input ♯1, s 的作用是从文件号为 1 的文件中读出 1 行字符并赋给字符变量 s。Line Input ♯ 语句的语法格式是:

```
Line Input #文件号, 字符型变量名
```

该语句的功能是从已打开的顺序文件中读出一行字符,并将其保存到指定的字符型变量中。在顺序读出字符序列时,只要遇到回车符(Chr(13))、换行符(Chr(10))或文件结束符即完成本次"读"操作。在读出的字符序列中不包括回车或换行符。当再次执行Line Input ♯语句时,将从新的一行开始读取。

通常情况下,Print ♯语句与 Line Input ♯语句匹配使用。

除 Line Input ♯语句外,还可以使用 Input ♯语句以数据项为单位对文件进行读取。Input ♯语句的语法格式是:

Input #文件号, 变量列表

该语句将按照变量列表中所提供的变量个数及类型,从文件中依次读取相应数目的数据项并赋给各变量。文件中各数据项的排列顺序及数据类型必须与变量列表中的各变量一一对应匹配。Input ♯语句常与 Write ♯语句配合使用。

【例 7.5】 编写用户登录程序。将事先设定的密码集存储在名为 password.txt 的密码文件中。程序运行时,在文本框中输入密码并单击"登录"按钮(如图 7-10 所示),若输入密码与密码文件中的任一密码匹配,则进入登录成功界面(如图 7-11 所示),否则弹出消息框提示错误。在登录成功界面中,待表示执行进度的色带逐渐延长至窗体右边界时结束程序。

【解】 打开 Windows 记事本程序,如图 7-12 所示输入各密码,并以文件名password.txt 保存于"D:\MyVB"文件夹中。根据实际需要,可随时对此文件进行添加、删除或修改密码的操作(密码个数不固定)。程序运行时,只要输入密码与其中任一密码匹配,即可进入下一个窗体。程序代码如下:

图 7-10 登录界面

图 7-11 登录成功界面

图 7-12 编辑密码文件

在"登录界面"中:

```
Private Sub cmdCheck_Click()                          '单击"登录"按钮时
    Dim sign As Integer                               '密码是否匹配的标志
    Dim s As String                                   '用户输入的密码
    Dim t As String                                   '从文件中读出的密码
    s=txtPassword.Text
    sign=0                                            '密码是否匹配标志置 0——不匹配
    Open "D:\MyVB\password.txt" For Input As #1       '以读方式打开文件
    Do While Not EOF(1)                               '文件未结束
```

```
        Line Input #1, t                        '从 1 号文件中读出 1 行密码
        If s=t Then                             '如果用户输入密码 s 与从文件中读出的当前密码 t 相同
            sign=1                              '密码是否匹配标志置 1——匹配
            frmEx7_5_1.Hide
            frmEx7_5_2.Show
            frmEx7_5_2.tmrEnd.Enabled=True     '启动计时器
            Exit Do                            '提前结束 Do While 循环
        End If
    Loop
    Close #1
    If sign=0 Then                              '输入的密码不正确
        txtPassword.Text=""
        txtPassword.SetFocus
        MsgBox "抱歉,密码错误,无法登录!", vbInformation, "错误信息"
    End If
End Sub
```

在"登录成功界面"中:

```
Private Sub tmrEnd_Timer()
    imgEnd.Width=imgEnd.Width+100
    If imgEnd.Left+imgEnd.Width>=frmEx7_5_2.Width Then
        End
    End If
End Sub
```

程序说明:

(1) 变量 sign 用于记录密码匹配状态。在密码文件中找到匹配的密码时,置 sing 为 1,否则为 0。sign 的初始状态为 0。

(2) 以"读"方式打开密码文件 password.txt,并使用 Do While-Loop 循环依次将用户输入的密码 s 与文件中读出的各行密码 t 进行比较,一经匹配成功,则置标识变量 sign 的值为 1,并在执行相应处理后通过 Exit Do 语句提前结束循环。

(3) 在顺序文件的读取过程中,可以使用 EOF 函数判断是否已经读到文件的尾部。函数 EOF 的调用格式是:

```
EOF(文件号)
```

当读取到文件结束符时函数返回 True,否则返回 False。本程序中,Do While 循环执行的条件是未读到文件结束符,即 EOF(1)的值为 False 时执行循环体,因此在书写循环条件时应在 EOF(1)前使用 Not 运算符。

(4) 因 EOF(1)值为 True 而结束 Do While 循环时,表示密码匹配不成功,此时 sign 变量的值仍为 0。因而在退出 Do While 循环后可根据 sign 值决定是否进行错误处理。

7.4 提 高 部 分

7.4.1 文件系统控件与通用对话框

本章中初步学习、使用了新的控件——文件系统控件和通用对话框控件,下面将就它们的常用属性、事件和方法做进一步的综合介绍。

1. 驱动器列表框

(1) 属性

Drive 属性　返回或设置运行时所选择的驱动器,设计时不可用。

(2) 事件

Change 事件　当选择一个新的驱动器或通过代码改变驱动器的 Drive 属性时发生。

此外,驱动器列表框的常用事件还有 KeyPress、KeyDown 和 KeyUp 等键盘事件,其触发条件与文本框等其他控件相同。

2. 目录列表框

(1) 属性

Path 属性　返回或设置当前路径,设计时不可用。其属性值是一个指示路径的字符串,缺省值为当前路径。

(2) 事件

Change 事件　在目录列表中双击一个新的目录或通过代码改变其 Path 属性时发生。

此外,目录列表框还可以识别 KeyPress、KeyDown 和 KeyUp 等键盘事件,Click、MouseDown、MouseUp 和 MouseMove 等鼠标事件。

3. 文件列表框

(1) 属性

FileName 属性　返回或设置所选文件的路径和文件名。该属性在设计阶段不可用。

List 属性　返回或设置列表框中显示的各文件名。List 属性是一个字符串数组,每一元素对应列表中的一个文件名。

ListCount 属性　返回列表框中显示的文件个数。

ListIndex 属性　返回或设置在列表框中所选文件的索引,设计时不可用。

MultiSelect 属性　指定在列表框中能否进行复选以及进行复选的方式。

Path 属性　返回或设置当前路径,设计时不可用。其属性值是一个指示路径的字符串,缺省值为当前路径。

Pattern 属性　指定在列表框中所显示文件的类型。当需要同时指定多个显示类型时,应使用";"将各描述符隔开。例如,在语句 filFile. Pattern＝"＊.bmp;＊.ico"的作用下,将在文件列表框 filFile 中同时显示 bmp 和 ico 两种类型的文件名。

Selected 属性　返回或设置列表框中各文件的选择状态,设计时不可用。该属性是一个布尔型数组,每一元素对应列表中的一个文件状态,True 表示选中,False 表示未选中。

（2）事件

PathChange 事件　通过设置列表框的 FileName 属性或 Path 属性而导致当前路径发生改变时发生。

PatternChange 事件　改变列表框中所显示文件的类型时发生。

此外,文件列表框还可以识别 KeyPress、KeyDown 和 KeyUp 等键盘事件,Click、DblClick、MouseDown、MouseUp 和 MouseMove 等鼠标事件。

说明:在使用驱动器列表框、目录列表框和文件列表框时,必须编写代码使它们之间彼此同步。

4. 通用对话框

（1）属性

Action 属性　返回或设置被显示的对话框类型,在设计时无效。通用对话框可以提供 6 种形式的对话框,在程序运行时可以通过设置 Action 属性或调用不同的方法以指定其类型。通用对话框类型、调用方法和 Action 属性值之间的对应关系如表 7-1 所示。

表 7-1　通用对话框的 Action 属性与方法

方 法 名	对话框类型	Action 属性值
ShowOpen	显示"打开"对话框	1
ShowSave	显示"另存为"对话框	2
ShowColor	显示"颜色"对话框	3
ShowFont	显示"字体"对话框	4
ShowPrinter	显示"打印"或"打印选项"对话框	5
ShowHelp	调用 Windows 帮助引擎	6

说明:Action 属性是为了与 Visual Basic 早期版本兼容而提供的,可由对话框的相应方法替代。

CancelError 属性　指出在对话框中选取"取消"按钮时是否按出错处理。当属性值为 True 时,无论何时选取"取消"均产生 32755(cdlCancel)号错误。

Flags 属性　用于设置或返回对话框的参数选项。其中,与"打开"、"另存为"对话框有关的 Flags 参数设置如表 7-2 所示;与"字体"和"颜色"对话框有关的 flags 参数设置如表 7-3、表 7-4 所示。

表 7-2　与"打开"/"另存为"对话框有关的 Flags 参数

Flags 值	描　　述
2	保存一个同名文件时,询问是否覆盖原有文件
8	将对话框打开时的目录设置成当前目录
16	在对话框中显示帮助按钮
256	允许在文件名中使用非法字符
512	允许在文件名列表框中同时选择多个文件
8192	当文件不存在时,提示创建文件

表 7-3　与"字体"对话框有关的 Flags 参数设置

Flags 值	描　　述
1	对话框中列出系统支持的屏幕字体
2	对话框中列出打印机支持的字体
3	对话框中列出可用的打印机和屏幕字体
256	允许设置删除线、下划线以及颜色等效果
512	对话框中的"应用"按钮有效

表 7-4　与"颜色"对话框有关的 Flags 参数设置

Flags 值	描　　述
1	设置初始颜色值
2	颜色对话框中包括自定义颜色窗口部分
4	颜色对话框中"规定自定义颜色"按钮无效
8	颜色对话框中显示"帮助"按钮

说明:可以将 Flags 属性设置成表中多个参数的和,此时对话框将同时满足各参数值的要求。

以下为"打开"、"另存为"对话框的常用属性:

DefaultExt 属性　返回或设置对话框缺省的文件扩展名。当保存一个没有扩展名的文件时,系统自动为其添加该扩展名。

DialogTitle 属性　返回或设置对话框标题栏中所显示的字符串。

注意:对于"颜色"、"字体"或"打印"对话框,该属性无效。

FileName 属性　返回或设置所选文件的路径和文件名。如果没有选择文件,则返回空字符串。

FileTitle 属性　仅返回要打开或保存文件的名称(没有路径)。

Filter 属性　指定在对话框的文件列表框中所显示文件的类型。通过设置该属性,可以为对话框提供一个"文件类型"列表,用它可以选择列表框中显示文件的类型。设置通用对话框过滤器(Filter)属性的格式是：

显示文本|通配符

当需要设置多个过滤器时，应在各过滤器间使用管道符号"|"隔开。

注意：在管道符的前后不能添加空格。

FilterIndex 属性　　返回或设置一个缺省的过滤器。为对话框指定一个以上的过滤器时，需通过该属性为其指定缺省的过滤器显示。

注意：第一个过滤器的索引是 1。

InitDir 属性　　为对话框指定初始路径，缺省时使用当前路径。

MaxFileSize 属性　　返回或设置在对话框中所选文件的文件名最大尺寸，以便系统分配足够的内存存储这些文件名。取值范围是 1～32K，缺省值是 256。

Max、Min 属性　　返回或设置在"大小"列表框中显示的字体最大、最小尺寸。使用此属性前必须先置 cdlCFLimitSize 标志。

以下为"字体"对话框的常用属性：

Color 属性　　返回或设置选定的字体颜色，必须先置 Flags＝256。

FontBold 属性　　返回或设置是否选定粗体。

FontItalic 属性　　返回或设置是否选定斜体。

FontName 属性　　返回或设置选定的字体名称。

FontSize 属性　　返回或设置选定的字体大小。

FontStrikethru 属性　　返回或设置是否选定删除线，必须先置 Flags＝256。

FontUnderline 属性　　返回或设置是否选定下划线，必须先置 Flags＝256。

Max、Min 属性　　返回或设置字体的最大、最小尺寸，必须先置 Flags＝8192。

以下为"颜色"对话框的常用属性：

Color 属性　　返回或设置选定的字体颜色，必须先置 Flags＝1。

（2）方法

AboutBox 方法　　显示"关于"对话框。与在对象属性窗口中单击"关于"属性相同。

ShowColor 方法　　显示"颜色"对话框。

ShowFont 方法　　显示"字体"对话框。

注意：在使用 ShowFont 方法前，必须将通用对话框的 Flags 属性设置为 1～3 中的任一值与其他参数值的和（即必须规定对话框中所列字体的范围），否则将产生"没有安装的字体"提示，并产生一个运行时错误。

ShowHelp 方法　　运行 WINHLP32.EXE 并显示指定的帮助文件。

说明：在使用 ShowHelp 方法前，必须先将其 HelpFile 和 HelpCommand 属性设置为相应的一个常数或值，否则 WINHLP32.EXE 不能显示帮助文件。

ShowOpen 方法　　显示"打开"对话框。

ShowPrinter 方法　　显示"打印"对话框。

ShowSave 方法　　显示"另存为"对话框。

7.4.2　记录类型

在现实生活中,经常需要从多个方面描述同一个对象。例如,在人事管理工作中,需要记录每一名职工的编号、姓名、性别、参加工作时间等多方面的信息;如果分别使用不同类型的多个变量进行存储,不仅所需变量数目繁多,而且也难于反映出各变量间的内部关联。

在 Visual Basic 中,允许用户将类型相同或不同的多个变量进行组合,灵活地构造出各种新的数据类型——记录类型,也称用户定义类型。例如,使用如下的语句可以构造出记录类型 employee,用于存储职工的相关信息:

```
Private Type employee
    code As Long                    '职工编号
    name As String * 10             '姓名
    sex As Boolean                  '性别:True—男,False—女
    workdate As Date                '参加工作时间
End Type
```

在一个程序中允许构造多个记录类型,但必须在使用它们之前用 Type 语句进行声明。Type 语句必须置于窗体(或模块)的声明部分,其语法格式是:

```
[Private|Public]  Type  记录类型名称
    数据成员₁   As   数据类型₁
    数据成员₂   As   数据类型₂
      ⋮
    数据成员ₙ   As   数据类型ₙ
End Type
```

使用关键字 Public 时,Type 语句必须置于标准模块中,在标准模块或类模块中声明的记录类型其缺省类型为公有(Public)。

由于记录类型是人们自己构造的一种类型,因此也叫自定义类型。记录类型与第 6 章中介绍的数组相似,都由若干个基本的数据成员组合而成,但它们却有着本质区别:构成数组的每个元素都具有相同的数据类型,而构成记录类型的各数据成员却可以是不同的数据类型。在有些书中也将数据成员称为数据项。

在完成记录类型的声明之后,就可以像定义普通变量那样使用 Dim 语句定义记录类型的变量。例如:

```
Dim  emp  As  employee            '变量 emp 可以存放一名职工的信息
Dim  emps(30)As  employee         'emps 数组可以存放 31 名职工的信息
```

定义 emp 是 employee 类型的变量,可用于保存 1 名职工的信息;而 emps 是 employee 类型的一维数组,可以存放 31 名职工的信息,如 emps(0)中存放第 1 名职工的信息,emps(1)中存放第 2 名职工的信息,……

【例 7.6】 已知学生信息由姓名和语文、数学课程成绩组成。程序运行时,单击"添加"按钮,依次弹出 3 个输入框以输入一名学生的信息,并将该学生姓名添加到列表框中,如图 7-13 所示;在列表框中选择学生姓名后,单击"显示"按钮,则将该学生的语文、数学成绩显示到蓝色标签中,如图 7-14 所示。

图 7-13　输入并添加学生信息　　　　图 7-14　显示学生成绩

【解】 为了保存学生信息,自定义 student 记录类型,其包含 String 类型数据成员 name,用于存放学生姓名;Integer 类型数据成员 chinese 和 math,用于存放学生的语文和数学成绩。程序代码如下:

```
Private Type student                    '自定义 student 记录类型
    name As String
    chinese As Integer
    math As Integer
End Type

Dim stu(100)As student                  '定义 student 类型的一维数组 stu
Dim n As Integer                        '记录已输入学生信息的个数

Private Sub cmdAdd_Click()              '单击"添加"按钮
    Dim t As student                    '定义 student 类型的变量 t
    t.name=InputBox("请输入学生姓名:","输入姓名",0)
                                        '输入变量 t 的 name 成员
    t.chinese=InputBox("请输入语文成绩:","输入语文成绩",0)
                                        '输入变量 t 的 chinese 成员
    t.math=InputBox("请输入数学成绩:","输入数学成绩",0)
                                        '输入变量 t 的 math 成员
    lstStu.AddItem t.name               '将变量 t 的 name 成员添加到列表框中
    stu(n)=t                            '将变量 t 整体赋值给 stu 数组中下标为 n 的元素
    n=n+1
End Sub

Private Sub cmdShow_Click()            '单击"显示"按钮
    If lstStu.ListIndex<>-1 Then
        i=lstStu.ListIndex
```

```
        lblChinese.Caption=stu(i).chinese
                                    '将数组元素 stu(i)的 chinese 成员值显示到标签中
        lblMath.Caption=stu(i).math      '将数组元素 stu(i)的 math 成员值显示到标签中
    End If
End Sub
```

程序说明：

（1）在窗体的"声明"部分使用 Type 语句声明 student 记录类型，它由 3 个数据成员组成；定义窗体级一维数组 stu，它包含 101 个元素：stu(0)、stu(1)…stu(100)，每个元素都是 student 类型，可以存放 1 个 student 类型的数据。

（2）在"添加"按钮的 Click 事件过程中，首先使用 Dim 语句定义 student 记录类型的变量 t；随后再使用赋值语句将由输入框输入的学生姓名及语文、数学成绩分别放入该变量的不同数据成员中。表达式 t.name 表示变量 t 的 name 成员，t.chinese 表示变量 t 的 chinese 成员。为了引用记录类型变量中的数据成员，应采用如下格式：

变量名.数据成员名

（3）记录类型变量间可以进行整体赋值。语句 stu(n)=t 就是将变量 t 的值整体赋值给 stu 数组中下标为 n 的元素，此语句等价于如下 3 条语句：

```
stu(n).name=t.name
stu(n).chinese=t.chinese
stu(n).math=t.math
```

（4）在"显示"按钮的 Click 事件过程中，根据列表框当前所选项的索引号得到该学生在 stu 数组中所对应的元素下标 i，从而将 stu(i)的 chinese 和 math 成员值显示到标签中。

（5）在使用记录类型时，应注意区分记录类型名、数据成员名及记录类型的变量名这三个不同概念。出现在记录类型中的成员名可以和程序中的变量名相同，不同记录类型中的成员名也可以同名，它们不会产生混淆。可以将多个变量定义成同一个记录类型，但一个变量却只能从属于一个记录类型。

7.4.3　文件的进一步介绍

在 7.3 节中介绍了顺序文件的访问，在此继续讨论随机文件的读写操作。所谓随机文件是指具有固定长度记录结构的文本文件或者二进制文件。在随机文件中，一行数据对应一条记录，并提供一个记录号；在读写文件时只要给出记录号即可直接访问该记录，而不像顺序文件那样必须从第 1 个记录开始逐个进行，把文件的这种访问方式形象地称为随机访问或直接访问。

与顺序文件一样，在访问随机文件前需使用 Open 语句将其打开，而读写操作结束后应及时使用 Close 语句将其关闭。用于打开随机文件的 Open 语句格式如下：

Open 文件名 For Random As #文件号 Len=记录长度

其中，关键字 Random 指定了文件的访问方式为随机存取，凡是以此种方式打开的文件都被认为是由相同长度的记录集合组成。

【例 7.7】　假设每名学生的信息由姓名和语文、数学成绩组成，且保存在文件 score .dat 中。程序运行时的初始界面如图 7-15 所示，组合框中列出 score.dat 文件中保存的所有学生姓名，此时 3 个文本框和"保存"按钮不可用；单击"输入"按钮，用户可在文本框中输入学生信息，此时"保存"按钮可用；单击"保存"按钮，若 3 个文本框中已全部输入，则将该学生信息添加到文件 score.dat 中，同时窗体恢复为运行时的初始界面，否则消息框提示"学生信息输入不完整！"；单击组合框中任意学生姓名，可将保存在文件中的该学生信息显示在文本框内，此时"保存"按钮不可用，如图 7-16 所示。

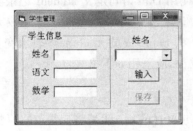
图 7-15　例 7.7 的初始运行界面

图 7-16　在组合框中选择学生姓名后

【解】　程序代码如下：

```
Private Type student              '自定义记录类型
    name As String * 8            '字符串长度固定为 8
    chinese As Integer
    math As Integer
End Type


Private Sub Form_Load()
    Dim stu As student            '定义 student 类型的变量 stu,用于存放一条学生记录
    Dim n As Integer              '一条学生信息的长度,字节数
    Dim num As Integer            '已保存学生信息的个数
    Dim i As Integer
    txtName.Enabled=False
    txtChinese.Enabled=False
    txtMath.Enabled=False
    cmdSave.Enabled=False
    cboName.Clear
    n=Len(stu)                    '计算一条记录的长度
    Open "score.dat" For Random As #1 Len=n  '打开随机文件 score.dat
    num=LOF(1)/n                  '计算 1 号文件中已有的记录个数
    For i=1 To num                '依次读出各条记录
        Get #1, i, stu           '从 1 号文件中读出第 i 条记录赋给 stu 变量
        cboName.AddItem Trim(stu.name)  '将 stu 的 name 成员添加到组合框
    Next i
```

```
        Close #1                            '关闭 1 号文件
    End Sub


    Private Sub cmdIn_Click()               '单击"输入"按钮
        txtName.Enabled=True
        txtChinese.Enabled=True
        txtMath.Enabled=True
        cmdSave.Enabled=True
        txtName.Text=""
        txtChinese.Text=""
        txtMath.Text=""
        txtName.SetFocus
    End Sub


    Private Sub cmdSave_Click()             '单击"保存"按钮
        Dim stu As student
        Dim n As Integer
        Dim num As Integer
        If txtName.Text<>"" And txtChinese.Text<>"" And txtMath.Text<>"" Then
            With stu                        '使用 With 语句为 stu 变量的各个成员赋值
                .name=txtName.Text
                .chinese=Val(txtChinese.Text)
                .math=Val(txtMath.Text)
            End With
            n=Len(stu)
            Open "score.dat" For Random As #1 Len=n
            num=LOF(1)/n
            Put #1, num+1, stu              '将变量 stu 中的值写入 1 号文件的第 num+1 条记录位置
            Close #1
            txtName.Text=""
            txtChinese.Text=""
            txtMath.Text=""
            txtName.SetFocus
            Form_Load
        Else
            MsgBox "学生信息输入不完整!"
        End If
    End Sub


    Private Sub cboName_Click()             '单击组合框中的学生姓名
        Dim stu As student
        Dim i As Integer
        Dim n As Integer
        Dim num As Integer
```

```
        n=Len(stu)
        Open "score.dat" For Random As #1 Len=n
        num=LOF(1)/n
        For i=1 To num
            Get #1, i, stu
            If cboName.Text=Trim(stu.name)Then
                txtName.Text=Trim(stu.name)
                txtChinese.Text=stu.chinese
                txtMath.Text=stu.math
                Exit For                        '提前结束 For 循环
            End If
        Next i
        Close #1
        cmdSave.Enabled=False
    End Sub
```

程序说明：

(1) 本例题中,将 student 类型中的 name 成员定义为 String 类型,其长度固定为 8。在随机文件中,要求每条记录都具有相同且固定的长度,因而出现在记录结构中的字符型数据成员也必须是定长的字符串,否则在随机读写操作中将产生"记录长度错误"。当用户输入的姓名不足 8 位字符时,系统将自动在其尾部添加空格以补齐 8 位后再写入文件,若输入数据超出 8 位,则超出部分被自动删除。为此,在设计界面时将用于输入姓名的文本框 MaxLength 属性设置成 8。

(2) 由于从文件中读出的学生姓名均为 8 位的字符串,其中可能含有补位的空格,所以在添加到组合框或文本框时,先通过 Trim 函数去掉 stu.name 的首、尾空格。

(3) 为了简化程序,在代码中使用了 With 语句。在需要对一个对象执行一系列的语句时,使用该语句可以不用重复指定对象的名称。请注意,属性前的"."不能省略。With 语句的一般形式是：

```
With   对象名
    语句组
End  With
```

一条 With 语句只能设定一个对象。

(4) 使用 LOF 函数可以返回给定文件号的文件大小,该大小以字节为单位。例如,LOF(1)将返回 1 号文件的字节数目。

注意：LOF 函数只能用于已被打开的文件,对于尚未打开的文件可以使用 FileLen 函数求出。

(5) 语句 Get ♯1, i, stu 的作用是从 1 号文件中读取第 i 条记录放到 stu 变量中;与此对应,语句 Put ♯1, i, stu 的作用是将变量 stu 中的数据写入 1 号文件的第 i 条记录位置上。通常情况下 Put 语句和 Get 语句匹配使用。

Get 语句和 Put 语句的语法格式是：

```
Get #文件号,记录号,存放记录的变量名
Put #文件号,记录号,存放记录的变量名
```

（6）随机文件中，Close 语句的使用方法与顺序文件完全相同。

（7）随机文件的存取速度较快，但其占用的空间大。

除顺序访问和随机访问以外，还可以对文件进行二进制访问。在二进制文件中，可以以字节为单位进行读写操作，提供了对文件的完全控制。此外，由于二进制文件中不存在固定长度的字节限制，从而使磁盘空间的使用率达到最高，当对文件大小有特殊要求时应尽量使用二进制文件。因二进制文件的操作与随机文件类似，在此不再介绍，请参看其他书籍。

7.4.4 常用文件操作语句和函数

【例 7.8】 如图 7-17 所示设计 2 个窗体。程序运行时，单击"新建"按钮，清空文本框内容并使光标置于其中，等待用户输入；单击"打开"或"保存"按钮时，弹出如图 7-18 所示

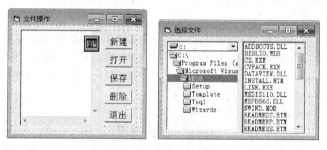

图 7-17 例 7.8 的窗体设计

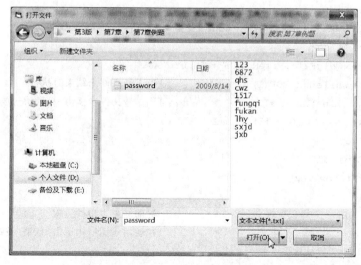

图 7-18 "打开文件"对话框

的"打开文件"对话框或"保存文件"对话框,选择文件类型及文件名后,执行【打开】或【保存】命令,在文本框中显示该文件内容或保存文本框内容至指定文件,若执行【取消】命令,则消息框提示"无效操作";单击"删除"按钮时,进入"选择文件"窗体,选择某一文件后弹出如图 7-19 所示的消息框,执行【确定】命令则删除该文件,否则提示"无效操作"后返回到"文件操作"窗体;单击"退出"按钮,结束整个程序。

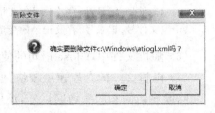

图 7-19 "删除文件"消息框

【解】 设置文本框的 MultiLine 属性为 True,ScrollBars 属性为 3。程序代码如下:

```
Private Sub cmdNew_Click()              '单击"新建"按钮
    txtShow.Text=""
    txtShow.SetFocus
End Sub


Private Sub cmdOpen_Click()             '单击"打开"按钮
    Dim s As String                     '存放从文件中读出的全部内容
    dlgFile.CancelError=True            '在通用对话框中单击"取消"按钮时出错
    On Error GoTo ErrHandler            '出错时跳转至标号 ErrHandler
    With dlgFile                        '使用 With 语句设置通用对话框的各属性
        .DialogTitle="打开文件"
        .InitDir="D:\"
        .Filter="文本文件[ * .txt]| * .txt|数据文件[ * .dat]| * .dat"
        .FilterIndex=0
        .Action=1                       '等价于.ShowOpen
    End With
    If dlgFile.FileName<>"" Then
        s=""
        Open dlgFile.FileName For Input As #1
        Do While Not EOF(1)             '当 1 号文件未结束时执行
            Line Input #1, t            '从 1 号文件中读出一行字符,放入 t 中
            s=s & t & Chr(13) & Chr(10)
        Loop
        Close #1
        txtShow.Text=s
    End If
    Exit Sub                            '提前结束本事件过程
ErrHandler:                             '在通用对话框中单击"取消"按钮时,跳转至此
    MsgBox "无效的操作"
End Sub


Private Sub cmdSave_Click()             '单击"保存"按钮
```

```
        dlgFile.CancelError=True
        On Error GoTo ErrHandler
        With dlgFile
            .DialogTitle="保存文件"
            .FileName="未命名.txt"
            .InitDir="D:\"
            .Filter="文本文件[*.txt]|*.txt|数据文件[*.dat]|*.dat"
            .DefaultExt="txt"
            .Action=2                               '等价于.ShowSave
        End With
        Open dlgFile.FileName For Output As #1
        Print #1, txtShow.Text
        Close #1
        Exit Sub
ErrHandler:
        MsgBox "无效操作"
End Sub

Private Sub cmdDel_Click()                  '单击"删除"按钮
    frmEx7_8_1.Hide
    frmEx7_8_2.Show
End Sub

Private Sub cmdEnd_Click()                  '单击"退出"按钮
    End
End Sub

Private Sub dirFile_Change()
    filFile.Path=dirFile.Path
End Sub

Private Sub drvFile_Change()
    dirFile.Path=drvFile.Drive
End Sub

Private Sub filFile_Click()                 '单击文件列表框
    Dim ans As Integer                      '在消息框中执行"确定"或"取消"命令的代号
    Dim fn As String                        '在文件列表框中所选文件的完整路径及文件名
    fn=filFile.Path&"\"&filFile.FileName
    ans=MsgBox("确实要删除文件"&fn&"吗?", 1+32+256, "删除文件")
    If ans=1 Then                           '执行"确定"命令
        Kill fn                             '删除 fn 文件
        filFile.Refresh                     '刷新文件列表框的显示
```

```
        Else                        '执行"取消"命令
            MsgBox "无效的操作"
        End If
        frmEx7_8_2.Hide
        frmEx7_8_1.Show
    End Sub
```

程序说明：

（1）通过通用对话框控件的 CancelError 属性可以指定在对话框中选取"取消"按钮时是否按出错处理。若使用默认值 False 则忽略不计，而设置为 True 时，则在选取"取消"按钮时产生 cdlCancel(32755 号)错误。

（2）语句 On Error GoTo ErrHandler 的作用是当程序发生错误时自动跳转到标号"ErrHandler:"位置，执行其后的错误处理语句。一般情况下，程序运行时发生的任何错误都会导致程序中止并显示错误信息；而使用 On Error 语句可以为程序指定一个出错时的跳转标识，使程序出错时不再产生中断，而是自动跳转至指定的标识位置，执行相应的出错处理程序。On Error 语句有如下三种结构：

① On Error GoTo 标号

此结构中的标号用来指示出错处理程序的开始位置。注意，On Error 语句中指定的标号位置必须与 On Error 语句出现在同一个过程中。用以标识出错处理程序开始位置的标号行可以是任何字符的组合（不区分大小写），但必须以字母开头、冒号"："结尾，且从第一列开始输入。

② On Error Resume Next

使程序跳过产生错误的语句，继续执行下一条语句。使用此语句将使程序忽略运行过程中发生的错误，维持程序的继续运行。

③ On Error 0

关闭当前过程中已启动的所有错误处理程序。

（3）可以使用如下 3 种方法设置通用对话框的属性：

① 在属性窗口中设置；

② 在属性页对话框中设置；

③ 在代码中设置。

本例采用第③种方法。在实际操作中，应根据具体情况选择适当的设置方法。有些属性只能在代码中使用，需谨慎对待。

（4）语句 dlgFile.Action＝1 等价于 dlgFile.ShowOpen，以"打开文件"对话框形式打开通用对话框。Action 属性在设计阶段无效。

（5）对于通用对话框控件，应在设置完其他的全部属性后再设置 Action 属性或调用 ShowOpen 等方法。

（6）在读取文件时，每次使用 Line Input ＃语句读取 1 行文本，并连接到字符型变量 s 中。由于使用该语句读取的数据中不包含行尾的回车、换行符，因此需要人为地添加。

注意：Chr(13)和 Chr(10)的顺序不能颠倒。

(7) 语句 Kill fn 的作用是删除文件名为 fn 的文件。使用 Kill 语句可以从磁盘中删除指定的文件,其语句格式是:

`Kill    删除文件名`

完成文件的删除操作后应及时刷新文件列表框中的显示内容。语句 filFile. ReFresh 将重新显示文件列表框 filFile 的内容。

VB 中提供了大量的文件系统操作语句和函数,下面仅就部分常用内容作简单介绍。

FileCopy 语句

格式:`FileCopy    被复制的原文件名,复制后的新文件名`

功能:将原文件复制到新文件中。语句中的原文件名和新文件名都应提供完整的文件路径及文件名,且 FileCopy 语句不能复制已打开的文件,否则将产生错误。

Name 语句

格式:`Name 原文件名 As 新文件名`

功能:更改文件名。将原文件移动到指定路径并改名,要求改名的文件必须处于关闭状态,使用 Name 语句并不能创建新的文件或文件夹。

ChDrive 语句

格式:`ChDrive 驱动器名`

功能:改变当前的驱动器。

ChDir 语句

格式:`ChDir    默认路径`

功能:将指定路径设置成新的默认路径或文件夹,该语句只改变默认路径,不改变默认驱动器。

MkDir 语句

格式:`MkDir    创建目录名`

功能:创建一个新的目录或文件夹。

RmDir 语句

格式:`RmDir    删除目录名`

功能:删除指定的目录或文件夹,要求被删目录必须为空。

CurDir 函数

格式:`CurDir (驱动器)`

功能:返回当前的路径。

Dir 函数

格式:`Dir(文件名,文件属性)`

功能:返回一个表示文件名或目录名的字符串,它与指定的文件属性相匹配。

FileLen 函数

格式:`FileLen(文件名)`

功能:以字节为单位返回文件的长度(文件打开前的大小)。

FileDateTime 函数

格式：FileDateTime(文件名)

功能：返回文件被创建或最后修改的日期和时间。

FreeFile 函数

格式：FreeFile(0 或 1)

功能：返回下一个可供 Open 语句使用的文件号。

Seek 函数

格式：Seek(文件号)

功能：在 Open 语句打开的文件中指定当前的读写位置。

7.4.5 贯穿实例——图书管理系统(7)

图书管理系统之七：在 6.3.3 节图书管理系统之六的基础上，修改会员信息管理窗体的程序代码。在实际应用中，程序应该和数据分离开，数据保存在程序外部的文件中，运行程序时从外部文件读入数据。在程序外部保存、管理数据的最好方式是使用数据库(参照贯穿实例 9)，但在数据量比较小的场合，也可以使用文件保存和管理数据。本例就是使用外部文件来保存会员基本信息的程序。

参照图 7-20 修改会员信息管理窗体。程序运行时，单击【添加】按钮，按钮标题变为【写入】，此时可在文本框内输入会员信息；单击【写入】按钮后，将会员信息存入文件，同时按钮标题变为【添加】。在"浏览会员信息"框架内的组合框中能显示所有会员卡号。在组合框中选择已有会员号后，从文件中读取该会员信息，并显示到文本框中。

图 7-20 修改后的会员信息管理窗体

【解】 在图书管理系统(6)的基础上修改会员信息管理窗体，并按表 7-5 设置相应对象的属性。

表 7-5 会员信息管理窗体中对象的属性值

对 象	属 性 名	属 性 值	作 用
框架 2	(名称)	fraDis	框架的名称
	Caption	浏览会员信息	框架的标题
	Font	宋体,常规,四号	框架的标题字体

对　　象	属 性 名	属 性 值	作　　用
组合框	（名称）	cboCode	组合框的名称
命令按钮1	（名称）	cmdAdd	命令按钮的名称
	Caption	添加	命令按钮的标题
命令按钮2	（名称）	cmdBack	命令按钮的名称
	Caption	返回	命令按钮的标题

修改后的会员信息管理窗体程序代码如下：

```
Private Type Infor
   code As String * 8
   name As String * 8
   gender As String * 2
   id As String * 18
   tel As String * 11
   da As Date
End Type
Dim vip As Infor
Dim reclen As Integer

Private Sub cboCode_Click()
   Dim i As Integer
   Open App.Path & "\VIPInformation.txt" For Random As #1 Len=reclen
   recnum=LOF(1)/reclen
   For i=1 To recnum
      Get #1, i, vip
      If Trim(vip.code)=cboCode.Text Then
         txtIn(0).Text=Trim(vip.code)
         txtIn(1).Text=Trim(vip.name)
         txtIn(2).Text=Trim(vip.gender)
         txtIn(3).Text=Trim(vip.id)
         txtIn(4).Text=Trim(vip.tel)
         txtIn(5).Text=vip.da
         Exit For
      End If
   Next i
   Close #1
   cmdAdd.Caption="添加"
   For i=0 To 5
      txtIn(i).Locked=True
```

```
        Next i
    End Sub


    Private Sub cmdAdd_Click()
        If cmdAdd.Caption="添加" Then
            cmdAdd.Caption="写入"
            For i=0 To 5
                txtIn(i).Locked=False
                txtIn(i).Text=""
            Next i
            txtIn(0).SetFocus
        Else
            cmdAdd.Caption="添加"
            With vip
                    .code=txtIn(0).Text
                    .name=txtIn(1).Text
                    .gender=txtIn(2).Text
                    .id=txtIn(3).Text
                    .tel=txtIn(4).Text
                    .da=txtIn(5).Text
            End With
            Open App.Path&"\VIPInformation.txt" For Random As #1 Len=reclen
            recnum=LOF(1)/reclen
            Put #1, recnum+1, vip
            cboCode.AddItem Trim(vip.code)
            Close #1
            Form_Load
        End If
    End Sub


    Private Sub Form_Load()
        Dim i As Integer
        For i=0 To 5
            txtIn(i).Locked=True
            txtIn(i).Text=""
        Next i
        cmdAdd.Enabled=True
        cboCode.Clear
        reclen=Len(vip)
        Open App.Path&"\VIPInformation.txt" For Random As #1 Len=
        reclen
        recnum=LOF(1)/reclen
        For i=1 To recnum
```

```
      Get #1, i, vip
      cboCode.AddItem Trim(vip.code)
   Next i
   Close #1
End Sub


Private Sub cmdBack_Click()
   frmMember.Hide
   frmAdminFn.Show
End Sub
```

7.5   上 机 训 练

【**训练 7.1**】 设计文本编辑器,实现对 Word 文档或 txt 文档的编辑。程序运行时的
界面如图 7-21 所示,组合框中可供选择的文件
类型只有 Word 文件(＊.doc)和 Txt 文件(＊.
txt)两种,根据组合框的选择在文件列表框中
显示相应类型的文件名;在文件列表框中双击
doc 类型的文件时,在 Word 应用程序中打开
该文件进行编辑;若双击 txt 类型的文件,则启
动 Windows 记事本对该文件进行编辑。

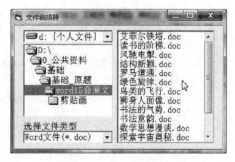

图 7-21   文本编辑器

1. 目标

(1) 掌握文件系统控件的使用方法。
(2) 掌握组合框的使用方法。
(3) 了解通过 Shell 函数运行指定应用程序的方法。
(4) 学会对顺序文件的连续读写操作。

2. 步骤

(1) 设计用户界面并设置属性(组合框 Style 属性设置为 0)。
(2) 编写代码、运行程序、保存窗体和工程。
① 编写窗体的 Load 事件过程,并运行程序验证。代码如下:

```
Private Sub Form_Load()
    cboFile.AddItem "Word文件(＊.doc)"
    cboFile.AddItem "Txt文件(＊.txt)"
    cboFile.ListIndex=0
    filFile.Pattern="＊.doc"
End Sub
```

② 编写驱动器列表框和目录列表框的 Change 事件过程,实现三个文件系统控件的同步显示,运行程序并验证。

③ 编写组合框的 Click 事件过程,并运行程序验证。代码如下:

```
Private Sub cboFile_Click()
    If cboFile.ListIndex=0 Then
        filFile.Pattern="*.doc"
    Else
        filFile.Pattern="*.txt"
    End If
End Sub
```

④ 编写文件列表框的 DblClick 事件过程,并运行程序验证。代码如下:

```
Private Sub filFile_DblClick()
    Dim fil_name As String              '用户双击的文件名
    Dim exe_name As String              '需启动的应用程序名
    Dim t As Integer
    fil_name=filFile.Path&"\"&filFile.FileName
    If cboFile.ListIndex=0 Then          '组合框中选择的是 Word 文件
        exe_name="C:\Program Files\Microsoft Office\Office14\WINWORD.EXE"
    Else
        exe_name="C:\Windows\System32\notepad.exe"
    End If
    t=Shell(exe_name&" "&fil_name, 3)     '打开应用程序及文件,最大化窗口状态
End Sub
```

⑤ 保存窗体和工程。

3. 提示

(1) 通过设置文件列表框的 Pattern 属性,可以限定其显示文件的文件类型。

(2) 调用 Shell 函数可以运行一个指定的应用程序,其语法格式是:

变量名=Shell(应用程序名 [,运行窗口样式])

其中,第一个参数指定要执行的程序名及其所在的完整路径(与程序安装位置有关);第二个可选参数用于指定程序运行时的窗口样式,如表 7-6 所示,省略时程序窗口将以最小化的形式显示在状态栏中。

表 7-6 Shell 函数中允许使用的窗口样式

参数值	参 数 常 量	窗 口 样 式
0	vbHide	隐藏窗口,焦点移到隐式窗口
1	VbNormalFocus	以原有的大小和位置显示窗口,焦点移到此窗口
2	VbMinimizedFocus	窗口以图标显示,焦点在图标上

参 数 值	参 数 常 量	窗 口 样 式
3	VbMaximizedFocus	最大化显示窗口,焦点移到此窗口
4	VbNormalNoFocus	以最近使用的大小和位置显示,焦点在当前窗口
6	VbMinimizedNoFocus	窗口以图标显示,焦点在当前窗口

为了在应用程序中打开指定的文件,应在程序名之后直接给出文件名,并使用空格将二者分开,如本题中的语句 t＝Shell(exe_name&" "&fil_name,3)。

注意：函数中给定的文件名必须与应用程序中可以打开的文件类型一致,否则将报错。当 Shell 函数调用成功时,其返回一个 Double 类型的数值,代表该程序的任务标识代号,若不成功则返回 0。

4. 扩展

添加窗体 2,其中包含 1 个多行文本框和 2 个命令按钮,如图 7-22 所示。程序运行时,若在文件列表框中双击扩展名为 doc 的文件,则启动 Word 应用程序并打开该文件进行编辑;若双击扩展名为 txt 的文件,则切换到窗体 2,将该文件显示在文本框中供用户进行编辑;单击"保存"按钮,更新保存该文件;单击"返回"按钮,返回原窗体。

【**训练 7.2**】 使用字体和颜色对话框对标签中的文字进行设置。在窗体中添加 1 个标签、2 个命令按钮和 1 个通用对话框,如图 7-23 所示。程序运行时,单击"字体"或"颜色"按钮,打开图 7-24 或图 7-25 所示的对话框,对标签中的文字进行字体或颜色设置。

图 7-22　扩展功能窗体

图 7-23　训练 7.2 的界面设计

1. 目标

(1) 了解添加通用对话框控件的方法。

(2) 了解使用通用对话框的 ShowFont 方法打开"字体"对话框。

(3) 了解使用通用对话框的 ShowColor 方法打开"颜色"对话框。

(4) 了解与"字体"和"颜色"对话框有关的常用属性。

(5) 熟练使用计时器控件实现简单动画。

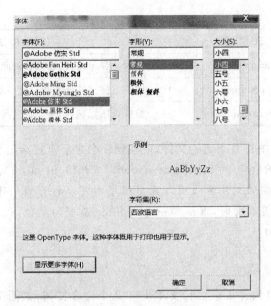

图 7-24　设置字体对话框

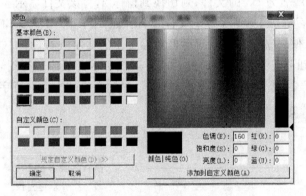

图 7-25　设置颜色对话框

2. 步骤

(1) 设计用户界面,并设置属性。

(2) 编写代码、运行程序、保存窗体和工程。

① 编写"字体"按钮的 Click 事件过程,并运行程序验证。代码如下:

```
Private Sub cmdFont_Click()
    dlgStyle.Flags=3              '指定对话框中列出的字体   1-屏幕字体 2-打印机字体
    dlgStyle.ShowFont            '调用通用对话框的 ShowFont 方法,打开"字体"对话框
    lblMsg.Font=dlgStyle.FontName              '字体
    lblMsg.FontSize=dlgStyle.FontSize          '字号
    lblMsg.FontBold=dlgStyle.FontBold        '加粗
    lblMsg.FontItalic=dlgStyle.FontItalic    '斜体
End Sub
```

② 编写"颜色"按钮的 Click 事件过程,并运行程序验证。代码如下:

```
Private Sub cmdColor_Click()
    dlgStyle.ShowColor              '调用通用对话框的 ShowColor 方法,打开"颜色"对话框
    lblMsg.ForeColor=dlgStyle.Color              '颜色
End Sub
```

③ 保存窗体和工程。

3. 提示

(1) 调用通用对话框的 ShowFont 方法可以打开"字体"对话框;而调用 ShowColor 方法可以打开"颜色"对话框。

(2) 在调用 ShowFont 方法前,可通过设置通用对话框的 Flags 属性为其指定所列字体范围。其中,属性值"1"对应系统支持的屏幕字体,而属性值"2"代表打印机支持的字体。本题中使用属性值"3",表示同时列出上述两类字体,即 1+2。Flags 属性的设置十分灵活,它可以表示成若干属性值之和的形式,且在调用通用对话框的不同方法时,各属性值所代表的含义也不相同。关于 Flags 属性的各属性值介绍参见 7.4.1 节。

(3) 与"字体"对话框有关的常用属性 FontName、FontItalic、FontBold 和 FontSize 分别表示在对话框中选中的字体名称、字体是否斜体、字体是否加粗以及字体的大小。其中 FontItalic 和 FontBold 的属性值为 True 或 False,值为 True 时表示倾斜或加粗。在"颜色"对话框中,属性 Color 表示选定的颜色。关于"字体"和"颜色"对话框的常用属性介绍,参见 7.4.1 节。

4. 扩展

添加程序功能,使标签文字在窗体中从左至右循环移动,且以 0.5 秒的时间间隔闪烁。

【训练 7.3】 在窗体中添加 2 个标签、1 个列表框、1 个文本框和 2 个命令按钮。程序运行时,在列表框中显示当前可用屏幕字体,如图 7-26 所示,此时"显示"按钮不可用;选择其中一项或多项字体后,单击"保存"按钮,将所选字体名称写入文件 MyFont.dat 中,同时"显示"按钮可用,如图 7-27 所示;单击"显示"按钮,将 MyFont.dat 文件中的内容显示在文本框中。

图 7-26　列表框中显示屏幕字体

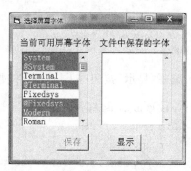
图 7-27　选中多个字体

1. 目标

(1) 巩固列表框的使用方法。

(2) 掌握顺序文件的读写操作。

(3) 会使用 EOF 函数判断文件是否结束。

(4) 了解 Screen 对象。

2. 步骤

(1) 设计用户界面,并设置属性。

设置列表框的 MultiSelect 属性为 2;设置文本框的 MultiLine 属性为 True,ScrollBars 属性设置为 2-Both,Locked 属性为 True。

(2) 编写代码、运行程序、保存窗体和工程。

① 编写窗体的 Load 事件过程,并运行程序验证。代码如下:

```
Private Sub Form_Load()
    Dim i As Integer
    For i=0 To Screen.FontCount-1
        lstFont.AddItem Screen.Fonts(i)
    Next i
    cmdShow.Enabled=False
End Sub
```

② 编写"保存"按钮的 Click 事件过程,并运行程序验证。代码如下:

```
Private Sub cmdSave_Click()
    Dim i As Integer
    Open "MyFont.dat" For Output As #1
    For i=0 To lstFont.ListCount-1
        If lstFont.Selected(i)=True Then
            Print #1, lstFont.List(i)
        End If
    Next i
    Close #1
    cmdShow.Enabled=True
End Sub
```

③ 编写"显示"按钮的 Click 事件过程,并运行程序验证。代码如下:

```
Private Sub cmdShow_Click()
    Dim temp As String
    txtCopy.Text=""
    Open "MyFont.dat" For Input As #1
    Do While Not EOF(1)
        Line Input #1, temp
```

```
        txtCopy.Text=txtCopy.Text & temp & Chr(13) & Chr(10)
    Loop
    Close
End Sub
```

④ 保存窗体和工程。

3. 提示

（1）通过列表框的 MultiSelect 属性可以为其设置是否多选以及进行多选的方式。缺省值 0 表示单选，此时可通过 ListIndex 属性获得选中项的索引；属性值 1-Simple 表示简单复选，此时可进行多选，单击选项时状态在选中与取消选中间切换；属性值 2-Entended 表示扩展复选，可配合使用 CTRL 或 SHIFT 键进行多选。设置为多选方式的列表框可通过 Selected 属性获得各选项的选择状态。

（2）列表框的 Selected 属性是一个布尔值数组，其元素一一对应各列表项，代表各列表项的选择状态。若列表框 Selected(i) 的值为 True，表示其索引号为 i 的选项当前处于选中状态，值为 False 则表示未选中。Selected 属性在设计阶段不可用。

（3）Screen 对象是指整个 Windows 桌面，通过该对象的 Fonts 和 FontCount 属性可以获得屏幕可用字体的相关信息。Screen 的 Fonts 属性是一个字符型数组，返回屏幕可用的所有字体名；而 FontCount 属性返回屏幕可用的字体名数量。

4. 扩展

在原窗体上添加 1 个通用对话框。单击"保存"按钮时，打开"保存"对话框，将所选字体名称保存到指定的文件中；单击"显示"按钮时，打开"打开"对话框，将所选字体文件显示在文本框上。

习   题   7

基础部分

1. 编写程序。窗体中包括一组文件系统控件、1 个标签和 1 个组合框（如图 7-28 所示），其中组合框内各选项如图 7-29 所示。程序运行时，单击文件列表框中的文件，以消息框形式显示用户所选文件的路径及文件名，如图 7-30 所示。

图 7-28　题 1 的程序界面　　图 7-29　组合框选项　　图 7-30　消息框显示文件路径及名称

2. 编写程序。窗体中包括一组文件系统控件和 2 个标签。程序运行时，双击文件列表框中的文件，在窗体下部的标签中显示该文件的文件名，如图 7-31 所示。

3. 编写程序。窗体中有 1 个标签、1 个多行文本框、1 个通用对话框和 2 个命令按钮。程序运行时，单击"添加"按钮，打开"选择文件"对话框，并将用户选择的文件名添加到文本框中，如图 7-32 所示；单击"保存"按钮，则打开"保存文件"对话框，将文本框中的内容保存至指定文件中。

图 7-31　显示文件名

4. 编写程序。窗体中包括 1 个标签、1 个列表框、1 个通用对话框和 1 个命令按钮。程序运行时，单击"读取"按钮，打开"打开文件"对话框，用户选择题 3 中已保存的文件后，将其中保存的文件名依次添加到列表框中，如图 7-33 所示。

图 7-32　文本框中显示所选文件名

图 7-33　读取文件内容

提高部分

5. 编写程序。在窗体中添加 1 个框架（内含 2 个标签和 2 个文本框）、2 个标签、2 个列表框、2 个命令按钮和 1 个通用对话框，如图 7-34 所示。程序运行时，可在框架内的文本框中输入学生学号及成绩。单击"添加"按钮，将输入的学生信息添加到列表框中，同时保存到数组中，如图 7-35 所示；单击"保存"按钮，打开"保存文件"对话框，将输入的所有学生信息保存到指定文件中。

图 7-34　题 5 的界面设计

图 7-35　将输入的学生信息添加到列表框

6. 编写程序。在窗体中添加 3 个文件系统控件、3 个标签和 1 个列表框。程序运行时,利用文件系统控件找到并双击题 5 中所保存的学生信息文件,将其中存放的所有学生学号显示到列表框中,如图 7-36 所示;单击列表框中的学号时,在标签中显示此学生的成绩,如图 7-37 所示。

图 7-36　列表框显示所有学生学号　　　　　图 7-37　显示学生成绩

7. 已知在 Message.dat 文件中保存了某班学生的全部信息。程序运行时,在列表框中列出该班学生的全部学号,如图 7-38 所示;单击"添加"按钮,用户可在文本框中输入学生信息,此时"保存"按钮可用,而"添加"和"删除"按钮不可用;单击"保存"按钮后,将文本框中输入的信息添加到文件尾部,同时刷新列表框中的显示;单击列表框中的学号,从文件中读取该学生信息显示在文本框中,如图 7-39 所示;单击"删除"按钮,从文件中删除该学生信息,同时刷新列表框中的显示,如图 7-40 所示。

图 7-38　列表框显示学生学号　　　图 7-39　显示学生信息　　　图 7-40　删除学生信息

8. 已知在 Message.dat 文件中保存了某班学生的全部信息。程序运行时,在组合框中列出该班学生的全部学号,此时两命令按钮均不可用;单击组合框中的学号,从文件中读取该学生信息显示在框架内的文本框中,且"修改"按钮可用,如图 7-41 所示;单击"修改"按钮,可修改文本框中的内容,同时"保存"按钮可用,如图 7-42 所示;单击"保存"按钮,则用修改后的信息替换掉原文件中该学生的相关信息,同时刷新组合框中的显示。

图 7-41　从文件中读取学生信息　　　　　图 7-42　修改文件中的学生信息

第 8 章 菜单设计

本章内容

基础部分：

- 菜单及弹出式菜单的设计。
- 使用剪贴板实现剪切、复制、粘贴功能。
- 图像列表、工具栏和状态栏的使用。

提高部分：

- 多文档界面设计和定义对象类型变量的方法。
- 标准控件、ActiveX 控件的概念。
- RichTextBox、Animation、Windows Media Player 和 ShockWaveFlash 控件的简单使用。
- 贯穿实例。

各例题知识要点

例 8.1   菜单编辑器；使用菜单编辑器添加菜单。

例 8.2   对菜单的编程；使用剪贴板对象。

例 8.3   设计弹出式菜单。

例 8.4   工具栏；图像列表框；状态栏。

（以下为提高部分例题）

例 8.5   利用"VB 应用程序向导"设计多文档界面。

例 8.6   Set 语句；自定义多文档界面。

例 8.7   RichTextBox 控件。

例 8.8   动画控件（Animation）。

例 8.9   多媒体播放控件（Windows Media player）。

例 8.10   Flash 控件（ShockWaveFlash）。

贯穿实例 图书管理系统(8)。

VB 是 Windows 平台下的开发工具,因此使用 VB 可以较轻松地设计出符合 Windows 风格的应用程序。例如菜单、工具栏和状态栏就是 Windows 特有的界面设计风格,它使应用程序界面简洁、操作简便。声音和动画能美化程序的界面,完善程序的功能。本章将介绍相关内容。

8.1 设 计 菜 单

【例 8.1】 参照图 8-1 设计界面,窗体上添加 1 个文本框和 3 个菜单,"文件"菜单包括"新建"、"打开"和"退出";"编辑"菜单包括"剪切"、"复制"、"粘贴"、"日期时间";"格式"菜单包括"字体"和"颜色"。

(a) "文件"下拉菜单

(b) "编辑"下拉菜单

(c) "格式"下拉菜单

图 8-1 菜单设计界面

【解】 窗体上添加 1 个文本框,设置其 MultiLine 属性为 True,ScrollBars 属性为 2-Vertical。再按如下步骤设计菜单:

第 1 步:启动菜单编辑器。执行【工具】|【菜单编辑器】命令,启动如图 8-2 所示菜单编辑器。

图 8-2 菜单编辑器

第 2 步：添加菜单。在菜单编辑器中，可以通过"下一个"按钮，选择菜单添加位置；通过升级 ← 或降级按钮 → 调整菜单的级别。添加各级菜单的步骤如下：

（1）建立"文件"菜单。首先添加"文件"顶层菜单，其方法是在"标题"和"名称"中分别输入"文件"和"mnuFile"；为了添加"文件"的下一级菜单，可通过"下一个"和降级按钮 →，选择添加位置，并分别在"标题"中输入"新建"、"打开"和"退出"；在"名称"中输入"mnuNew"、"mnuOpen"和"mnuExit"。若要建立分隔线，则应在"标题"中输入西文"—"，名称也必须输入。

（2）建立"编辑"菜单。为了添加"编辑"顶层菜单，可通过"下一个"和升级按钮 ←，选择添加位置，然后按"文件"菜单的设计方法添加各级菜单。"编辑"及其下级菜单的"名称"分别是"mnuEdit"、"mnuCut"、"mnuCopy"、"mnuPaste"、"mnuTime"。为了使"剪切"、"复制"、"粘贴"命令处于不可用状态，需要将它们"有效"选项前的"√"去掉；要设置某一菜单的快捷键，只需要在"快捷键"右侧的组合框中选择即可。

（3）建立"格式"菜单。方法与（2）类似，其中"字体"和"颜色"菜单的"名称"分别是"mnuFont"和"mnuColor"。

说明：

（1）只有当系统处于"查看对象"状态时才能启动菜单编辑器，在"查看代码"状态下【菜单编辑器】命令不可用。

（2）菜单编辑器中"有效"选项相当于 Enabled 属性，"可见"选项相当于 Visible 属性。

（3）为菜单设置快捷键时应尽量遵循 Windows 习惯，如设置"剪切"菜单的快捷键为"Ctrl＋X"，而避免与 Windows 中其他功能快捷键混淆。

（4）若要修改已设计好的菜单，可以重新启动菜单编辑器，并通过"插入"、"删除"按钮实现；使用↑、↓、←、→箭头按钮可调整菜单项的位置或级别。

本例题只是设计界面，并未实现功能。要实现各个功能，必须编写相应代码。

【例 8.2】 在例 8.1 的基础上编写代码实现各个功能。具体功能要求如下：

"新建"文本框清空。

"打开"打开在"打开对话框"中所选文本文件，并将该文件内容显示在文本框中。

"退出"结束整个程序。

"剪切"选中文本框中的文本时，该菜单项变为可用状态。其功能是将所选文本剪切到剪贴板中。

"复制"选中文本框中的文本时，该菜单项变为可用状态。其功能是将所选文本复制到剪贴板中。

"粘贴"只有在执行"剪切"或"复制"操作后，该菜单项才变为可用状态。其功能是将剪贴板中的内容粘贴到文本框当前所选位置。

"日期时间"在文本框尾部插入系统当前日期和时间。

"字体"通过"字体"对话框设置文本框的字体。

"颜色"通过"颜色"对话框设置文本框的字符颜色。

【解】 本例题涉及"打开"、"字体"和"颜色"对话框，为此添加通用对话框。为了实现各菜单项的功能,需编写相应程序代码。

"文件"菜单中各菜单项的程序代码编写如下:

```
Private Sub mnuNew_Click()
    txtWord.Text=""
End Sub


Private Sub mnuOpen_Click()
    Dim a As String
    txtWord.Text=""
    dlgFile.ShowOpen
    Open dlgFile.FileName For Input As #1
    Do While Not EOF(1)
        Line Input #1, a
        txtWord.Text=txtWord.Text & a & Chr(13) & Chr(10)
    Loop
    Close #1
End Sub


Private Sub mnuExit_Click()
    End
End Sub
```

为实现"编辑"菜单中各菜单项的功能,编写如下代码:

```
Private Sub Form_Load()
    Clipboard.Clear                      '清空剪贴板,Clipboard表示剪贴板对象
End Sub


Private Sub mnuCut_Click()               '"剪切"命令的事件过程
    Clipboard.SetText txtWord.SelText    '剪贴板中置所选字符串
    txtWord.SelText=""                   '删除所选文本
    mnuPaste.Enabled=True
End Sub


Private Sub mnuCopy_Click()              '"复制"命令的事件过程
    Clipboard.SetText txtWord.SelText
    mnuPaste.Enabled=True
End Sub


Private Sub mnuPaste_Click()             '"粘贴"命令的事件过程
    txtWord.SelText=Clipboard.GetText    '从剪贴板取数据后替换所选文本
End Sub

Private Sub txtWord_MouseMove(Button As Integer, Shift As Integer, X As Single, Y
```

```
        As Single)
        If txtWord.SelLength>0 Then            '如果选中文本
            mnuCut.Enabled=True                '"剪切"按钮变为可用状态
            mnuCopy.Enabled=True               '"复制"按钮变为可用状态
        Else                                   '如果没有选中文本
            mnuCut.Enabled=False               '"剪切"按钮变为不可用状态
            mnuCopy.Enabled=False              '"复制"按钮变为不可用状态
        End If
End Sub


Private Sub mnuTime_Click()
    txtWord.Text=txtWord.Text&Now()
End Sub
```

"格式"菜单中各菜单项的程序代码如下：

```
Private Sub mnuFont_Click()                    '"字体"命令的事件过程
    dlgFile.Flags=1
    dlgFile.ShowFont
    txtWord.FontName=dlgFile.FontName
    txtWord.FontSize=dlgFile.FontSize
    txtWord.FontBold=dlgFile.FontBold
    txtWord.FontItalic=dlgFile.FontItalic
End Sub


Private Sub mnuColor_Click()                   '"颜色"命令的事件过程
    dlgFile.ShowColor
    txtWord.ForeColor=dlgFile.Color
End Sub
```

程序说明：

（1）实现"剪切"、"复制"和"粘贴"功能时，需用到剪贴板对象 Clipboard。

（2）调用剪贴板对象的 Clear、SetText 和 GetText 方法对其进行操作。

Clear 方法——清除剪贴板中的内容，其调用格式是：Clipboard. Clear。在 Form_ Load 事件过程中，语句 Clipboard. Clear 的作用就是清空剪贴板。

SetText 方法——将指定文本置于剪贴板中，其调用格式是：

```
Clipboard.SetText    文本信息
```

在"剪切"和"复制"菜单的 Click 事件中，语句 Clipboard. SetText txtWord. SelText 的作用是：将文本框 txtWord 中当前所选文本置于剪贴板中。

注意：上述语句不能写成 Clipboard. SetText＝txtWord. SelText，由于 SetText 是方法名，其与后续参数之间不能使用赋值号"＝"。

GetText 方法——提取剪贴板中的文本，其调用格式是：Clipboard. GetText。在"粘贴"菜单的 Click 事件中，语句 txtWord. SelText＝Clipboard. GetText 的作用是：提取剪

贴板中的文本,并赋与文本框当前所选文本,即用剪贴板中的内容替换文本框当前所选文本。由于 SelText 是文本框的属性,该语句中必须使用赋值号为其赋值。

(3) 限于文本框功能,本例题中的"字体"和"颜色"设置是针对文本框所有字符的。若仅要求对所选文本进行"字体"和"颜色"设置,则可改用 RichTextBox 控件,参见例 8.7。

通过例 8.2 详细介绍了菜单的设计方法,概括为以下两步:使用菜单编辑器建立菜单;编写菜单项的 Click 事件过程,实现相应操作功能。

8.2 设计弹出式菜单

【例 8.3】 在例 8.2 基础上添加弹出式菜单功能。程序运行时,右击窗体,立即弹出含有"剪切"、"复制"和"粘贴"命令的菜单,如图 8-3 所示。各菜单项的使用状态及功能与"编辑"菜单中对应菜单项的要求一致。

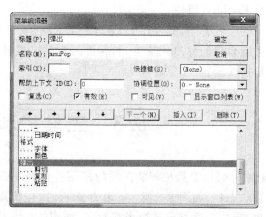

图 8-3 弹出式菜单   图 8-4 添加弹出式菜单

【解】 在例 8.2 的基础上,重新启动菜单编辑器,添加"弹出"菜单及下拉菜单项(如图 8-4 所示),4 个菜单的"名称"分别为 mnuPop、mnuPopCut、mnuPopCopy 和 mnuPopPaste;将"弹出"菜单的"可见"选项设成 False,即去掉该选项前的"√",使其在程序运行时不可见。为了实现弹出菜单的效果,应在 Form_MouseUp 事件中编写如下程序代码:

```
Private Sub Form_MouseUp(Button As Integer, Shift As Integer, X As Single, Y As
Single)
    If Button=2 Then
        PopupMenu mnuPop
    End If
End Sub
```

参数 Button 返回用户所按鼠标键的类型:1——左键,2——右键,4——中间键。

PopupMenu 方法用于弹出指定菜单,其调用格式是:PopupMenu 菜单名。

因弹出式菜单中"剪切"、"复制"、"粘贴"的功能与例 8.2 中相应菜单的功能相同,不必再重复编写代码,直接按如下方式调用即可。

```
Private Sub mnuPopCut_Click()
    mnuCut_Click
End Sub

Private Sub mnuPopCopy_Click()
    mnuCopy_Click
End Sub

Private Sub mnuPopPaste_Click()
    mnuPaste_Click
End Sub
```

另外,为了实现弹出式菜单中各菜单命令之间互相制约关系,需在适当的事件过程中设置其 Enabled 属性。

有的读者会问,能否在 txtWord_MouseUp 事件中编写代码? 当然可以,但这时先弹出原系统自带的弹出式菜单,然后再出现自己设计的菜单。而使用 RichTextBox 控件就可避免这些问题(参见例 8.7)。

8.3   工具栏和状态栏

【例 8.4】   工具栏和状态栏的使用。在例 8.2 基础上添加计时器、图像列表控件、工具栏和状态栏,如图 8-5 所示。程序运行时,在状态栏的第一个格中显示文本框当前所选字符数,第二个格显示系统当前时间,如图 8-6 所示;单击工具栏中的"剪切"、"复制"、"粘贴"按钮也可实现相应功能。

图 8-5   添加新控件后的窗体界面

图 8-6   工具栏和状态栏

【解】   在例 8.2 的基础上,再添加计时器控件,并设其 Interval 属性为 1000。其他控件的添加与设置可按如下操作步骤完成。

第 1 步:右击工具箱空白处,选择"部件"命令,并在"部件"对话框中选择 Microsoft Windows Common Controls 6.0 即可在工具箱中添加图像列表、工具栏和状态栏等控件。

第 2 步：添加图像列表（ImageList）控件（名称为 ImageList1）。该控件的作用是保存一系列图像以供其他控件使用，运行时不可见。图像列表控件在工具箱中的图标是 ⬜。添加控件后，在其上右击并选择"属性"命令以打开属性页对话框，在【图像】选项卡中通过【插入图片】按钮为其添加若干图片（如图 8-7 所示），并记住每张图像的索引号，以备后续使用。

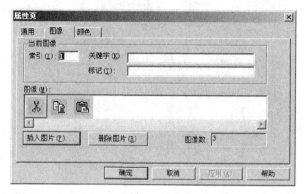

图 8-7　图像列表控件的属性页

第 3 步：添加工具栏（Toolbar）控件（名称为 tlbEdit）。工具栏控件在工具箱中的图标是 ⬜。添加该控件并打开其属性页对话框，在【通用】选项卡的【图像列表】选项中选择 ImageList1，指定工具栏中使用的图像来源于图像列表控件 ImageList1；通过【按钮高度】选项可以改变按钮的高度，如图 8-8 所示。

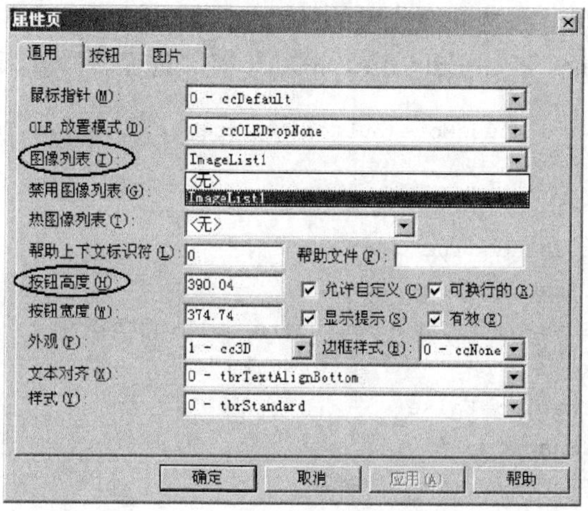

![工具栏属性页的通用选项卡]

图 8-8　工具栏属性页的【通用】选项卡

在属性页对话框的【按钮】选项卡中，通过【插入按钮】命令依次为工具栏插入 3 个按钮，并分别设置【关键字】为 cut、copy、paste，【图像】为 1、2、3（与图像列表控件中各图像的索引号一一对应），如图 8-9 所示。对于所有按钮，系统自动按添加顺序为其指定索引号（从 1 开始）。为了在按钮上只显示图像，将各按钮的【标题】置为空，此时在工具栏中看到的就是图像列表控件中存放的三幅图像。通过【工具提示文本】属性可为工具按钮设置提示性文本。

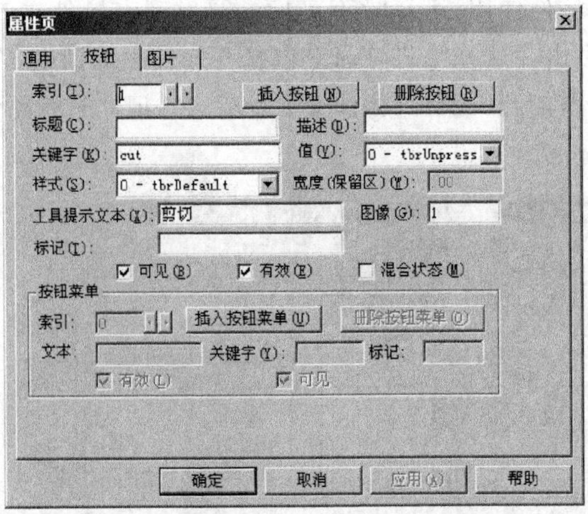

图 8-9　工具栏属性页的【按钮】选项卡

工具栏通常出现在窗体上部,如果窗体中存在菜单,系统自动将其安排在菜单之下。

第 4 步:添加状态栏(StatusBar)控件(名称为 staMsg)。状态栏控件在工具箱中的图标是 ▇。添加该控件并打开其属性页对话框,在【窗格】选项卡中,单击【插入窗格】按钮为状态栏添加两个窗格(Panels),并在索引为 2 的窗格中单击【浏览】按钮,为其指定一幅显示图标。一个窗格中可以同时显示图形和文字,为了在窗格中显示文字,通过在代码中设置状态栏的 Panels(1)属性实现。状态栏通常出现在窗体底部。

第 5 步:编写代码。在例 8.2 代码的基础上,修改 txtWord_MouseMove 事件过程,并添加 tmrClock_Timer 和 tlbEdit_ButtonClick 事件过程,具体代码如下:

```
Private Sub txtWord_MouseMove(Button As Integer, Shift As Integer, X As Single, Y
As Single)
    If txtWord.SelLength>0 Then
        mnuCut.Enabled=True
        mnuCopy.Enabled=True
        staMsg.Panels(1)="选中"&txtWord.SelLength&"个字符"
    Else
        mnuCut.Enabled=False
        mnuCopy.Enabled=False
        staMsg.Panels(1)="没选中字符"
    End If
End Sub


Private Sub tmrClock_Timer()
    staMsg.Panels(2)=Time()
End Sub


Private Sub tlbEdit_ButtonClick(ByVal Button As MSComctlLib.Button)
```

```
Select Case Button.Key
    Case "cut"
        mnuCut_Click
    Case "copy"
        mnuCopy_Click
    Case "paste"
        mnuPaste_Click
End Select
End Sub
```

程序说明：

（1）语句 staMsg.Panels(1)="没选中字符"的作用是给状态栏的第 1 个窗格赋值，其中显示文字"没选中字符"；而语句 staMsg.Panels(1)="选中"&txtWord.SelLength&"个字符"的作用是在状态栏的第 1 个窗格中显示文本框中已选字符数。同理，语句 staMsg.Panels(2)=Time()的作用是在第 2 个窗格中显示系统当前时间。

（2）工具栏中各按钮的单击操作应对应编写 ButtonClick 事件过程，而非 Click 事件。

8.4 提 高 部 分

8.4.1 多文档界面设计

在本章的基础部分介绍了菜单的设计，这是单文档界面，它类似于 Windows 中的记事本，在打开一个文件时会自动关闭前一打开的文件。下面要介绍的 MDI（Multiple Document Interface，多文档界面）与此不同，多文档界面就像字处理软件 Word，在启动主窗体后，其中可以同时再打开多个文件。将这个主窗体称为父窗体，在父窗体上产生的多个文档称为子窗体，程序运行时，可以移动子窗体或改变子窗体的大小，但子窗体始终被限制在父窗体内。

【例 8.5】 用"VB 应用程序向导"设计多文档界面。

【解】 使用"VB 应用程序向导"，通过简单的选择即可生成应用程序。操作步骤如下：

第 1 步：打开"VB 应用程序向导"。执行【文件】|【新建工程】命令，并在【新建工程】对话框中选择【VB 应用程序向导】，在随后打开的两个对话框中均单击【下一步】按钮，出现如图 8-10 所示的对话框。

第 2 步：创建菜单。在左侧【菜单】区域中选中【文件】（顶级菜单项），并在右侧【子菜单】区域中依次选中【新建】、【打开】、【保存】、【另存为】、【[分隔符]】和【退出】子菜单项；类似地，左侧选中【编辑】后，在右侧选中【剪切】、【复制】和【粘贴】；左侧选中【窗口】后，在右侧选中【层叠】、【横向平铺】和【纵向平铺】；单击【下一步】按钮出现如图 8-11 所示对话框。

第 3 步：创建工具栏。在"自定义工具栏"对话框中，位于左侧的列表中提供了可添加于工具栏上的全部工具项，而右侧列表中则显示当前已选工具项。通过两栏之间的按

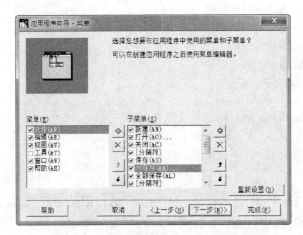

图 8-10 "应用程序向导-菜单"对话框

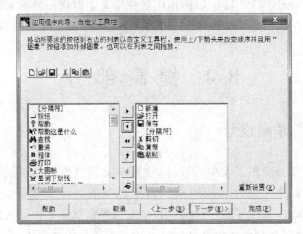

图 8-11 "应用程序向导-自定义工具栏"对话框

钮(如◀)可以移动或调整所选工具项。按如图 8-11 所示选中各工具项后单击【下一步】按钮。

第 4 步：在后续弹出的对话框中均单击【下一步】按钮，直至出现并单击【完成】按钮。

至此，已通过应用程序向导生成一个 VB 程序，产生的多文档界面如图 8-12 和图 8-13 所示，此时的工程资源管理器如图 8-14 所示，同时在代码窗口中已自动产生编码。

图 8-12　父窗体

图 8-13　子窗体

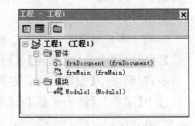

图 8-14　工程资源管理器

运行程序,父窗体内已有一个文档,连续单击两次"新建"按钮,父窗体内又增添两个文档,如图 8-15 所示。在多文档界面中,各文档间相互独立,即在一个文档中进行的操作不会影响其他文档。在【窗口】菜单中选择【纵向平铺】,显示如图 8-16 所示的界面。

图 8-15　父窗体内的文档

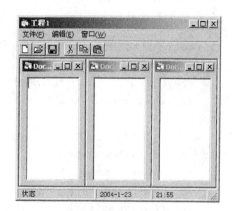

图 8-16　纵向平铺后的窗口

从本例题可以看出,利用"VB 应用程序向导"可以简单地通过几步选择操作即生成具有一定功能的应用程序,且不需编写任何代码。需要说明的是,此程序不一定满足所有要求,在此基础上还可以利用例 8.2 中介绍的方法修改或补充其他功能,如重新启动菜单编辑器以添加菜单。

【例 8.6】　自己动手设计多文档界面。

【解】　操作步骤如下:

第 1 步:新建工程,并修改工程名称属性为 prjEx8_6。

第 2 步:在工程资源管理器中右击,执行【添加】|【添加 MDI 窗体】打开 MDI 窗体,修改窗体的名称属性和 Caption 属性为"mdiEx8_6"和"父窗体",此时窗体界面和工程资源管理器如图 8-17 和图 8-18 所示。在父窗体中添加通用对话框(名称为 dlgFile),并启动菜单编辑器为其添加菜单,其中【文件】菜单中包括【新建】、【打开】和【退出】菜单项;【编辑】菜单中包括【剪切】、【复制】和【粘贴】菜单项;【窗口】菜单中包括【层叠】、【横向平铺】和【纵向平铺】菜单项。

图 8-17　父窗体

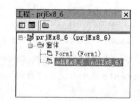

图 8-18　工程资源管理器

第 3 步：将普通窗体 Form1 的名称和 Caption 属性设为"frmEx8_6"和"子窗体"，并修改 MDIChild 属性为"True"，使其成为子窗体。添加文本框后的子窗体如图 8-19 所示。

第 4 步：编写程序代码。

父窗体的程序代码如下：

图 8-19　子窗体

```
Dim countfrm As Integer    'countfrm用于统计打开的文档数
Private Sub MDIForm_Load()
    countfrm=1              '运行时已有一个文档,所以置1
    frmEx8_6.Caption="Doc1"
End Sub


Private Sub mnuNew_Click()                  '"新建"菜单的事件过程
    Dim frmdoc As frmEx8_6                   '定义 frmdoc 为子窗体 frmEx8_6类型的变量
    Set frmdoc=New frmEx8_6                   '为变量 frmdoc 赋值
    countfrm=countfrm+1                      '文档数增 1
    frmdoc.Caption="Doc" & countfrm
    frmdoc.Show
End Sub


Private Sub mnuOpen_Click()
    Dim a As String
    mdiEx8_6.ActiveForm.txtWord.Text=""
    dlgFile.ShowOpen
    Open dlgFile.FileName For Input As #1
    Do While Not EOF(1)
        Line Input #1, a
        mdiEx8_6.ActiveForm.txtWord.Text=
        mdiEx8_6.ActiveForm.txtWord.Text & a & Chr(13) & Chr(10)
    Loop
    Close #1
End Sub


Private Sub mnuExit_Click()
    End
End Sub


Private Sub mnuCut_Click()
    Clipboard.SetText mdiEx8_6.ActiveForm.txtWord.SelText
    mdiEx8_6.ActiveForm.txtWord.SelText=""
    mnuPaste.Enabled=True
End Sub
```

```
Private Sub mnuCopy_Click()
    Clipboard.SetText mdiEx8_6.ActiveForm.txtWord.SelText
    mnuPaste.Enabled=True
End Sub

Private Sub mnuPaste_Click()
    mdiEx8_6.ActiveForm.txtWord.SelText=Clipboard.GetText
End Sub

Private Sub mnuCascade_Click()            '层叠
    mdiEx8_6.Arrange 0
End Sub

Private Sub mnuHorizontal_Click()         '横向平铺
    mdiEx8_6.Arrange 1
End Sub

Private Sub mnuVertical_Click()           '纵向平铺
    mdiEx8_6.Arrange 2
End Sub
```

子窗体的程序代码如下：

```
Private Sub Form_Resize()
    txtWord.Width=ScaleWidth
    txtWord.Height=ScaleHeight
End Sub
```

程序说明：

（1）在 mnuNew_Click 事件过程中，语句 Dim frmdoc As frmEx8_6 的作用是定义 frmdoc 为子窗体 frmEx8_6 类型的变量。由于 frmEx8_6 是已定义的窗体对象，所以这时称 frmdoc 为一个对象类型变量。为了在每次单击【新建】菜单时均能打开一个新的文档，应给变量 frmdoc 赋新文档值，为此程序中使用语句 Set frmdoc＝New frmEx8_6，此后则可通过语句 frmdoc.Show 显示新的文档。

（2）本例题和例 8.2 中的 mnuOpen_Click、mnuCut_Click、mnuCopy_Click、mnuPaste_Click 事件过程功能相同，只是本例中的文本框应特指处于 mdiEx8_6 中当前活动窗口上的那个文本框。为此在引用文本框时需采用如下表示形式：mdiEx8_6.ActiveForm.txtWord，其中 ActiveForm 表示当前活动窗口。

（3）【窗口】菜单中子窗体的排列功能通过调用 Arrange 方法实现。Arrange 方法用以重排 MDI 窗体中的子窗口，其调用格式为：MDI 窗体名.Arrange 参数。可选参数值 0、1、2 分别对应排列方式"层叠"、"横向平铺"和"纵向平铺"。

（4）改变窗体大小时触发该窗体的 Resize 事件。在子窗体的 Form_Resize 事件过程中，修改文本框的大小，使其与窗体大小保持一致。其中窗体的 ScaleWidth 和

ScaleHeight 属性代表窗体内部的水平宽度和垂直高度。在程序运行中,只要改变子窗体的大小,文本框也跟随其改变大小。

8.4.2 ActiveX 控件

1. 什么是 ActiveX 控件

在 VB 的工具箱中,一般情况下只能看到图片框、标签等 20 个控件,称为标准控件。在前几章的学习中还使用了通用对话框、工具栏、状态栏等控件,这些控件需要先通过【部件】对话框将其加载到工具箱后才能使用,称为 ActiveX 控件,它们是以.ocx 为扩展名的单独文件。ActiveX 控件可以是系统提供的,也可以是用户自己创建的,还可以是产品化的。

2. 使用 ActiveX 控件

VB 提供丰富的 ActiveX 控件(企业版提供的较多,学习版较少),下面再举几个 ActiveX 控件的使用例题,希望能够起到举一反三的作用。

【例 8.7】 改写例 8.3。在【文件】菜单下新增【保存】菜单项,添加【插入】菜单,其下包含【图片】菜单项,并将文本框改为 RichTextBox 控件,实现相应功能。

【解】 将文本框改为 RichTextBox,可以实现仅对选中的文本进行字体或颜色设置。在选中文本处右击,可以打开弹出式菜单;可以插入图片。操作步骤如下:

第 1 步:在例 8.3 的基础上,重新启动菜单编辑器。在【文件】菜单的【打开】菜单项下插入名为 mnuSave 的新菜单项【保存】,并在所有菜单的后面添加【插入】菜单,其下再添加名为 mnuInPic 的子菜单项【图片】。

第 2 步:执行【工程】|【部件】命令,并在【控件】选项卡中选择 Microsoft Rich TextBox Control 6.0,这时工具箱中出现 RichTextBox 控件,其图标为 ■。删除文本框后添加 RichTextBox,RichTextBox 的外观与文本框很像,其使用方法也类似,但 RichTextBox 的功能强于文本框。

第 3 步:修改程序代码。首先将例 8.3 代码中出现的所有文本框名称 txtWord 替换为 RichTextBox 的名称 rtfWord,并将原来的 Form_MouseUp 事件过程修改为 rtfWord_MouseUp 事件过程。随后再按如下内容修改或添加程序代码。

改写【打开】菜单项的 Click 事件过程,代码如下:

```
Private Sub mnuOpen_Click()              '采用与例8.3不同的代码
    Dim fname As String
    dlgFile.ShowOpen
    fname=dlgFile.FileName
    If Right(fname, 3)="txt" Then
        rtfWord.LoadFile fname, 1        '打开文本文件;将内容加到RichTextBox1 中
    ElseIf Right(fname, 3)="rtf" Then
        rtfWord.LoadFile fname, 0
```

```
    Else
        MsgBox "文件类型错！"
    End If
End Sub
```

添加【保存】和【图片】菜单项的 Click 事件过程，代码如下：

```
Private Sub mnuSave_Click()                    '新添加的代码
    Dim fname As String
    dlgFile.ShowSave
    fname=dlgFile.FileName
    If Right(fname, 3)="txt" Then
        rtfWord.SaveFile fname, rtfText    '将 rtfWord 中内容存为文本文件
    ElseIf Right(fname, 3)="rtf" Then
        rtfWord.SaveFile fname, rtfRTF
    Else
        MsgBox "文件类型错！"
    End If
End Sub

Private Sub mnuInPic_Click()
    Dim fname As String
    dlgFile.ShowOpen
    fname=dlgFile.FileName
    If Right(fname, 3)="bmp" Then
        rtfWord.OLEObjects.Add , , fname    '在文档中插入图片
    Else
        MsgBox "文件类型错！"
    End If
End Sub
```

程序说明：

（1）LoadFile 和 SaveFile 是 RichTextBox 控件的两个方法，它们的调用格式如下：

对象名.LoadFile 加载文件名, 文件类型
对象名.SaveFile 保存文件名, 文件类型

使用 LoadFile 加载文件时，加载文件的内容将取代 RichTextBox 控件的全部内容，使控件的 Text 和 RTFText 属性值改变。SaveFile 方法用于把 RichTextBox 控件的内容存入指定文件。使用这两个方法只能处理 TXT 文件和 RTF 文件，调用时由"文件类型"确定，参数 0 或 rtfRTF 表示 RTF 文件，1 或 rtfText 表示文本文件。

（2）在 RichTextBox 控件中可以插入 bmp 图像文件。语句 rtfWord.OLEObjects.Add , , fname 的作用是将 fname 文件中的图片插入并替换 rtfWord 当前所选内容。注意，语句中的逗号不能省略。

【例 8.8】 使用动画控件设计动画播放程序。在窗体上添加 1 个通用对话框、3 个命

令按钮和 1 个动画（Animation）控件，如图 8-20 所示。程序运行时，单击【播放】按钮播放动画；单击【停止】按钮停止播放；单击【加载】按钮加载其他动画文件。

　　【解】　使用动画控件前，必须在【部件】对话框中选择 Microsoft Windows Common Controls-2 6.0 将其添加到工具箱中。动画控件在工具箱中的图标是 ▥。

　　在窗体上添加动画控件，并在【属性页】对话框中勾选【居中】属性（Center）。由于动画控件只能显示 AVI 文件，设置通用对话框的"Filter"属性为"动画｜＊.avi"。程序运行效果如图 8-21 所示。编写程序代码如下：

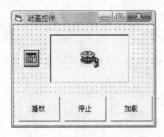
图 8-20　例 8.8 界面设计

图 8-21　动画控件的使用

```
Private Sub Form_Load()
    dlgFile.Filter="动画(＊.avi)|＊.avi "
    dlgFile.ShowOpen
    Animation1.Open dlgFile.FileName      '打开所选文件
End Sub

Private Sub cmdPlay_Click()
    Animation1.Play                       '播放动画
End Sub

Private Sub cmdStop_Click()
    Animation1.Stop                       '停止播放
End Sub

Private Sub cmdAdd_Click()
    Animation1.Close                      '关闭已打开的文件
    Form_Load
End Sub
```

　　程序说明：

　　(1) 动画控件（Animation）主要用于播放无声的小视频动画。如用户在执行文件复制、删除等操作时播放的提示性视频。

　　(2) Open、Close、Play、Stop 是动画控件的方法，用于控制 AVI 文件的打开、关闭、播放和停止播放操作。

　　注意：Stop 方法只能停止用 Play 方法启动的动画。

　　【例 8.9】　使用多媒体播放控件（Windows Media Player）播放音频和视频。窗体上添加 1 个通用对话框、1 个标签、1 个多媒体播放控件和 5 个按钮,如图 8-22 所示。程序运行时的界面如图 8-23 所示,标签中显示当前时长和总时长。

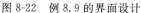

图 8-22　例 8.9 的界面设计

图 8-23　程序运行界面

【解】　使用多媒体播放控件前,必须在【部件】对话框中选择 Windows Media Player 将其添加到工具箱中。Windows Media Player 在工具箱中的图标是 ◉ 。

编写程序代码如下:

```
Private Sub cmdCurrent_Click()                    '单击"当前进度"按钮
    Dim str1 As String,  str2 As String
    str1=wmp1.Controls.currentPositionString      '获取当前的播放进度
    str2=wmp1.currentMedia.durationString         '该媒体总播放时长
    lbl1.Caption="当前进度:"&str1&"  总长度:"&str2
End Sub


Private Sub cmdLoad_Click()                       '单击"加载"按钮
    dlg1.ShowOpen                                 '利用通用对话框打开一个媒体文件
    wmp1.URL=dlg1.FileName                         '多媒体播放控件播放指定的媒体文件
End Sub


Private Sub cmdPause_Click()                      '单击"暂停"按钮
    wmp1.Controls.pause                           '暂停媒体播放
End Sub


Private Sub cmdPlay_Click()                       '单击"播放"按钮
    wmp1.Controls.play                            '开始播放媒体
End Sub


Private Sub cmdStop_Click()                       '单击"停止"按钮
    wmp1.Controls.stop                            '停止媒体播放
End Sub
```

程序说明：

（1）多媒体播放控件支持多种格式的音频（wma、mp3、avi…）和视频文件（wmv、mpeg、rmvb、avi…）。

（2）多媒体播放控件的各种动作都是在 Controls 属性中，包括播放 play、停止 stop、暂停 pause、上一首 previous、下一首 next、快进 fastForward、倒退 fastReverse 等动作。

（3）通过 wmp1. Controls. currentPositionString 可以获取当前播放的进度字符串（以时间格式显示的当前进度）。关于媒体更多的信息在 wmp1. currentMedia 中得到。

【例 8.10】 使用 ShockWaveFlash 控件播放 Flash。窗体上添加 2 个命令按钮和 1 个 ShockWaveFlash 控件。单击【播放】按钮，播放指定的 Flash 动画，如图 8-24 所示；单击【停止】按钮，停止播放。

图 8-24　播放 Flash 动画

【解】 ShockWaveFlash 控件用于播放 Flash 动画，使用前须在【部件】对话框中选择 Shockwave Flash 将其添加到工具箱中。Shockwave Flash 控件在工具箱中的图标是 ▮。

窗体上添加 ShockWaveFlash 控件，设置其 Movie 属性为需要演示的 Flash 文件名，同时将 playing 属性设置为 False。代码中调用 Play 和 Stop 方法可以控制 Flash 的播放和停止。程序代码如下：

```
Private Sub cmdPlay_Click()                '单击"播放"按钮
    ShockwaveFlash1.Play
End Sub

Private Sub cmdStop_Click()                '单击"停止"按钮
    ShockwaveFlash1.Stop
End Sub
```

程序说明：

（1）添加 ShockWaveFlash 控件的前提条件是，计算机中已安装 Flash 或 Flash 插件。

（2）设置 Movie 属性时，必须提供 Flash 文件的完整绝对路径。也可以在代码中设置 Movie 属性，例如

```
Private Sub Form_Load()
    ShockwaveFlash1.Movie=App.Path & "\game.swf"
End Sub
```

需要注意的是，每次修改 Movie 属性时，playing 属性都会自动变为 True，即 ShockWaveFlash 控件自动播放 Flash。本例题中将其设置为 False，当单击【播放】按钮时才开始播放。

由于篇幅有限，以上简单介绍部分 ActiveX 控件的使用方法，必要时请参考其他书籍。

8.4.3　贯穿实例——图书管理系统(8)

图书管理系统之八：在 7.4.5 节图书管理系统之七的基础上,利用菜单、图像列表控件和工具栏控件重新设计图书管理系统主窗体(如图 8-25 所示)和系统管理员功能窗体(如图 8-26 所示)。程序运行时,单击工具栏中的工具按钮或单击菜单均可切换到相应窗体。

图 8-25　修改后的主窗体

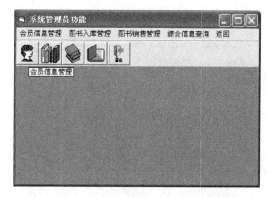

图 8-26　修改后的系统管理员功能窗体

【解】　在图书管理系统(7)的基础上修改图书管理系统主窗体和系统管理员功能窗体的界面设计,并修改程序代码如下。

图书管理系统窗体中的程序代码如下：

```
Private Sub Admin_Click()
    frmMain.Hide
    frmAdmin.Show
End Sub

Private Sub Staff_Click()
    frmMain.Hide
    frmStaff.Show
End Sub

Private Sub exit_Click()
    Dim i As Integer
    i=MsgBox("确认要退出系统吗？", vbOKCancel, "退出系统")
    If i=1 Then
        End
    End If
End Sub
```

系统管理员功能窗体中的程序代码如下：

```vb
Private Sub huiyuan_Click()
    frmAdminFn.Hide
    frmMember.Show
End Sub


Private Sub bookinput_Click()
    frmAdminFn.Hide
    frmInBook.Show
End Sub


Private Sub booksale_Click()
    frmAdminFn.Hide
    frmSale.Show
End Sub


Private Sub inquery_Click()
    frmAdminFn.Hide
    frmQuery.Show
End Sub


Private Sub return_Click()
    frmAdminFn.Hide
    frmAdmin.Show
End Sub


Private Sub Toolbar1_ButtonClick(ByVal Button As ComctlLib.Button)
    Select Case Button.Index
        Case 1
            frmAdminFn.Hide
            frmMember.Show
        Case 2
            frmAdminFn.Hide
            frmInBook.Show
        Case 3
            frmAdminFn.Hide
            frmSale.Show
        Case 4
            frmAdminFn.Hide
            frmQuery.Show
        Case 5
            frmAdminFn.Hide
            frmAdmin.Show
```

```
    End Select
End Sub
```

说明：单击工具栏中的第一个【会员信息管理】按钮时，进入会员信息管理窗体；单击第五个【返回】按钮时，返回上一级窗体。单击第二、三、四个按钮时的功能将在贯穿实例九中完善。

8.5 上 机 训 练

【**训练 8.1**】 窗体上添加 1 个标签、1 个文本框、1 个命令按钮、1 个框架（内含 2 个单选按钮）、1 个图像框和 2 个菜单，菜单项设置如图 8-27 和图 8-28 所示。程序运行时的初始界面如图 8-29 所示，在【品牌】菜单中选择品牌名后，文本框中显示该品牌名，同时【照片】按钮可用；单击【照片】按钮，根据单选按钮选择情况，在图像框上显示所选品牌的商品照片，如图 8-30 所示。执行【设置】菜单中的【重置】命令，界面恢复到运行初始状态；单击【退出】结束程序。

图 8-27 "品牌"菜单

图 8-28 "设置"菜单

图 8-29 运行初始界面

图 8-30 显示商品照片

1. 目标

(1) 掌握菜单的设计方法。

(2) 巩固常用控件的使用方法。

2. 步骤

（1）设计用户界面，并设置属性。应将"U 盘"单选按钮的 Value 属性和文本框的 Locked 属性设置为 True，设置命令按钮的 Enabled 属性为 False。

（2）编写代码、运行程序、保存窗体和工程。

① 分别编写【品牌】菜单中两个菜单项的 Click 事件过程，并运行程序验证。

② 编写文本框的 Change 事件过程并运行程序验证，在此过程中控制按钮是否可用。

③ 编写【设置】菜单中两菜单项的 Click 事件过程，并运行程序验证。在【重置】菜单项的 Click 事件过程中，应将文本框和图像框清空，并使"U 盘"单选按钮处于选中状态。

④ 编写命令按钮的 Click 事件过程并运行程序验证。代码如下：

```
Private Sub cmdShow_Click()
    If optU.Value=True Then
        If txtShow.Text="爱国者" Then
            imgShow.Picture=LoadPicture("Love_U.jpg")
        Else
            imgShow.Picture=LoadPicture("LG_U.jpg")
        End If
    Else
        If txtShow.Text="爱国者" Then
            imgShow.Picture=LoadPicture("Love_H.jpg")
        Else
            imgShow.Picture=LoadPicture("LG_H.jpg")
        End If
    End If
End Sub
```

⑤ 保存窗体和工程。

3. 提示

当选择【爱国者】或【LG】菜单项后，文本框中显示相应内容；当选择【重置】菜单项后，文本框被清空；因而可采用如下代码控制命令按钮是否可用：

```
If txtShow<>"" Then
    cmdShow.Enabled=True
Else
    cmdShow.Enabled=False
End If
```

4. 扩展

在原窗体上再添加 1 个标签和 1 个计时器。单击【照片】按钮时，标签中显示欢迎选购所选产品的文字，同时向上循环移动，如图 8-31 所示；单击【重置】菜单项时，恢复初始状态。

图 8-31　标签向上循环移动

【训练 8.2】　如图 8-32、图 8-33 和图 8-34 所示设计 3 个窗体,其中窗体 1 的【工具】
菜单中包含【统计】和【选项】两菜单项,弹出式菜单中包含【字体选项】和【退出】菜单项。
程序运行时,在窗体 1 的文本框中输入字符后执行【工具】|【统计】命令,切换到窗体 2;在
窗体 2 选择统计项后,在窗体 1 的标签中显示统计结果,如图 8-35 所示;单击【关闭】按钮
关闭窗体 2。在窗体 1 执行【工具】|【选项】命令,切换到窗体 3;在窗体 3 选择字体并单击
【确定】按钮,立即将窗体 1 中文本框的字体更改为所选字体,单击【关闭】按钮,关闭窗体
3。窗体 1 中弹出式菜单的【字体选项】命令与菜单项【选项】的功能相同,执行【退出】命令
则结束程序。

图 8-32　窗体 1 界面设计

图 8-33　窗体 2 界面设计

图 8-34　窗体 3 界面设计

图 8-35　显示字符统计结果

1. 目标

(1) 掌握弹出式菜单的设计方法。
(2) 巩固菜单的设计方法。

(3) 了解图像列表、工具栏和状态栏的使用方法。

2. 步骤

(1) 设计用户界面,并设置属性。
(2) 编写代码、运行程序、保存各窗体和工程。

3. 提示

(1) 由窗体 1 切换到窗体 2 时不需隐藏窗体 1,使用语句 frmXl8_2_2.Show 即可。
(2) 窗体 2 中统计数据的代码可参考习题 4.1。
(3) 窗体 3 中字体选项的代码可参考例 3.5。

4. 扩展

在窗体 1 上删除标签,添加图像列表、工具栏和状态栏,实现原有功能,如图 8-36 所示。

图 8-36　扩展后的程序运行界面

习　题　8

基础部分

图 8-37　执行"最小值"操作时的运行结果

1. 编写程序。窗体上添加 1 个文本框、1 个标签和 2 个菜单,其中【写文件】菜单下有【新建】和【追加】菜单项,【读文件】菜单下有【最大值】、【最小值】和【平均值】菜单项。执行【新建】操作时,反复弹出输入框输入正整数,并将这些数据显示在文本框中,同时存入新建的文件 data.dat 中,直至输入 0 时停止;【追加】菜单项的功能与【新建】相同,只是将输入的数据添加在 data.dat 文件尾部。【读文件】菜单下的各菜单项分别用于查找并显示文件 data.dat 中的最大值、最小值或平均值,同时将文件中的数据显示在文本框中,如图 8-37 所示。

2. 编写程序。窗体上添加 2 个标签、2 个列表框、2 个文本框、2 个命令按钮和 1 个菜单(包含【添加联系人】、【删除联系人】、【修改联系人】3 菜单项),如图 8-38 所示。程序运行时,双击右侧列表框,将所选联系人显示到左侧标签中,同时可以开始与其聊天;左侧文本框用于输入本人信息,右侧文本框用于输入所选联系人信息,单击【发送】或【朋友】按钮时,将文本框中表示聊天内容的信息依次添加到左侧列表框中,如图 8-39 所示,在文本框输入时,右侧标签中显示还可以输入的字符数。【添加联系人】菜单项的功能是打开输入框输入并添加新联系人到右侧列表框;【删除联系人】的功能是删除右侧列表框中所选联系人;【修改联系人】的功能是打开输入框输入并替换所选联系人。

图 8-38 题 2 的界面设计

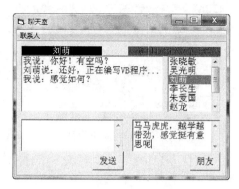
图 8-39 题 2 的运行界面

提高部分

3. 编写程序。如图 8-40 和图 8-41 所示设计 MDI 父窗体和子窗体,其中状态栏包含两个窗格,分别显示当前操作及当前系统时间;工具栏的【复制】、【剪切】、【粘贴】按钮功能与 Windows 中相同,而【时间】按钮的功能是将当前系统时间插入到 RichTextBox 光标处。单击【新建】菜单项,出现子窗体;单击【打开】菜单项,将通用对话框中所选文件显示在 RichTextBox 中;单击【退出】菜单项,结束整个程序。要求在单击菜单项或工具栏按钮时将相应功能显示在状态栏第 1 窗格上,如图 8-42 所示。

图 8-40 MDI 父窗体设计

图 8-41 子窗体设计

图 8-42 状态栏显示效果

4. 编写程序。窗体中添加 1 个 Animation、1 个 Windows Media Player、2 个菜单和 1 个包含 2 个窗格的状态栏,其中【视频体验】和【声音体验】两菜单的设置如图 8-43 所示。程序运行时,Windows Media Player 隐藏,在状态栏的两窗格中分别显示用户执行【视频体验】和【声音体验】菜单的操作状态,如图 8-44 所示。单击【文件复制】、【文件删除】或【文件搜索】菜单项时,在 Animation 中分别播放"FileCopy.avi"、"Filedel.avi"或"Search.avi"文件;单击【退出】结束整个程序;单击【Windows 启动】、【Windows 关机】、【Windows 登录】或【Windows 错误提示】菜单项时,在 Windows Media Player 中分别播放"启动.wav"、"关机.wav"、"登录.wav"或"错误.wav"文件。

图 8-43　菜单设计　　　　　　　　　　　图 8-44　执行"文件删除"后的运行界面

第 9 章 访问数据库

本章内容

基础部分：

- 数据库的概念、数据库和数据表的建立。
- DataGrid 网格控件、ADO 控件、使用 ADO 控件访问数据库。

提高部分：

- Data 数据控件、用 Data 控件访问数据库。
- 贯穿实例。

各例题知识要点

例 9.1　数据库的概念、用 Access 建立数据库。

例 9.2　DataGrid 控件与 ADO 控件的添加、绑定方法；用 ADO 控件浏览数据库。

例 9.3　文本框与 ADO 的绑定；记录指针的移动；记录的添加、删除、更新；实现菜单管理系统的菜单编辑功能。

例 9.4　标签与 ADO 的绑定；记录的查找；实现菜单管理系统的点菜功能。

（以下为提高部分例题）

例 9.5　使用可视化数据管理器建立数据库。

例 9.6　文本框与 Data 控件的绑定方法；用 Data 控件浏览数据库。

例 9.7　用 Data 控件添加、删除、修改记录；完成学期成绩管理功能。

贯穿实例　图书管理系统(9)。

提到数据库，大家可能不会觉得陌生，因为在日常生活中，数据库无处不在，小到个人通讯录，大到银行储蓄管理、国民经济信息库等，它们都是不同形式的数据库应用。

9.1 数据库的概念与建立

9.1.1 数据库概念

数据库是具有一定组织结构的相关信息的集合。它是将一些相关数据表组织在一起,并通过功能设置,使数据表之间建立关系,从而构成的一个完整数据库。

通常将数据库的结构形式(即数据之间的联系)称为数据模型。目前最为流行的是关系模型。关系模型建立在严格的数学理论基础上,采用人们所熟悉的二维表格形式存储数据(像电子表格)。二维表中的每一列称为一个字段,表中的第一行是字段名称。从表的第二行开始,每一行代表一条记录,每条记录含有相同类型和数量的字段。例如,表9-1所示的菜单管理表中包含 ID、menuName、menuPrice、menuSelect 共 4 个字段,从表的第二行起每一条记录(共 7 条记录)包含了一道菜的所需信息,即编号、菜名、菜价以及点菜情况。根据表的主题内容将不同类型的数据保存在不同的数据表中,然后建立它们之间的关系。

表 9-1 菜单管理表

ID	menuName	menuPrice	menuSelect
1	鱼香肉丝	18	0
2	宫爆鸡丁	20	0
3	木须肉	15	0
4	清蒸鲑鱼	45	0
5	辣子鸡	32	0
6	东北拉皮	10	0
7	皮蛋豆腐	8	0

9.1.2 数据库和表的建立

【例 9.1】 建立一个菜单管理系统数据库,库中包含表 9-1 所示的菜单管理表。

【解】 通过 Access 数据库软件建立数据库的操作步骤如下:

第 1 步:启动 Microsoft Office Access。执行【开始】|【程序】|【Microsoft Office】|【Microsoft Office Access 2003】,启动数据库应用程序。

第 2 步:建立数据库。执行【文件】|【新建】命令,并在【新建文件】窗格中选择【空数据库…】,在随后弹出的【文件新建数据库】对话框中指定数据库名称 db1.mdb 及保存路径,单击【创建】按钮后出现如图 9-1 所示的窗口。

第 3 步:建立数据表结构。新建的数据库 db1.mdb 是一个不含任何数据表的空库,需要为其添加数据表。选择【使用设计器创建表】项并执行上方的【设计】命令,出现如图 9-2 所示的窗口,在此窗口中按照表 9-2 所示内容创建表结构。

图 9-1   数据库窗口

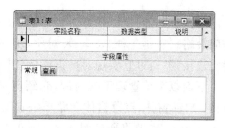

图 9-2   创建表结构窗口

表 9-2   菜单管理表结构

字段名称	数据类型	字段名称	数据类型
ID	数字	menuPrice	数字
menuName	文本	menuSelect	数字

第 4 步:设置主键。主键是一个数据表中应该具有的一项,用来唯一标识一条记录,作为主键的字段不能出现重复数据,本表中将 ID 字段设置为主键。在 ID 字段所在行上右键单击并选择【主键】命令,设置主键后的表结构如图 9-3 所示。

第 5 步:保存表结构。关闭图 9-3 表结构窗口,系统提示是否保存并在弹出的【另存为】窗口中输入表名 menu。至此 db1.mdb 数据库中的 menu 数据表建立完成。重复步骤 2～步骤 5,可以为数据库创建多张数据表。

第 6 步:编辑数据表中的数据。建立 menu 表结构后的 db1.mdb 数据库窗口如图 9-4 所示(多了一个 menu 表)。此时的 menu 表是一个仅有表结构的空表,还需向表中添加数据。双击【menu】将其打开,并按照表 9-1 输入数据。由于 ID 是主键,当 ID 列输入重复数据时系统报错。

图 9-3   设置主键

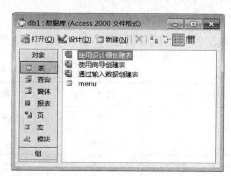

图 9-4   创建 menu 表结构后的数据库窗口

在图 9-4 状态下,选中【menu】后再次单击【设计】命令,可以重新修改 menu 表结构。

9.2 用 ADO 控件访问数据库

ADO(ActiveX Data Object)数据访问接口,是美国 Microsoft 公司提出的最新数据访问策略。它是一种 ActiveX 对象,用户可以使用 ADO 数据控件方便、快捷地与数据库建立连接,并通过它实现对数据库的访问。

下面以菜单管理系统为例,介绍用 ADO 控件访问数据库的方法。该系统包含 3 个窗体:启动窗体、点菜窗体和菜单编辑窗体,在三个窗体中都会用到例 9.1 所创建的数据库表 menu。本节将通过例 9.2~例 9.4 三道例题加以介绍。

【例 9.2】 实现菜单管理系统中启动窗体的功能。在窗体上添加 1 个标签、3 个命令按钮、1 个 ADO 控件和 1 个 DataGrid 控件,如图 9-5 所示。程序运行时,在 DataGrid 控件中显示 menu 表中的全部数据,如图 9-6 所示。

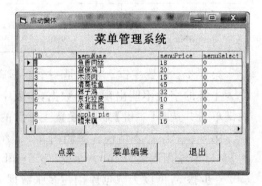

图 9-5 启动窗体的界面设计　　　　图 9-6 在 DataGrid 控件中显示全部菜谱

【解】 ADO 数据控件和 DataGrid 网络控件是外部控件,使用前需在【部件】对话框中选择 Microsoft ADO Data Control 6.0(OLEDB)和 Microsoft DataGrid Control 6.0(OLEDB)将它们添加到工具箱。ADO 控件和 DataGrid 控件在工具箱中的图标分别是 和 。

在窗体上添加所需控件,并按照表 9-3 给出的内容设置各对象的属性。

表 9-3 例 9.2 对象的属性值

对　　象	属 性 名	属 性 值	作　　用
窗体	(名称)	frmEx9_2	启动窗体的名称
	Caption	启动窗体	窗体的标题
标签	Caption	菜单管理系统	标签的标题
命令按钮 1	(名称)	cmdOrder	命令按钮的名称
	Caption	点菜	命令按钮上的标题

对　　象	属　性　名	属　性　值	作　　用
命令按钮2	（名称）	cmdEdit	命令按钮的名称
	Caption	菜单编辑	命令按钮上的标题
命令按钮3	（名称）	cmdExit	命令按钮的名称
	Caption	退出	命令按钮上的标题
ADO 数据控件	（名称）	AdoMenu	ADO 数据控件的名称
	Visible	False	运行时不可见
DataGrid 网络控件	（名称）	dgdShow	DataGrid 网络控件的名称
	DataSource	AdoMenu	用于显示数据表内容

接下来要将 ADO 数据控件与数据库建立连接，方法如下：

（1）进入连接界面。在窗体中右击 ADO 控件，并在弹出的菜单中选择【ADODC 属性】命令，打开如图 9-7 所示的属性页对话框。

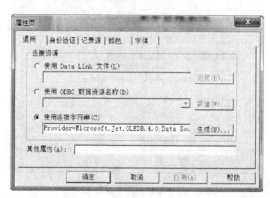

图 9-7　ADO 属性页对话框

（2）选择数据库提供者。在属性页对话框的【通用】选项卡中选择"使用连接字符串"单选按钮，单击【生成…】按钮进入【数据链接属性】窗口，在【提供程序】选项卡中选择 Microsoft Jet 4.0 OLE DB Provider 作为数据库的提供者，如图 9-8 所示。

（3）连接数据库。单击【下一步】按钮进入【连接】选项卡，单击其中的【…】按钮选择要连接的数据库 db1.mdb，如图 9-9 所示。单击【测试连接】按钮时弹出【测试连接成功】对话框，表示 ADO 数据控件与数据库连接成功，单击【确定】按钮返回【属性页】窗口。

（4）连接数据表。数据库中可能包含多张数据表，但 ADO 控件只能连接一张表。在【属性页】对话框中选择【记录源】选项卡，选择【命令类型】为"2-adCmdTable"，表示 ADO 控件与数据库中的表连接，在【表或存储过程名称】中选择数据表"menu"，如图 9-10 所示。

此时虽然还没编写任何代码，但运行程序后已在 DataGrid 控件中列出 menu 表中的全部信息。AdoMenu 控件上的 4 个按钮、、、分别表示移动到表中第一条记录、最

图 9-8 选择数据库提供者

图 9-9 连接数据库

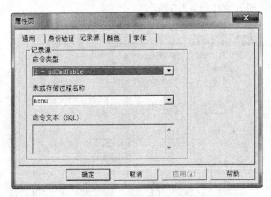

图 9-10 连接数据表

后一条记录、前一条记录、后一条记录。

编写程序代码如下：

```
Private Sub Form_Load()
    AdoMenu.Recordset.MoveFirst              '将记录指针指向第1条记录
    Do While AdoMenu.Recordset.EOF=False     '当记录指针没到结束标志 EOF 时
        AdoMenu.Recordset.Fields(3)=0        '将当前记录中第4个字段的值置为0
        AdoMenu.Recordset.MoveNext           '移动记录指针到下一条记录
    Loop                                     '重复循环
    AdoMenu.Recordset.MoveFirst              '将记录指针重新移到第1条记录上
End Sub

Private Sub cmdExit_Click()
    End
End Sub
```

由于目前只有启动窗体,【点菜】和【菜单编辑】按钮的代码暂时无法编写,其代码将在例9.3和例9.4中分别给出。

程序说明:

(1) 为了在窗体中显示数据表中的数据,除了要将 ADO 控件与数据库中的数据表建立连接外,还需要与用于显示数据的控件进行绑定。如果使用文本框、标签等控件显示数据,需设置其 DataSource 属性和 DataField 属性。其中 DataSource 属性用于指定显示数据的来源,如本例中的 AdoMenu(即 AdoMenu 所连接的数据表 menu),DataField 属性用于指定显示数据在数据表中所在的字段名,如 menu 表中的 menuName 字段。如果使用本例中的 DataGrid 控件,因其可以同时显示整张表的全部信息,只需设置 DataSource 属性即可。

(2) 当 ADO 数据控件连接到数据库的某数据表之后,ADO 控件的 Recordset 记录集即表示该数据表。代码中 AdoMenu. Recordset 就表示数据表 menu。例如:

AdoMenu. Recordset. MoveFirst——移动 menu 表中的记录指针,使其指向第 1 条记录;

AdoMenu. Recordset. MoveLast——移动 menu 表中的记录指针,使其指向最后 1 条记录;

AdoMenu. Recordset. MoveNext——移动 menu 表中的记录指针,使其指向下 1 条记录;

AdoMenu. Recordset. MovePrevious——移动记录指针,使其指向上 1 条记录;

AdoMenu. Recordset. Fields(0)——引用表中记录指针当前所指记录的第 1 字段值;

AdoMenu. Recordset. Fields("ID")——引用表中记录指针当前所指记录的 ID 字段值;

引用 Fields 属性时,可以提供字段的索引号或字段名。

注意: 数据表中第 1 字段的索引号是 0,第 2 字段的索引号是 1,依次类推。

(3) 数据表有 2 个重要标志:BOF(开始标志)和 EOF(结束标志),值为 True 时表示表中记录指针当前指向 BOF 或 EOF 标志,否则,记录指针所指位置是当前记录。通常利用 EOF 判断是否完成数据表的全部访问。例如,在窗体的 Load 事件过程中,为了将 menu 表中所有记录的 menuSelect 字段值设置为 0,首先将表中记录指针指向第一条记录,然后通过循环判断 EOF 标志确定是否达到表尾,只要 EOF 标志为 False,就将当前记录的 menuSelect 值(即 Fields(3))置 0,然后移动记录指针至下一条记录。menu 表中,menuSelect 字段值为 1 时表示点取该菜品,为 0 时表示未点取。

【例9.3】 实现菜单管理系统中菜单编辑功能。在例 9.2 的工程中添加图 9-11 所示的新窗体,实现如下菜单编辑功能:单击【上一个】按钮,显示 menu 表中上一条菜品记录;单击【下一个】按钮,显示下一条菜品记录;单击【添加】按钮,在文本框中输入新的菜品信息,同时该按钮变为【保存】,单击【保存】按钮,则将输

图 9-11　菜单编辑窗体的界面设计

入的新菜品添加到 menu 中,同时【保存】按钮又恢复为【添加】;单击【删除】按钮,删除表中当前菜品记录;单击【修改】按钮,允许在文本框中修改记录,同时该按钮变为【保存】,单击【保存】,使用修改后的菜品信息更新表中数据,同时按钮又恢复为【修改】;单击【浏览】按钮,切换到启动窗体,DataGrid 控件中显示编辑后的新菜单。

【解】 打开例 9.2 的工程,添加新窗体,并按表 9-4 给出的内容设置各对象属性。

表 9-4 例 9.3 对象属性值

对　　象	属 性 名	属 性 值	作　　用
窗体 2	(名称)	frmEx9_3	窗体的名称
	Caption	菜单编辑窗口	窗体的标题
标签 1、2、3	Caption	编号、菜名、价格	标签的标题
命令按钮 1、2	(名称)	cmdPrevious、cmdNext	命令按钮的名称
	Caption	上一个、下一个	命令按钮的标题
命令按钮 3、4	(名称)	cmdAdd、cmdDel	命令按钮的名称
	Caption	添加、删除	命令按钮的标题
命令按钮 5、6	(名称)	cmdModify、cmdLook	命令按钮的名称
	Caption	修改、浏览	命令按钮的标题
文本框 1、2、3	(名称)	txtID、txtName、txtPrice	文本框的名称
	Locked	True	文本框锁定
	Text	(置空)	文本框中显示的内容

在启动窗体中补充如下代码,单击【菜单编辑】按钮后,切换到菜单编辑窗体。

```
Private Sub cmdEdit_Click()
    frmEx9_3.Show
    frmEx9_2.Hide
End Sub
```

在菜单编辑窗体中编写代码如下:

```
Private Sub Form_Load()                          '将显示控件——文本框与 ADO 控件绑定
    Set txtID.DataSource=frmEx9_2.AdoMenu
    txtID.DataField="ID"
    Set txtName.DataSource=frmEx9_2.AdoMenu
    txtName.DataField= "menuName"
    Set txtPrice.DataSource=frmEx9_2.AdoMenu
    txtPrice.DataField= "menuPrice"
End Sub

Private Sub cmdPrevious_Click()                  '单击【上一个】按钮
    frmEx9_2.AdoMenu.Recordset.MovePrevious
```

```vbnet
        If frmEx9_2.AdoMenu.Recordset.BOF=True Then
            frmEx9_2.AdoMenu.Recordset.MoveFirst
        End If
    End Sub


    Private Sub cmdNext_Click()                    '单击【下一个】按钮
        frmEx9_2.AdoMenu.Recordset.MoveNext
        If frmEx9_2.AdoMenu.Recordset.EOF=True Then
            frmEx9_2.AdoMenu.Recordset.MoveLast
        End If
    End Sub


    Private Sub cmdAdd_Click()                     '单击【添加】按钮
        txtID.Locked=Not txtID.Locked              '使 True 变 False,使 False 变 True
        txtName.Locked=Not txtName.Locked
        txtPrice.Locked=Not txtPrice.Locked
        cmdDel.Enabled=Not cmdDel.Enabled
        cmdModify.Enabled=Not cmdModify.Enabled
        cmdPrevious.Enabled=Not cmdPrevious.Enabled
        cmdNext.Enabled=Not cmdNext.Enabled
        cmdLook.Enabled=Not cmdLook.Enabled
        If cmdAdd.Caption="添加" Then
            frmEx9_2.AdoMenu.Recordset.AddNew      '添加空记录
            txtID.SetFocus
            cmdAdd.Caption="保存"
            frmEx9_2.AdoMenu.Recordset.Fields(3)=0
        Else
            frmEx9_2.AdoMenu.Recordset.Update      '更新数据库
            cmdAdd.Caption="添加"
        End If
    End Sub


    Private Sub cmdDel_Click()                     '单击【删除】按钮
        frmEx9_2.AdoMenu.Recordset.Delete          '删除当前记录
        frmEx9_2.AdoMenu.Recordset.Update
        frmEx9_2.AdoMenu.Recordset.MoveNext
        If frmEx9_2.AdoMenu.Recordset.EOF Then
            frmEx9_2.AdoMenu.Recordset.MoveLast
        End If
    End Sub


    Private Sub cmdModify_Click()                  '单击【修改】按钮
        txtID.Locked=Not txtID.Locked
        txtName.Locked=Not txtName.Locked
```

```
txtPrice.Locked=Not txtPrice.Locked
cmdDel.Enabled=Not cmdDel.Enabled
cmdAdd.Enabled=Not cmdAdd.Enabled
cmdPrevious.Enabled=Not cmdPrevious.Enabled
cmdNext.Enabled=Not cmdNext.Enabled
cmdLook.Enabled=Not cmdLook.Enabled
If cmdModify.Caption="修改" Then
    txtID.SetFocus
    cmdModify.Caption="保存"
    frmEx9_2.AdoMenu.Recordset.Fields(3)=0
Else
    frmEx9_2.AdoMenu.Recordset.Update        '更新数据库
    cmdModify.Caption="修改"
End If
End Sub

Private Sub cmdLook_Click()                  '单击【浏览】按钮
    frmEx9_2.Show
    frmEx9_3.Hide
End Sub
```

程序说明：

(1) 在菜单编辑窗体中,应将 AdoMenu 控件与显示控件——文本框进行绑定。由于二者不在同一窗体,无法在设计阶段通过属性窗口进行设置,为此在该窗体的 Load 事件过程中,通过语句 Set txtID. DataSource＝frmEx9_2. AdoMenu 和 txtID. DataField＝"ID"等分别对 3 个文本框进行绑定。由于 DataSource 的属性值是对象,赋值时需使用 Set 语句。

(2) 工程中每个窗体都要用到 AdoMenu 控件,为了数据操作的一致性,整个工程最好使用同一个 ADO 数据控件,本例中放置在启动窗体上。在其他窗体中引用 ADOMenu 控件时,需指明其所在窗体名,如 frmEx9_2. AdoMenu。

(3) 单击【上一个】按钮时,通过语句 frmEx9_2. AdoMenu. Recordset. MovePrevious 使记录指针向上移动一条记录。当反复单击该按钮时,记录指针将不断上移。为了防止因记录指针移出记录而导致程序错误,当记录指针指向 BOF 标志时,应使其停留在第一条记录上,即 frmEx9_2. AdoMenu. Recordset. MoveFirst。类似地,单击【下一个】按钮时,当记录指针指向 EOF 标志时,应使其停留在最后一条记录上。

(4) 调用 Recordset 对象的 AddNew、Delete 和 Update 方法可以为其创建一条新记录、删除指定记录、保存对当前记录所做的所有更改。

注意：单击【添加】按钮时,仅在记录集中添加一条空记录,并没有把文本框内容添加到记录中,所以还需要在【保存】按钮中进行更新。对数据库进行添加、删除操作后,都应使用 Update 方法及时更新数据库。

(5) 程序中巧妙使用诸如 txtID. Locked＝Not txtID. Locked 的语句改变控件的相关属性值，使其在 True 与 False 间变化。另外，程序中多次利用同一按钮实现不同功能，如【添加】和【保存】按钮，此方法在程序设计中经常使用。

【例 9.4】 实现菜单管理系统中点菜功能。在例 9.3 的原有工程中添加图 9-12 所示的点菜窗体。程序运行时，单击【上一个】或【下一个】按钮，在标签中显示上一条或下一条菜品信息。单击【查找】按钮，弹出输入框输入菜名，并在 menu 表中查找该菜品，如果找到，在标签中显示该菜品信息，否则弹出消息框提示不存在该菜品。选中【点此菜】复选框时，表示点取当前标签中所示菜品。单击【下订单】按钮，如果已点取菜品，则返回启动窗体并在 DataGrid 控件中显示全部点菜信息，同时弹出消息框显示本次点菜总金额，此时【点菜】和【菜单编辑】按钮不可用；如果未点取任何菜品，弹出消息框提示"您没有点菜，请先点菜！"。单击【取消】按钮，取消所有点菜操作，返回启动窗体。

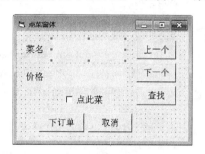

图 9-12　点菜窗体的界面设计

【解】　打开例 9.3 的工程，添加窗体后按照表 9-5 给出的内容设置各对象的属性。

表 9-5　例 9.4 对象的属性值

对　　象	属 性 名	属 性 值	作　　用
窗体 3	（名称）	frmEx9_4	窗体的名称
	Caption	点菜窗体	窗体的标题
标签 1、2	Caption	菜名、价格	标签的标题
标签 3、4	（名称）	lblName、lblPrice	标签的名称
	Caption	（置空）	标签中无显示信息
命令按钮 1、2	（名称）	cmdPrevious、cmdNext	命令按钮的名称
	Caption	上一个、下一个	命令按钮的标题
命令按钮 3、4、5	（名称）	cmdFind、cmdOrder、cmdEsc	命令按钮的名称
	Caption	查找、下订单、取消	命令按钮的标题
复选框	（名称）	chkOrder	复选框的名称
	Caption	点此菜	复选框的标题

在启动窗体中补充如下代码，单击【点菜】按钮时切换到点菜窗体。

```
Private Sub cmdOrder_Click()
    frmEx9_4.Show
    frmEx9_2.Hide
End Sub
```

在点菜窗体中编写如下代码：

```
Private Sub Form_Load()
    Set lblName.DataSource=frmEx9_2.AdoMenu          '标签与 AdoMenu 绑定
    lblName.DataField="menuName"                     '设置要显示的字段
    Set lblPrice.DataSource=frmEx9_2.AdoMenu
    lblPrice.DataField="menuPrice"
End Sub


Private Sub cmdPrevious_Click()                      '单击【上一个】按钮
    frmEx9_2.AdoMenu.Recordset.MovePrevious          '将记录指针指向上 1 条记录
    If frmEx9_2.AdoMenu.Recordset.BOF=True Then      '已经到达开始标志 BOF
        frmEx9_2.AdoMenu.Recordset.MoveFirst         '将记录指针指向第 1 条记录
    End If
    chkOrder.Value=frmEx9_2.AdoMenu.Recordset.Fields(3)            '与点菜同步
End Sub


Private Sub cmdNext_Click()                          '单击【下一个】按钮
    frmEx9_2.AdoMenu.Recordset.MoveNext
    If frmEx9_2.AdoMenu.Recordset.EOF=True Then      '已经到达结束标志 EOF
        frmEx9_2.AdoMenu.Recordset.MoveLast          '将记录指针指向最后 1 条记录
    End If
    chkOrder.Value=frmEx9_2.AdoMenu.Recordset.Fields(3)            '与点菜同步
End Sub


Private Sub cmdFind_Click()                          '单击【查找】按钮
    Dim s As String
    s=InputBox("请输入菜名:","输入菜名")
    If s<>"" Then
        frmEx9_2.AdoMenu.Recordset.MoveFirst         '从第 1 条记录开始找
        frmEx9_2.AdoMenu.Recordset.Find "menuName='"&s&"'"          '查找记录
        If frmEx9_2.AdoMenu.Recordset.EOF=True Then  '到 EOF 时说明没找到
            frmEx9_2.AdoMenu.Recordset.MoveFirst     '记录指针从 BOF 移到第 1 条记录
            MsgBox "对不起,没有您要的菜!"
        Else
            chkOrder.Value=frmEx9_2.AdoMenu.Recordset.Fields(3)
        End If
    End If
End Sub


Private Sub chkOrder_Click()                         '单击【点此菜】复选框
    frmEx9_2.AdoMenu.Recordset.Fields(3)=chkOrder.Value            '点此菜情况
    frmEx9_2.AdoMenu.Recordset.Update                '更新数据库
End Sub


Private Sub cmdOrder_Click()                         '单击【下订单】按钮
```

```
    Dim sum As Integer
    frmEx9_2.cmdEdit.Enabled=False
    frmEx9_2.cmdOrder.Enabled=False
    frmEx9_2.AdoMenu.Recordset.Filter="menuSelect=1"    '筛选点过的菜
    If frmEx9_2.AdoMenu.Recordset.EOF=True Then         '如果记录指针在 EOF 上
        frmEx9_2.AdoMenu.RecordSource="menu"            '重新连接,否则记录集中无数据
        frmEx9_2.AdoMenu.Refresh            '重新连接数据表后需要刷新,否则没有显示
        MsgBox "您没有点菜,请先点菜!"
    Else                                                '用户选了菜,开始计算总金额
        sum=0
        frmEx9_2.AdoMenu.Recordset.MoveFirst
        Do While frmEx9_2.AdoMenu.Recordset.EOF=False
            If frmEx9_2.AdoMenu.Recordset.Fields(3)=1 Then
                sum=sum+frmEx9_2.AdoMenu.Recordset.Fields(2)            '累加钱
            End If
            frmEx9_2.AdoMenu.Recordset.MoveNext
        Loop
        frmEx9_4.Hide
        frmEx9_2.Show
        MsgBox "您本次消费是:"&sum&"元。"
    End If
End Sub

Private Sub cmdEsc_Click()                              '单击【取消】按钮
    frmEx9_2.AdoMenu.Recordset.MoveFirst
    Do While frmEx9_2.AdoMenu.Recordset.EOF=False
        frmEx9_2.AdoMenu.Recordset.Fields(3)=0
        frmEx9_2.AdoMenu.Recordset.MoveNext
    Loop
    frmEx9_2.AdoMenu.Recordset.MoveFirst
    chkOrder.Value=0
    frmEx9_2.Show
    frmEx9_4.Hide
End Sub
```

程序说明:

(1) 单击【上一个】或【下一个】按钮时,在标签中显示菜品信息的同时,应根据当前记录的 Fields(3)属性值决定复选框的状态,即复选框 Value 属性等于当前记录的 Fields(3)属性值,1 为选中,0 为未选中。

(2) 使用 Find 方法可以搜索 Recordset 中满足指定条件的记录。如果找到符合条件的记录,记录指针指向该记录,否则指向 EOF 标记。由于 Find 方法是从当前记录开始向下查找,通常在查找前先将记录指针移至第 1 条记录。

语句 frmEx9_2.AdoMenu.Recordset.Find "menuName='宫爆鸡丁'"的作用是在

menu 表中查找菜名(menuName 字段)为"宫爆鸡丁"的菜品,其中字符型常量"宫爆鸡丁"需用单引号括起。语句 frmEx9_2. AdoMenu. Recordset. Find "menuPrice＝25"的作用是查找价格(menuPrice 字段)为 25 的菜品。

(3) ADO 控件的 Filter 属性用于设置 Recordset 中记录的筛选条件,并使记录指针指向 Recordset 中的最后一条记录。语句 AdoMenu. Recordset. Filter＝"menuSelect＝1"的作用是筛选 menu 表中 menuSelect 字段值等于 1 的记录置于 Recordset 中。通常在执行筛选操作后要进一步对 EOF 加以判断,确定 Recordset 中是否存在符合筛选条件的记录。

(4) 通过 ADO 控件的 RecordSource 属性为其指定记录来源,使 ADO 与一张具体的数据表建立关联。在单击【下订单】按钮时,如果没有点取任何菜品,则记录集 RecordSet 为空,筛选不到任何记录。为此需设置 AdoMenu 的 RecordSource 属性,为其重新指定数据表 menu,并调用 Refresh 方法刷新 AdoMenu 后才可以在标签中再次浏览到全部的菜品信息。

9.3 提 高 部 分

9.3.1 用 Data 数据控件访问数据库

【例 9.5】 使用可视化数据管理器建立一个学期成绩管理数据库,库中包含表 9-6 所示的学生成绩表。

表 9-6 学生成绩表

班级	学号	姓名	数学	英语	语文
A	A40001	张 薇	95	86	90
B	B40001	刘 磊	78	67	69
A	A40003	吴晓琛	87	77	72
C	C40005	李锡林	89	49	64
B	B40011	刘 勇	51	65	70
A	A40004	金永清	81	66	63
A	A40006	郭丽娜	68	90	87
C	C40008	李 冉	60	46	61

【解】 操作步骤如下:

第 1 步:启动数据管理器。执行【外接程序】|【可视化数据管理器】命令,打开如图 9-13 所示的数据管理器窗口。

第 2 步:建立数据库。在【可视化数据管理器】窗口中,执行【文件】|【新建】|【Microsoft Access…】|【Version 7.0 MDB】命令,并在随后出现的对话框中指定数据库保存路径及文件名 stu. mdb,单击【保存】按钮后进入图 9-14 所示的窗口。如果要打开已有的数据库,则在【可视化数据管理器】窗口中执行【文件】|【打开数据库】|选择要访问数据

库的类型,并在【打开…数据库】对话框中指定数据库文件即可。

图 9-13　可视化数据管理器窗口

图 9-14　建立 Access 数据库

第 3 步:建立数据表结构。在图 9-14 所示的窗口中右键单击并执行【新建表】命令,在【表结构】对话框中输入表名称"student"后单击【添加字段】按钮,如图 9-15 所示,打开【添加字段】对话框。按照表 9-7 所示依次向 student 表中添加各字段,全部字段添加结束后单击【关闭】按钮,返回【表结构】对话框,此时在【字段列表】中列出 student 中所含全部字段名。选择某一字段并单击【删除字段】按钮可以删除该字段。单击【生成表】按钮,返回图 9-16 所示的窗口,其中的【数据库】窗口中出现 student 表。

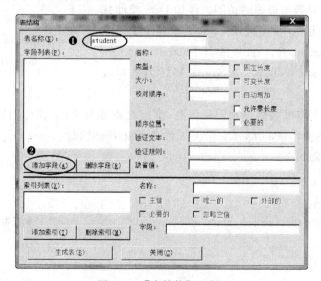

图 9-15　【表结构】对话框

表 9-7　学生成绩表结构

字段名	类　型	大　小	字段名	类　型	大　小
班级	Text	6	数学	Integer	2(默认)
学号	Text	8	英语	Integer	2(默认)
姓名	Text	10	语文	Integer	2(默认)

第 4 步:编辑数据表中的数据。建立 student 表结构后,还需向表中添加数据。右键

单击数据表 student,执行【打开】命令后出现图 9-17 所示的【记录操作】对话框,输入记录数据并通过【添加】、【删除】等按钮完成相应操作。

图 9-16 创建 student 数据表　　　　　　　图 9-17 【记录操作】对话框

【例 9.6】 窗体上添加 6 个标签、1 个文本框控件数组(包含 6 个文本框)和 1 个 Data 数据控件。程序运行时,在文本框中显示例 9.5 所建数据库表的记录信息,如图 9-18 所示。

【解】 Data 控件是 VB 的标准控件,在工具箱中的图标是 ,利用它能方便地创建应用程序与数据库之间的连接,并可实现对数据资源的访问。添加 Data 控件并设置其 Caption 属性为"学生成绩"。为了在程序中通过 Data 控件访问 student 表,还需设置其 DatabaseName 属性为数据库文件 stu. mdb、RecordSource 属性为数据表 student。

图 9-18 显示 student 表中的记录

本例中借助文本框数组显示记录信息,绑定文本框与 Data 控件的方法同于 ADO 控件,需分别设置各文本框的 DataSource 属性和 DataField 属性。

编写程序代码如下:

```
Private Sub Form_Load()
    For i=0 To 5
        txtStu(i).Locked=True                    '设置文本框不可编辑
    Next i
End Sub

Private Sub Datscore_Reposition()               '单击 Data 控件上的某按钮时
    datScore.Caption="第" & (datScore.Recordset.AbsolutePosition+1) & "条"
End Sub
```

程序说明:

(1) 绑定文本框与 Data 控件后,编辑文本框内容将导致记录集中相应记录的数据随之改变,为此在 Form_Load 事件过程中锁定 6 个文本框,防止用户修改。

(2) 单击 Data 控件上的某个按钮进行记录间的移动,或者通过程序代码改变 Recordset 中当前记录的属性或记录指针位置时均触发 Data 控件的 Reposition 事件。

代码中的 datScore.Recordset 表示 datScore 控件所控制的记录集,即数据表 student。通过 datScore.Recordset 可以浏览和操作数据表中的记录。

Recordset 对象的 AbsolutePosition 属性返回当前记录的索引值,其中第 1 条记录的索引值为 0。表达式 datScore.Recordset.AbsolutePosition+1 表示记录集当前记录位置。

【例 9.7】 参照图 9-19 修改例 9.6 的窗体,增加 4 个按钮。程序运行时,单击【添加】按钮,在数据表中添加一条空记录,同时【添加】和【退出】按钮分别变为【保存】和【取消】,如图 9-20 所示,单击【保存】将文本框内容添加到数据表新记录中,单击【取消】则撤销添加操作;单击【修改】按钮,可对文本框中当前显示的记录进行编辑,同时【修改】和【退出】按钮分别变为【保存】和【取消】,单击【保存】后将修改后的记录保存到数据表中,而单击【取消】按钮则撤销修改操作;单击【删除】按钮,弹出消息框询问是否删除记录,并根据选择情况删除当前记录或取消本次删除操作;单击【退出】按钮,结束程序。

图 9-19　例 9.7 界面设计

图 9-20　单击添加按钮后

【解】 为了使 Datscore 控件总显示在窗体的下部,将该控件的 Align 属性设为 2。编写程序代码如下:

```
Private Sub Form_Load()
    For i=0 To 5
        txtStu(i).Locked=True
    Next i
End Sub


Private Sub cmdAdd_Click()                          '单击【添加】按钮时
    cmdEdit.Enabled=Not cmdEdit.Enabled
    cmdDelete.Enabled=Not cmdDelete.Enabled
    For i=0 To 5                                    每执行一次这部分内容,True 变为
        txtStu(i).Locked=Not txtStu(i).Locked       False,False 变为 True
    Next i
    If cmdAdd.Caption="添加" Then
        Datscore.Recordset.AddNew                   '添加一条空记录
        Datscore.Caption="新记录"
        cmdAdd.Caption="保存"
        cmdExit.Caption="取消"
        txtStu(0).SetFocus
```

```
        Else
            Datscore.Recordset.Update          '将数据加入到新添加的空记录中
            Datscore.Recordset.MoveLast        '使记录集中的最后一条记录成为当前记录
            cmdAdd.Caption="添加"
            cmdExit.Caption="退出"
        End If
End Sub


Private Sub cmdEdit_Click()                     '单击【修改】按钮时
        cmdAdd.Enabled=Not cmdAdd.Enabled
        cmdDelete.Enabled=Not cmdDelete.Enabled
        For i=0 To 5
            txtStu(i).Locked=Not txtStu(i).Locked
        Next i
        If cmdEdit.Caption="修改" Then
            Datscore.Recordset.Edit            '使当前记录成为可编辑状态
            cmdEdit.Caption="保存"
            cmdExit.Caption="取消"
        Else
            Datscore.Recordset.Update          '用修改后的数据替换原来的记录
            cmdEdit.Caption="修改"
            cmdExit.Caption="退出"
        End If
End Sub


Private Sub cmdDelete_Click()                   '单击【删除】按钮时
        answer=MsgBox("确实删除该记录吗?", vbYesNo+vbQuestion, "警告")
        If answer=vbYes Then
            Datscore.Recordset.Delete          '删除当前记录
            Datscore.Recordset.MoveNext        '记录指针下移一条
            If Datscore.Recordset.EOF Then
                Datscore.Recordset.MoveLast    '使最后一条记录成为当前记录
            End If
        End If
End Sub


Private Sub cmdExit_Click()                     '单击【退出】按钮时
        If cmdExit.Caption="退出" Then
            End
        Else
            Datscore.Recordset.CancelUpdate    '取消所做的添加、修改记录的操作
            cmdAdd.Enabled=True
            cmdEdit.Enabled=True
            cmdDelete.Enabled=True
```

```
        For i=0 To 5
            txtStu(i).Locked=Not txtStu(i).Locked
        Next i
        cmdExit.Caption="退出"
        cmdAdd.Caption="添加"
        cmdEdit.Caption="修改"
        Datscore.Refresh                     '刷新记录集中的记录
    End If
End Sub

Private Sub Datscore_Reposition()
    Datscore.Caption="第" & Datscore.Recordset.AbsolutePosition+1 & "条记录"
End Sub
```

程序说明:

(1) 程序运行中,应注意各命令按钮之间的互相制约关系。如单击【添加】按钮后,不允许再单击【修改】、【删除】等按钮。代码中通过 cmdEdit. Enabled = Not cmdEdit. Enabled 等语句实现按钮的状态转换,使其在可用与不可用间变化。

(2) 本例题主要功能是增加、修改和删除数据表中的记录。添加记录时,需两次单击【添加】按钮才能完成。第 1 次单击时,执行语句 Datscore. Recordset. AddNew,其作用是调用记录集 Recordset 的 AddNew 方法,将一条空记录添加到记录集的末尾。此时可在文本框中输入各字段值。第 2 次单击时,执行语句 Datscore. Recordset. Update,用文本框中输入的数据更新空记录,同时执行语句 Datscore. Recordset. MoveLast,使记录指针指向最后一条记录,即最新添加的记录。

(3) 修改记录时,语句 Datscore. Recordset. Edit 的作用是使当前记录处于可编辑状态。完成修改操作后,还需执行 Datscore. Recordset. Update 语句进行更新,确认所做修改。

(4) 删除记录时,语句 Datscore. Recordset. Delete 的作用是删除当前记录。执行删除操作后,应通过语句 Datscore. Recordset. MoveNext 使下一条记录成为当前记录。但如果删除的是最后一条记录,则调用 MoveNext 方法后将使记录指针指向 EOF 标志(无效的记录)。为此,代码中使用 If 语句对记录集的 EOF 标志进行判断,当记录指针指向 EOF 时,将记录指针移动到最后一条记录上,使之成为当前记录。

(5) 语句 Datscore. Recordset. CancelUpdate 的作用是撤销当前操作,如取消添加或修改记录的操作。语句 Datscore. Refresh 的作用是刷新与 Datscore 相连接的记录集,并将记录指针指向第一条记录。

9.3.2　贯穿实例——图书管理系统(9)

图书管理系统之九:在 8.4.3 节图书管理系统之八的基础上,进一步修改、完善各功能。VB 一个重要特点,就是它具备访问多种数据库的强大功能。VB 作为一种可视化编程工具,可以用很简单的方式创建专业的应用程序界面,再加上强大的访问数据库功能,因此越来越多地被用作程序的前端,与后端的数据库管理系统相结合,可以开发基于客户端/服务器的各种企业级的应用。

本例将在程序中使用 Access 数据库作为数据源,管理会员信息、图书信息及销售信息。通过本例将进一步体会程序和数据分离的优越性。本程序将修改会员信息管理程序代码,同时增加图书入库管理、图书销售管理、信息查询等功能,最终形成一个完整的程序。

完善后的图书管理系统功能包括:

(1) 会员信息管理:提供对"新会员信息登记"数据输入、编辑;对会员档案信息查询等功能。

(2) 图书入库管理:提供对"图书入库信息登记"数据输入、编辑;对库存图书进行统计、查询等功能。

(3) 图书销售管理:提供对"图书销售记录"的数据输入,在"图书销售记录"表中记录的信息包括图书编号、图书名称、价格、销售数量,折扣比例、时间等。

(4) 综合信息查询:通过"图书入库信息登记"、"图书销售记录"、"会员信息登记"等基本信息,可以按不同查询条件查找各类图书信息、销售信息、会员信息。

本例要创建一个名为 data.mdb 的数据库和三张名为"会员信息"、"图书入库信息"、"销售明细表"的数据表,各数据表结构如表 9-8～表 9-10 所示。

表 9-8　"会员信息"数据表结构

字 段 名	类 型	大 小	字 段 名	类 型	大 小
会员卡号	文本	10	身份证号	文本	18
姓名	文本	10	联系方式	文本	15
性别	文本	1	申请日期	日期/时间	短日期

表 9-9　"图书入库信息"数据表结构

字 段 名	类 型	大 小	字 段 名	类 型	大 小
图书类别	文本	20	出版社	文本	20
图书编号	文本	20	出版时间	日期/时间	短日期
图书名称	文本	20	单价	货币	2(小数位数)
作者	文本	10	入库时间	日期/时间	短日期
版次	数字	整型	入库数量	数字	长整型

表 9-10　"销售明细表"数据表结构

字 段 名	类 型	大 小	字 段 名	类 型	大 小
销售单 ID	自动编号	长整型	数量	数字	长整型
图书编号	文本	20	销售日期	日期/时间	短日期
图书名称	文本	20	备注	备注	
单价	货币	2(小数位数)			

会员信息管理窗体：如图 9-21 所示修改会员信息管理窗体,并添加【编辑】框架和 1 个 ADO 控件。其中在【浏览】和【编辑】框架中各包含 4 个命令按钮,用于实现会员信息的浏览、编辑。ADO 控件 Adodc1 用于访问 Access 数据库中的"会员信息表",建立 Adodc1 与数据库的连接后,再将文本框绑定到 Adodc1,并将 Adodc1 设置成不可见。

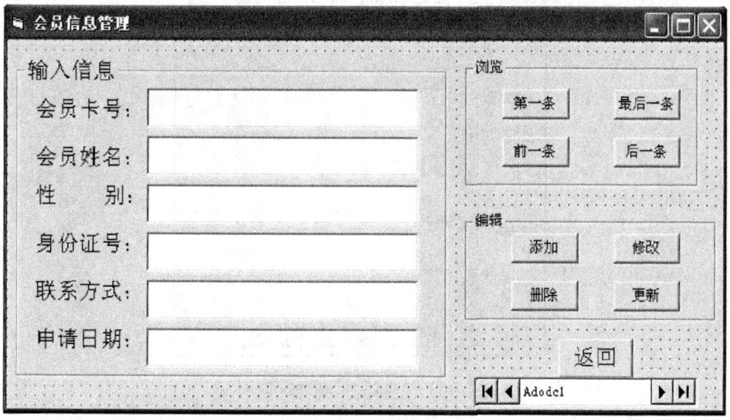

图 9-21 修改后的会员信息管理窗体

图书入库管理窗体：添加图 9-22 所示的图书入库管理窗体,其中的 ADO 控件用来访问 Access 数据库中"图书入库信息表",并使用 DataGrid1 控件显示该表中的数据。程序运行时,单击【新书入库】按钮,进入图 9-23 所示的"添加新书"窗体,填写完整图书信息并单击【添加】按钮后,将新书信息添加到"图书入库信息表"中。

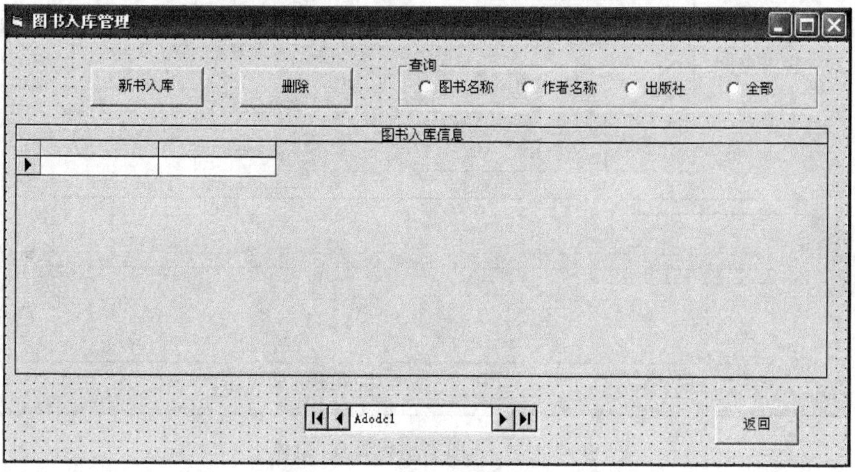

图 9-22 "图书入库管理"窗体

图书销售管理窗体：添加图 9-24 所示的图书销售管理窗体。程序运行时,在文本框中输入图书编号并单击【查看】按钮,在【查看】框架中显示相应图书名称及单价,并在 DataGrid1 控件中显示该图书的详细信息。输入购买数量、销售日期,并选择是否会员等信息后,单击【统计】按钮,显示销售金额和折后金额,并在 DataGrid2 控件中添加一条该

图 9-23 "添加新书"窗体

图书的销售记录。程序中使用 AdoSale 访问 Access 数据库中的"图书入库信息表",使用 AdoCal 访问"销售明细表"。

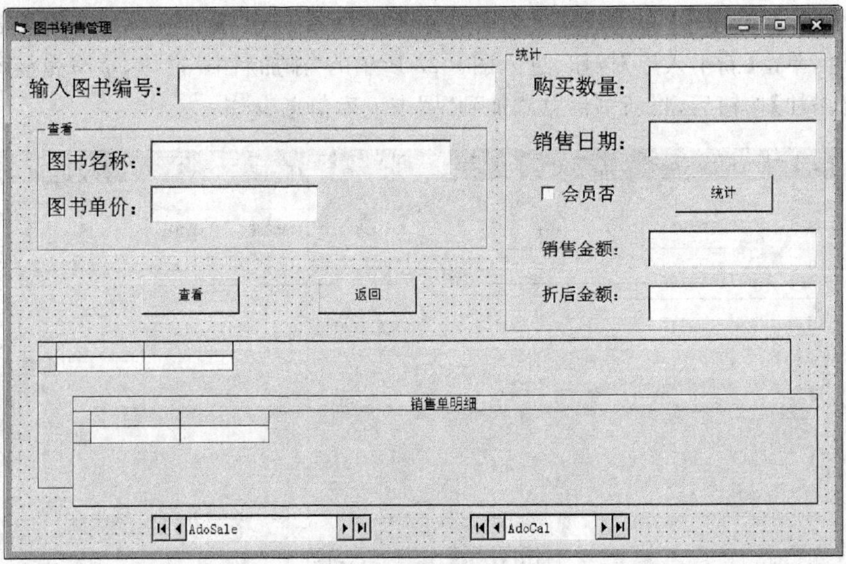

图 9-24 "图书销售管理"窗体

综合信息查询窗体:添加如图 9-25 所示的"综合信息查询"窗体,其中两个 ADO 控件分别用于访问 Access 数据库中的"图书入库信息"和"会员信息"表,两个重叠放置的 DataGrid 控件分别用于显示会员信息或图书信息。程序运行时,通过单击单选按钮指定查询内容并将查询结果显示在对应的 DataGrid 控件中。

完善后的"系统管理员功能"窗体程序代码如下:

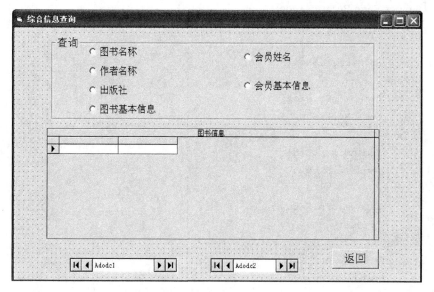

图 9-25 "综合信息查询"窗体

```
Private Sub huiyuan_Click()
    frmAdminFn.Hide
    frmMember.Show
End Sub


Private Sub bookinput_Click()
    frmAdminFn.Hide
    frmInBook.Show
End Sub


Private Sub booksale_Click()
    frmAdminFn.Hide
    frmSale.Show
End Sub


Private Sub inquery_Click()
    frmAdminFn.Hide
    frmQuery.Show
End Sub


Private Sub return_Click()
    frmAdminFn.Hide
    frmAdmin.Show
End Sub


Private Sub Toolbar1_ButtonClick(ByVal Button As ComctlLib.Button)
```

```
    Select Case Button.Index
        Case 1
            frmAdminFn.Hide
            frmMember.Show
        Case 2
            frmAdminFn.Hide
            frmInBook.Show
        Case 3
            frmAdminFn.Hide
            frmSale.Show
        Case 4
            frmAdminFn.Hide
            frmQuery.Show
        Case 5
            frmAdminFn.Hide
            frmAdmin.Show
    End Select
End Sub
```

修改后的"会员信息管理"窗体程序代码如下：

```
Private Sub cmdDis_Click(Index As Integer)
    Select Case Index
        Case 0
            Adodc1.Recordset.MoveFirst
        Case 1
            Adodc1.Recordset.MoveLast
        Case 2
            Adodc1.Recordset.MovePrevious
            If Adodc1.Recordset.BOF Then Adodc1.Recordset.MoveFirst
        Case 3
            Adodc1.Recordset.MoveNext
            If Adodc1.Recordset.EOF Then Adodc1.Recordset.MoveLast
    End Select
End Sub


Private Sub cmdEdit_Click(Index As Integer)
    Select Case Index
        Case 0
            bmark=Adodc1.Recordset.Bookmark
            Call setupKey(False)
            txtIn(0).SetFocus
            Adodc1.Recordset.AddNew
        Case 1
            bmark=Adodc1.Recordset.Bookmark
```

```
            Call setupKey(False)
        Case 2
            s=MsgBox("确认要删除信息吗?", vbYesNo)
            If s=vbYes Then
              Adodc1.Recordset.Delete
              Adodc1.Recordset.MoveNext
              If Adodc1.Recordset.EOF Then
                  Adodc1.Recordset.MoveLast
              End If
            End If
        Case 3
            s=MsgBox("确认要添加或修改信息吗?", vbYesNo)
            If s=vbYes Then
              Adodc1.Recordset.Update
            Else
              Adodc1.Recordset.CancelUpdate
              Adodc1.Recordset.Bookmark=bmark
            End If
            Call setupKey(True)
    End Select
End Sub


Private Sub setupKey(keyE As Boolean)
    Dim i As Integer
    For i=0 To 3
        cmdEdit(i).Enabled=keyE
    Next i
    cmdEdit(3).Enabled=Not keyE
    For i=0 To 5
        txtIn(i).Enabled=Not keyE
    Next i
End Sub
```

"图书入库管理"窗体程序代码如下：

```
Private Sub cmdAddbook_Click(Index As Integer)
    Select Case Index
      Case 0
          frmAddBook.Show
      Case 2
          s=MsgBox("确认要删除图书信息吗?", vbYesNo)
          If s=vbYes Then
              Adodc1.Recordset.Delete
              Adodc1.Refresh
          End If
```

```
        End Select
    End Sub


Private Sub Optbook_Click(Index As Integer)
    Dim s As String
    Select Case Index
        Case 0
            s=InputBox("请输入要查询的图书名称:")
            frmInBook.Adodc1.RecordSource="select * from 图书入库信息 where
            图书名称    like '%"&s&"%'"
            frmInBook.Adodc1.Refresh
            frmInBook.DataGrid1.Refresh
        Case 1
            s=InputBox("请输入要查询的作者名称:")
            frmInBook.Adodc1.RecordSource="select * from 图书入库信息 where
            作者 like '%"&s&"%'"
            frmInBook.Adodc1.Refresh
            frmInBook.DataGrid1.Refresh
        Case 2
            s=InputBox("请输入要查询的出版社名称:")
            frmInBook.Adodc1.RecordSource="select * from 图书入库信息 where
            出版社 like '%"&s&"%'"
            frmInBook.Adodc1.Refresh
            frmInBook.DataGrid1.Refresh
        Case 3
            frmInBook.Adodc1.RecordSource="select * from 图书入库信息"
            frmInBook.Adodc1.Refresh
            frmInBook.DataGrid1.Refresh
    End Select
    End Sub


Private Sub cmdReturn_Click()
    frmInBook.Hide
    frmAdminFn.Show
    End Sub
```

"添加新书"窗体程序代码如下：

```
Private Sub cmdAdd_Click()
    s=MsgBox("确认要添加图书信息吗?", vbYesNo)
        If s=vbYes Then
        With frmbook.Adodc1
            .Recordset.AddNew
            .Recordset("图书类别")=txtInfo(0).Text
            .Recordset("图书编号")=txtInfo(1).Text
```

```
            .Recordset("图书名称")=txtInfo(2).Text
            .Recordset("作者")=txtInfo(3).Text
            .Recordset("版次")=txtInfo(4).Text
            .Recordset("出版社")=txtInfo(5).Text
            .Recordset("出版时间")=txtInfo(6).Text
            .Recordset("单价")=txtInfo(7).Text
            .Recordset("入库时间")=txtInfo(8).Text
            .Recordset("入库数量")=txtInfo(9).Text
            .Recordset.Update
        End With
    Else
        frmbook.Adodc1.Recordset.CancelUpdate
    End If
End Sub


Private Sub cmdReturn_Click()
    frmAddBook.Hide
    frmInBook.Show
End Sub


Private Sub Form_Load()
    For i=0 To 9
        txtInfo(i).Text=""
    Next i
End Sub
```

"图书销售管理"窗体程序代码如下:

```
Private Sub Form_Load()
    For i=0 To 4
        txtSale(i).Text=""
    Next i
End Sub


Private Sub cmdCal_Click()
    DataGrid1.Visible=False
    DataGrid2.Visible=True
    txtCal.Text=Val(txtSale(2).Text) * Val(txtSale(3).Text)
    If chk.Value=1 Then
        txtCal2.Text= (Val(txtSale(2).Text) * Val(txtSale(3).Text)) * 0.9
    Else
        txtCal2.Text=Val(txtSale(2).Text) * Val(txtSale(3).Text)
    End If
    With AdoCal
        .Recordset.AddNew
```

```
        .Recordset("图书编号")=txtSale(0).Text
        .Recordset("图书名称")=txtSale(1).Text
        .Recordset("单价")=Val(txtSale(2).Text)
        .Recordset("数量")=Val(txtSale(3).Text)
        .Recordset("销售日期")=Format(txtSale(4).Text, "yyyy/m/d")
        .Recordset.Update
    End With
    AdoCal.Refresh
    DataGrid2.Refresh
End Sub

Private Sub cmdLook_Click()
    Dim s As String
    DataGrid2.Visible=False
    DataGrid1.Visible=True
    s=Trim(txtSale(0).Text)
    AdoSale.RecordSource="select 图书编号,图书名称, 单价 from
    图书入库信息 where 图书编号='"&s&"'"
    AdoSale.Refresh
    DataGrid1.Refresh
    txtSale(1).DataField="图书名称"
    txtSale(2).DataField="单价"
End Sub

Private Sub cmdBack_Click()
    frmSale.Hide
    frmMain.Show
End Sub
```

"综合信息查询"窗体程序代码如下：

```
Private Sub Optbook_Click(Index As Integer)
    Dim s As String
    Select Case Index
        Case 0
            s=InputBox("请输入要查询的图书名称:")
            Adodc1.RecordSource="select * from 图书入库信息 where
            图书名称  like '%"&s&"%'"
            Adodc1.Refresh
            DataGrid1.Refresh
        Case 1
            s=InputBox("请输入要查询的作者名称:")
            Adodc1.RecordSource="select * from 图书入库信息 where
            作者 like '%"&s&"%'"
            Adodc1.Refresh
```

```
            DataGrid1.Refresh
        Case 2
            s=InputBox("请输入要查询的出版社名称:")
        Adodc1.RecordSource="select * from 图书入库信息 where
        出版社 like '%"&s&"%'"
            Adodc1.Refresh
            DataGrid1.Refresh
        Case 3
            Adodc1.RecordSource="select * from 图书入库信息"
            Adodc1.Refresh
            DataGrid1.Refresh
    End Select
    DataGrid1.Visible=True
    DataGrid2.Visible=False
End Sub

Private Sub Opthuiyuan_Click(Index As Integer)
    Dim s As String
    Select Case Index
        Case 0
            Adodc2.RecordSource="select * from 会员信息"
            Adodc2.Refresh
            DataGrid2.Refresh
        Case 1
            s=InputBox("请输入要查询的会员姓名:")
            Adodc2.RecordSource="select * from 会员信息 where 姓名 like '%"&s&"%'"
            Adodc2.Refresh
            DataGrid2.Refresh
    End Select
    DataGrid2.Visible=True
    DataGrid1.Visible=False
End Sub

Private Sub cmdBack_Click()
    frmQuery.Hide
    frmMain.Show
End Sub
```

说明：完善 2.6.6 节中"普通工作人员"窗体功能，参照图 2-32，工作人员窗体具有销售信息管理和综合信息查询功能，分别调用这两个功能窗体即可。

9.4 上 机 训 练

【训练 9.1】 建立数据库 course 及数据表 crs，其中 crs 的表结构及记录数据参见表 9-11 和表 9-12。完成如下数据库访问功能：

表 9-11 选修课信息表 crs 的表结构

字 段 名	类 型	大 小	字 段 名	类 型	大 小
课程序号	Integer	2(默认)	课程学分	Integer	2(默认)
课程名称	Text	20	选课标志	Integer	2(默认)
教师姓名	Text	10			

表 9-12 选修课信息表 crs 中的记录内容

课程序号	课程名称	教师姓名	课程学分	选课标志
1	市场营销	张晓敏	2	0
2	现代金融	吴光明	2	0
3	网页制作	刘 萌	2	0
4	影视欣赏	李长生	2	0
5	经济学基础	朱爱国	2	0
6	艺术导论	赵 龙	2	0
7	数码照片处理	韩毅峰	2	0
8	数据库应用	李 靖	2	0

(1) 工程中有 4 个窗体,窗体 1 上有 1 个标签、2 个文本框、2 个单选按钮、2 个命令按钮和 1 个 ADO 控件,如图 9-26 所示;窗体 2 上有 4 个标签、4 个文本框(是控件数组)和 6 个命令按钮,如图 9-27 所示;窗体 3 上有 6 个标签、1 个复选框和 3 个命令按钮,如图 9-28 所示;窗体 4 上有 1 个 DataGrid 控件和 1 个命令按钮,如图 9-29 所示。

图 9-26 窗体 1 的界面

图 9-27 窗体 2 的界面

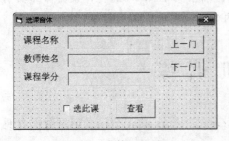

图 9-28 窗体 3 的界面

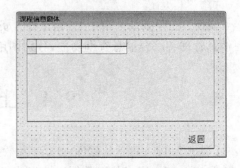

图 9-29 窗体 4 的界面

（2）运行程序，出现窗体 1。输入正确密码后单击【登录】按钮，以"管理员"身份登录时进入窗体 2，以"学生"身份登录时进入窗体 3。如果密码输入错误，单击【登录】按钮时弹出图 9-30 所示的提示消息框；当 3 次输入均不正确时显示"无法登录"消息框后结束程序；单击【退出】按钮，显示结束语消息框后结束整个程序。

图 9-30 "输入错误"对话框

（3）在窗体 2 上，单击【添加】、【删除】、【修改】按钮时，实现对选修课信息表 crs 的相应操作；单击【上一门】或【下一门】按钮时，在文本框中显示 crs 中上一条或下一条记录信息；单击【显示】按钮，切换到窗体 4 显示所有选修课信息，单击【返回】按钮，再次回到窗体 2；单击窗体 2 的 ▨ 按钮时结束整个程序。

（4）在窗体 3 中实现学生选课功能。单击【上一门】或【下一门】按钮时，标签中显示选修课信息；当选中复选框时，表示学生选修当前所示课程；单击【查看】按钮，切换到窗体 4 显示该学生所选全部课程信息，单击【返回】按钮，再次回到窗体 3；单击窗体 3 的 ▨ 按钮时结束整个程序。

1. 目标

（1）掌握建立数据库及数据表的方法。
（2）掌握 ADO 控件与 DataGrid 控件的绑定方法。
（3）掌握 ADO 控件与标签、文本框的绑定方法。
（4）掌握使用 ADO 控件访问数据库的方法。

2. 步骤

（1）设计用户界面，并设置属性。在窗体 1 中 ADO 控件和右下角文本框的 Visible 属性均设为 False；窗体 2 中文本框的 Locked 属性均设为 True；根据需要设置各窗体的 ControlBox、MaxButton 和 MinButton 属性值。

（2）编写代码、运行程序、保存各窗体和工程。

① 编写窗体 1 的 Load 和【退出】按钮的 Click 事件过程，并运行程序验证。其中窗体的 Load 事件过程代码如下：

```
Private Sub Form_Load()                    '设置所有课程的选课标志为 0
    adoCourse.Recordset.MoveFirst
    Do While adoCourse.Recordset.EOF=False
        adoCourse.Recordset.Fields(4)=0
        adoCourse.Recordset.MoveNext
    Loop
    adoCourse.Recordset.MoveFirst
End Sub
```

② 参照例 5.10 编写窗体 1 中【登录】按钮的 Click 事件过程，并运行程序验证。

③ 参照例 9.3 编写窗体 2 中代码,并运行程序验证。其中窗体的 Load 事件过程代码如下:

```
Private Sub Form_Load()                         '绑定文本框与 ADO 控件
    Dim i As Integer
    For i=0 To 3
        Set txtCourse(i).DataSource=frmXl9_1_1.adoCourse
    Next i
    txtCourse(0).DataField="课程序号"
    txtCourse(1).DataField="课程名称"
    txtCourse(2).DataField="教师姓名"
    txtCourse(3).DataField="课程学分"
End Sub
```

④ 参照例 9.4 编写窗体 3 中代码,并运行程序验证。

⑤ 编写窗体 4 中代码,并运行程序验证。

⑥ 保存各窗体和工程。

3. 提示

(1) 放置 ADO 控件的窗体上必须存在与之绑定的控件,因此窗体 1 中添加 1 个文本框,使其与 adoCourse 的某一字段(如"课程序号")绑定,并设其 Visible 属性为 False。

(2) 管理员和学生都有三次输入密码的机会。定义两个窗体级变量 n 和 m,分别统计二者的密码输入次数。

(3) 窗体 2 中,由于文本框是控件数组,可使用如下代码实现文本框锁定状态的变化。

```
For i=0 To 3
    txtCourse(i).Locked=Not txtCourse(i).Locked
Next i
```

(4) 单击窗体关闭按钮 ⊠ 时的操作代码,需编写在窗体的 Unload 事件过程中。

(5) 在窗体 2 中单击【显示】按钮或在窗体 3 中单击【浏览】按钮,均切换到窗体 4。为了在窗体 4 中单击【返回】按钮时能够正确返回原窗体,在标准模块中定义公有变量 flag,其值为 1 时表示返回窗体 2,值为 0 时返回窗体 3。为此,需在【显示】按钮和【浏览】按钮的 Click 事件中分别赋 flag 的值为 1 或 0。【返回】按钮的 Click 事件过程编写如下:

```
Private Sub cmdExit_Click()
    If flag=1 Then
        frmXl9_1_2.Show
        frmXl9_1_4.Hide
    Else
        frmXl9_1_1.adoCourse.RecordSource="crs"
        frmXl9_1_1.adoCourse.Refresh
        frmXl9_1_3.Show
```

```
        frmXl9_1_4.Hide
    End If
End Sub
```

4. 扩展

在窗体 3 中添加【统计】按钮，单击时以消息框形式显示全部所选课程的总学分。

【训练 9.2】 将训练 9.1 中的 ADO 控件改用 Data 控件，实现原程序功能。

1. 目标

（1）掌握建立数据库的方法。
（2）了解使用 Data 控件访问数据库的方法。

2. 步骤

与训练 9.1 类似（略）。

3. 提示

参考训练 9.1 中的提示。

4. 扩展

与训练 9.1 类似（略）。

习　题　9

基础部分

1. 建立数据库，库中包含表 9-13 所示的职工信息情况表。在窗体上用 ADO 数据控件和 DataGrid 控件实现对该表的浏览，如图 9-31 所示。

表 9-13　职工信息情况表

部　门	姓　名	性别	出生年月	职　称	月收入
计算机系	修佳宜	女	1955-02	正教授	3221.90
数学系	郑小武	女	1963-11	副教授	2578.30
计算机系	张　君	男	1978-05	讲师	1988.60
数学系	席　忠	男	1952-01	正教授	3560.50
外语系	叶　湘	女	1968-09	副教授	2365.40
外语系	欧阳峰	男	1980-06	助教	1320.10
计算机系	单　荣	女	1970-03	讲师	2228.30

2. 建立数据库,库中包含表9-13所示的职工信息情况表。在窗体上用 ADO 数据控件和文本框实现对该表的浏览,如图9-32所示。

图 9-31　题 1 的运行结果　　　　　　　　　　图 9-32　题 2 的运行结果

3. 在题1的基础上添加【查询】按钮。程序运行时,单击【查询】按钮,弹出如图9-33所示的输入框,输入月收入并单击【确定】按钮后,在 DataGrid 网格控件上显示月收入大于输入值的职工信息,如图9-34所示。

图 9-33　输入框　　　　　　　　　　　图 9-34　显示月收入查询结果

4. 在题2的基础上添加【查询】按钮。程序运行时,单击【查询】按钮,弹出输入框,输入职称并单击【确定】按钮后,在文本框中显示职称为该输入值的职工信息;若存在多条记录,则可使用 ADO 控件进行查看,如图9-35所示。

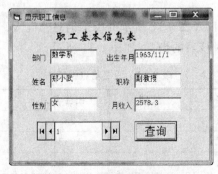

图 9-35　显示职称查询结果

提高部分

5. 通过 Data 数据控件查询题 1 中所建立的数据库数据。程序运行时,组合框中添加"1000-2000"、"2000-3000"、"3000-4000"、"全体"等月收入范围;选择其中一项后,在 MSFlexGrid 控件中显示与所选项匹配的职工信息,运行结果如图 9-36 所示。

6. 通过 Data 数据控件访问习题 1 中所建立的数据库数据。程序运行时,在 MSFlexGrid 控件中选择某条记录后,单击【显示年龄】按钮,在标签中显示该职工的实足年龄,其中当前日期采用系统日期(格式为 yyyy-mm-dd),如图 9-37 所示。

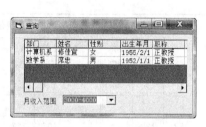

图 9-36 使用 Data 控件查询数据

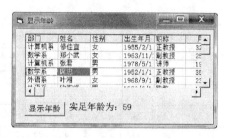

图 9-37 计算职工年龄

附录 常用字符与 ASCII 代码
对照表

字符	ASCII 码值			字符	ASCII 码值			字符	ASCII 码值			字符	ASCII 码值		
	十进制	八进制	十六进制		十进制	八进制	十六进制		十进制	八进制	十六进制		十进制	八进制	十六进制
(space)	32	40	20	8	56	70	38	P	80	120	50	h	104	150	68
!	33	41	21	9	57	71	39	Q	81	121	51	i	105	151	69
"	34	42	22	:	58	72	3a	R	82	122	52	j	106	152	6a
♯	35	43	23	;	59	73	3b	S	83	123	53	k	107	153	6b
$	36	44	24	<	60	74	3c	T	84	124	54	l	108	154	6c
%	37	45	25	=	61	75	3d	U	85	125	55	m	109	155	6d
&	38	46	26	>	62	76	3e	V	86	126	56	n	110	156	6e
'	39	47	27	?	63	77	3f	W	87	127	57	o	111	157	6f
(	40	50	28	@	64	100	40	X	88	130	58	p	112	160	70
)	41	51	29	A	65	101	41	Y	89	131	59	q	113	161	71
*	42	52	2a	B	66	102	42	Z	90	132	5a	r	114	162	72
+	43	53	2b	C	67	103	43	[	91	133	5b	s	115	163	73
•	44	54	2c	D	68	104	44	\	92	134	5c	t	116	164	74
—	45	55	2d	E	69	105	45	]	93	135	5d	u	117	165	75
。	46	56	2e	F	70	106	46	^	94	136	5e	v	118	166	76
/	47	57	2f	G	71	107	47	—	95	137	5f	w	119	167	77
0	48	60	30	H	72	110	48	'	96	140	60	x	120	170	78
1	49	61	31	I	73	111	49	a	97	141	61	y	121	171	79
2	50	62	32	J	74	112	4a	b	98	142	62	z	122	172	7a
3	51	63	33	K	75	113	4b	c	99	143	63	{	123	173	7b
4	52	64	34	L	76	114	4c	d	100	144	64			124	174	7c
5	53	65	35	M	77	115	4d	e	101	145	65	}	125	175	7d
6	54	66	36	N	78	116	4e	f	102	146	66	~	126	176	7e
7	55	67	37	O	79	117	4f	g	103	147	67	⌂	127	177	7f

对象、基本语法索引

附录 **B**

类型	名　　称	参考例题或章节
窗体与控件	窗体(frm)、多窗体	例1.1～例1.2、例2.11、2.6.1节
	文本框(txt)	例2.1、例3.5、2.6.1节
	RichTextBox(rtf)	例8.7
	命令按钮(cmd)	例1.1～例1.3、2.6.1节
	标签(lbl)	例1.2、例1.3、2.6.1节
	图像框(img)	例2.7、2.6.1节
	图片框(pic)	训练2.4、训练4.1、2.6.1节
	计时器(tmr)	例2.12、2.6.1节
	水平滚动条(hsb)、垂直滚动条(vsb)	例2.15、2.6.1节
	复选框(chk)	例3.5、3.4.1节
	单选按钮(opt)	例3.6、3.4.1节
	框架(fra)	例3.8、3.4.1节
	直线(lin)	例3.7、3.4.1节
	形状(shp)	例3.9、3.4.1节
	列表框(lst)	例6.5～例6.7、6.3.1节
	组合框(cbo)	例6.8、6.3.1节
	驱动器列表框(drv)、目录列表框(dir)、文件列表框(fil)	例7.1、7.4.1节
	菜单(mnu)、弹出式菜单	例8.1、例8.3
	图像列表(ils)、工具栏(tlb)、状态栏(sta)	例8.4
	多文档界面	例8.5、例8.6
	Animation	例8.8
	Windows Media Player	例8.9
	ShockWaveFlash	例8.10
	Data 控件(dat)	例9.6、例9.7
	ADO 控件(ado)、DataGrid(dgd)	例9.2～例9.4
	通用对话框(dlg)	例7.2、例7.8、7.4.1节

类型	名　　称	参考例题或章节
输入 输出	消息框	例 2.10、2.6.1 节
	输入框	例 2.14、2.6.1 节
语句	End	例 1.3
	Exit	例 4.1、例 4.6、例 5.1、例 5.4
	Dim	例 2.2
	Let	例 2.6
	If 语句	例 3.3、例 3.4
	嵌套 If 语句	例 3.8
	Select Case	例 3.9、例 3.10
	For-Next	例 4.1、例 4.4、例 4.5
	嵌套 For-Next 语句	例 4.8
	Do While-Loop	例 4.6、例 4.9、例 7.5
	Do-Loop While	例 4.7
	Call	例 5.4
	Option Base	例 6.2
	Print ♯、Write♯、Open、Close	例 7.3、例 7.5
	Line Input♯、Input♯	例 7.4
	On Error	例 7.8、7.4.4 节
	Type-End Type	例 7.6
	Get ♯、Put ♯、With-End With	例 7.7、例 7.8
	Set	例 8.6、例 9.3
方法	Print	例 1.1
	Cls	例 1.2
	SetFocus	例 2.3、2.6.1 节
	Move	例 2.12、2.6.1 节
	Show、Hide	例 2.11、2.6.1 节
	Scale、Pset、Line、Circle	例 4.3、例 4.9

说明：括号中的内容是该对象的建议前缀名。

第1章 Visual Basic 概述

基础部分

1. 正确的有：②、③ 错误的有：①、④

3.

```
Private Sub cmdChinese_Click()
    lblShow.Caption="你好"
    cmdEnglish.Visible=True
    cmdChinese.Visible=False
End Sub


Private Sub cmdEnglish_Click()
    lblShow.Caption="Hello"
    cmdEnglish.Visible=False
    cmdChinese.Visible=True
End Sub
```

提高部分

5. 正确的有：② 错误的有：①、③

7.

```
Private Sub cmdEx_Click()
    cmdEx.Enabled=False
    cmdEx.Caption="命令按钮"
    lblEx.Enabled=True
    lblEx.Caption=""
End Sub


Private Sub lblEx_Click()
```

```
    lblEx.Enabled=False
    lblEx.Caption="标签框"
    cmdEx.Enabled=True
    cmdEx.Caption=""
End Sub

Private Sub Form_DblClick()
    End
End Sub
```

第 2 章   顺序结构程序设计

基础部分

1. ④，⑤
3. 45678
5. 错误
7.

```
Private Sub tmrColor_Timer()
    Dim r As Integer
    Dim g As Integer
    Dim b As Integer
    r=Int(Rnd * 256)
    g=Int(Rnd * 256)
    b=Int(Rnd * 256)
    lblColor.BackColor=RGB(r, g, b)
End Sub
```

提高部分

9. ① −1   ② −56   ③ 2003-12-26   ④ 16   ⑤ −1212
11.

Learning BASIC Programing

13. 窗体 1 中的代码

```
Private Sub cmdCheck_Click()
    Dim a As String
    Dim ave As Double
    ave= (Val(lbl1.Caption)+Val(lbl2.Caption)+Val(lbl3.Caption))/3
    a="平均值为:"& Format(ave, "##.##")
    frmTi2_13_2.lblAns.Caption=a
```

```
        frmTi2_13_1.Hide
        frmTi2_13_2.Show
        tmrClose.Enabled=True
End Sub

Sub tmrClose_Timer()
        frmTi2_13_2.Hide
        frmTi2_13_1.Show
        tmrClose.Enabled=False
End Sub

Private Sub cmdNext_Click()
        Form_Load
        txtAve.Text=""
        txtAve.SetFocus
End Sub

Private Sub Form_Load()
        Randomize
        lbl1.Caption=Int(Rnd * 90)+10
        lbl2.Caption=Int(Rnd * 90)+10
        lbl3.Caption=Int(Rnd * 90)+10
End Sub

Private Sub cmdEnd_Click()
        End
End Sub
```

第3章　分支结构程序设计

基础部分

1.

```
Dim f As Integer

Private Sub tmrShow_Timer()
    If f=0 Then                              '第1轮照射
        shpLight.Left=shpLight.Left+200
        If shpLight.Left>=frmTi3_1.Width-shpLight.Width Then
            shpLight.Left=0
            f=1
        End If
```

```
        Else                                          '第2轮照射
            shpLight.Width=shpLight.Width+200
            If shpLight.Width>=frmTi3_1.Width Then
                shpLight.Width=600
                f=0
            End If
        End If
    End If
End Sub
```

3.

```
Private Sub txtInput_Change()
    Dim s As String
    s=Right(txtInput.Text, 1)
    If s=" " Then
        lblSpc.Caption=Val(lblSpc.Caption)+1
    End If
    If s>="A" And s<="Z" Or s>="a" And s<="z" Then
        lblChar.Caption=Val(lblChar.Caption)+1
    End If
End Sub
```

5.

```
Private Sub cmdOk_Click()
    If optFlag.Value=True Then
        imgFlag.Visible=True
        lblCapital.Visible=False
        If optCn.Value=True Then
            imgFlag.Picture=LoadPicture("d:\MyVB\中国.gif ")
        Else
            imgFlag.Picture=LoadPicture("d:\MyVB\美国.gif")
        End If
    Else
        imgFlag.Visible=False
        lblCapital.Visible=True
        If optCn.Value=True Then
            lblCapital.Caption="首都是北京"
        Else
            lblCapital.Caption="首都是华盛顿"
        End If
    End If
End Sub
```

7.

```
Dim i As Integer
```

```
Private Sub Form_KeyPress(KeyAscii As Integer)
    If KeyAscii=13 Then
        If i=0 Then
            tmrChange.Enabled=False
        Else
            tmrChange.Enabled=True
        End If
    End If
    i=Not i
End Sub


Private Sub tmrChange_Timer()
    Dim a As Long
    Dim b As Long
    Randomize
    a=Int(Rnd * 100000)
    b=Int(Rnd * 100000)
    lblData.Caption=Format(a, "00000")&Format(b, "00000")
End Sub
```

提高部分

9.

```
Private Sub cmdJud_Click()
    Dim firstdate As Date, firstweekday As Integer
    If Val(txtYear.Text)>=2000 And Val(txtMonth.Text)>=1
    And Val(txtMonth.Text)<=12 Then
        firstdate=CDate(txtMonth.Text&" 1,"&txtYear.Text)
        firstweekday=Weekday(firstdate)
        Select Case firstweekday
            Case 1
                lblMsg.Caption="星期日"
            Case 2
                lblMsg.Caption="星期一"
            Case 3
                lblMsg.Caption="星期二"
            Case 4
                lblMsg.Caption="星期三"
            Case 5
                lblMsg.Caption="星期四"
            Case 6
                lblMsg.Caption="星期五"
            Case 7
                lblMsg.Caption="星期六"
```

```
        End Select
    Else
        MsgBox "不合法数据!,重试"
        txtYear.Text=""
        txtMonth.Text=""
        txtYear.SetFocus
    End If
End Sub

Private Sub cmdExit_Click()
    End
End Sub
```

第 4 章　循环结构程序设计

基础部分

1.

```
Private Sub cmdCal_Click()
    Dim all As Integer, i As Integer
    Dim sps As Integer, capital As Integer, small As Integer
    Dim s As String
    all=Len(txtInput.Text)
    For i=1 To all
        s=Mid(txtInput.Text, i, 1)
        If s=" " Then
            sps=sps+1
        End If
        If s>="A" And s<="Z" Then
            capital=capital+1
        End If
        If s>="a" And s<="z" Then
            small=small+1
        End If
    Next i
    lblSpace.Caption=sps
    lblLetter.Caption=capital+small
    lblCapital.Caption=capital
    lblSmall.Caption=small
End Sub
```

3.

```
Private Sub Form_Activate()
    Dim i As Integer, j As Integer
    Dim mul As Integer
    For i=1 To 9                          '从第 1 行至第 9 行
        For j=1 To i                      '从第 1 列至第 i 列
            mul=i * j
            picShow.Print i & " * " & j & "=" & Format(mul, "@@") & " ";
        Next j
        picShow.Print                     '换行
    Next i
End Sub
```

5.

```
Private Sub cmdInput_Click()
    Dim x1 As Integer, y1 As Integer
    Dim x2 As Integer, y2 As Integer
    Dim n As Integer, ans As Integer
    x1=200:   y1=100
    x2=1200: y2=100
    ans=Val(InputBox("请输入 0 或 1(输入 0 或单击"取消"按钮结束循环)", "输入数据", 1))
    Do While ans<>0
        If ans=1 Then
            n=n+1
            If n Mod 5=0 Then
                frmTi4_5.DrawWidth=3
            Else
                frmTi4_5.DrawWidth=1
            End If
            Line(x1, y1)-(x2, y2), QBColor(9)
            y1=y1+100: y2=y2+100
        Else
            MsgBox "非法数据,请重新输入!"
        End If
        ans=Val(InputBox("请输入 0 或 1(输入 0 或单击"取消"按钮结束循环)", "输入数
            据", 1))
    Loop
End Sub


Private Sub cmdEnd_Click()
    End
End Sub
```

提高部分

7.

```
Private Sub Form_Activate()
    Dim i As Long
    Dim t As Single
    Dim x As Single, y As Single
    Scale(-15, 15)-(15,-15)            '自定义坐标系,使窗体的中心点为坐标原点
    For t=0 To 12 Step 0.01            '步长足够小,绘制的点较密集,形成线条
        x=t*Cos(t)
        y=t*Sin(t)
        PSet(x, y)
        For i=1 To 500000              '时间延迟
        Next i
    Next t
End Sub
```

第 5 章　过　　程

基础部分

1. 错误(也可以是 Sub Main 过程)

3.

【1】Dim s As Integer
【2】If　s=0 Then
```
            Image1.Picture=LoadPicture("f1.bmp")
        Else
            Image1.Picture=LoadPicture("f2.bmp")
        End  If
```

5.

```
Private Sub cmdCal_Click()
    Dim n As Integer
    Dim s As Double
    n=Val(txtIn.Text)
    s=myFun1(n)
    MsgBox "计算结果是:"&s
End Sub


Private Function myFun1(n As Integer)As Double
    Dim i As Integer
```

```
    Dim sum As Double
    For i=1 To n Step 2
        sum=sum+i/(i+1)
    Next i
    myFun1=sum
End Function


Private Sub cmdEnd_Click()
    End
End Sub
```

7.

```
Private Sub Form_Click()
    Dim i As Integer
    Dim s As String
    Cls
    s=InputBox("输入一个字符:", "输入框")
    s=Left(s, 1)
    If s<>"" Then
        MySub s
    End If
End Sub


Private Sub MySub(s As String)
    Dim i As Integer, j As Integer
    For i=1 To 8
        Print Tab(15-i);              '将光标移至第15-i列
        For j=1 To i
            Print s;
        Next j
        Print
    Next i
End Sub
```

提高部分

9.

```
Function MySum1(n As Integer)As Double
    If n=1 Then
        MySum1=1
    Else
        MySum1=n * n+MySum1(n-1)
    End If
End Function
```

```
Private Sub cmdCal_Click()
    Dim n As Integer
    Dim s As Double
    n=Val(txtIn.Text)
    s=MySum1(n)
    Select Case n
        Case 1
            MsgBox "1*1"&"的值为"&s
        Case 2
            MsgBox "1*1+2*2"&"的值为"&s
        Case Is>2
            MsgBox "1*1+2*2+?-+"&n&"*"&n&"的值为"&s
        Case Else
            MsgBox "不合法数据!"
            txtIn.Text=""
    End Select
End Sub
```

第6章　数　　组

基础部分

1.

```
Dim a(1 To 10)As Integer

Private Sub Form_Load()
    Dim i As Integer
    Randomize
    For i=1 To 10
        a(i)=Int(Rnd*100)+1
        lblData1.Caption=lblData1.Caption&" "&a(i)
    Next i
End Sub

Private Sub cmdMove_Click()
    Dim t1 As Integer, t2 As Integer
    Dim i As Integer
    t1=a(10) : t2=a(9)
    For i=10 To 3 Step-1
        a(i)=a(i-2)
    Next i
    a(2)=t1
```

```
        a(1)=t2
        For i=1 To 10
            lblData2.Caption=lblData2.Caption&" "&a(i)
        Next i
    End Sub
```

3.

```
Dim a(1 To 11)As Integer

Private Sub cmdInsert_Click()
    Dim pos As Integer
    Dim x As Integer
    Dim i As Integer
    pos=Val(InputBox("请输入插入位置(1--10):","输入框","1"))
    lblPos.Caption=pos
    x=Val(InputBox("请输入插入数据(10--99):","输入框","10"))
    lblData.Caption=x
    For i=10 To pos Step-1
        a(i+1)=a(i)
    Next i
    a(pos)=x
    For i=1 To 11
        lblData2.Caption=lblData2.Caption&a(i)&" "
    Next i
End Sub

Private Sub Form_Load()
    Dim i As Integer
    Randomize
    For i=1 To 10
        a(i)=Int(Rnd*90)+10
        lblData1.Caption=lblData1.Caption&a(i)&" "
    Next i
End Sub
```

5.

```
Private Sub cmdCopy_Click()
    If cboLeft.Text<>"" Then
        a=MsgBox("要复制数据"&cboLeft.Text&"吗?",vbOKCancel+vbQuestion,"数据
        确认")
        If a=1 Then
            lstRight.AddItem cboLeft.Text,0
        End If
    End If
```

```
End Sub

Private Sub cmdDel_Click()
    lstRight.Clear
End Sub

Private Sub cmdIn_Click()
    If cboLeft.Text<>"" Then
        cboLeft.AddItem cboLeft.Text
    End If
End Sub

Private Sub cmdMove_Click()
    If cboLeft.ListIndex<>-1 Then
        a=MsgBox("要移动数据"&cboLeft.Text&"吗?", vbOKCancel+vbQuestion, "数据
        确认")
        If a=1 Then
            lstRight.AddItem cboLeft.Text, 0
            cboLeft.RemoveItem cboLeft.ListIndex
        End If
    End If
End Sub

Private Sub Form_Load()
    Dim i As Integer, a As Integer
    For i=1 To 20
        a=Int(Rnd * 900)+100
        cboLeft.AddItem a
    Next i
End Sub
```

7.

```
Private Sub cmdStart_Click()
    Dim i As Integer
    Dim dot As Integer
    Dim num(1 To 6)As Integer
    lblPoint.Caption=""
    Randomize
    For i=1 To 50
        dot=Int(Rnd * 6)+1
        lblPoint.Caption=lblPoint.Caption&dot & " "
        num(dot)=num(dot)+1
    Next i
    For i=1 To 6
```

```
        lblNum(i).Caption=num(i)
    Next i
End Sub
```

提高部分

9.

```
Option Base 1

Private Sub cmdTG_Click()
    Dim a()As Integer
    Dim i As Long, n As Integer
    Dim x As Double
    For i=2 To 999
        x=i * i
        If x Mod 10=i Or x Mod 100=i Or x Mod 1000=i Then
            n=n+1
            ReDim Preserve a(n)As Integer
            a(n)=i
        End If
    Next i
    For i=1 To n
        lstTG.AddItem a(i)
    Next i
End Sub
```

11.

```
Option Base 1
Dim a(5, 5)As Integer

Private Sub Form_Activate()
    Dim i As Integer, j As Integer
    Randomize
    For i=1 To 5
        lblAve(i).Caption=""
        For j=1 To 5
            a(i, j)=Int(Rnd * 100)
            Picture1.Print Format(a(i, j), "@@@");
        Next j
        Picture1.Print
    Next i
End Sub

Private Sub cmdCal_Click()
```

```
    Dim i As Integer, j As Integer
    Dim datasum As Integer, dataave As Single
    For i=1 To 5
        datasum=0
        For j=1 To 5
            datasum=datasum+a(i, j)
        Next j
        dataave=datasum/5
        lblAve(i).Caption=Format(dataave, "##.0")
    Next i
End Sub
```

第7章 文　　件

基础部分

1.

```
Private Sub cboFile_Click()
    Select Case cboFile.ListIndex
        Case 0
            filFile.Pattern="*.*"
        Case 1
            filFile.Pattern="*.doc"
        Case 2
            filFile.Pattern="*.xls"
        Case 3
            filFile.Pattern="*.txt"
        Case 4
            filFile.Pattern="*.bmp"
        Case 5
            filFile.Pattern="*.vbp"
    End Select
End Sub

Private Sub dirFile_Change()
    filFile.Path=dirFile.Path
End Sub

Private Sub drvFile_Change()
    dirFile.Path=drvFile.Drive
End Sub
```

```vb
Private Sub filFile_Click()
    If Right(filFile.Path, 1)="\" Then
        MsgBox "选中的文件是"&filFile.Path&filFile.FileName
    Else
        MsgBox "选中的文件是"&filFile.Path&"\"&filFile.FileName
    End If
End Sub


Private Sub Form_Load()
    cboFile.AddItem "所有文件(*.*)"
    cboFile.AddItem "Word文件(*.doc)"
    cboFile.AddItem "Execl文件(*.xls)"
    cboFile.AddItem "Txt文件(*.txt)"
    cboFile.AddItem "Bmp文件(*.bmp)"
    cboFile.AddItem "工程文件(*.vbp)"
    cboFile.ListIndex=0
End Sub
```

3.

```vb
Private Sub cmdAdd_Click()
    dlgFile.DialogTitle="选择文件"
    dlgFile.ShowOpen
    txtFile.Text=txtFile.Text&dlgFile.FileName&Chr(13)&Chr(10)
End Sub


Private Sub cmdSave_Click()
    dlgFile.DialogTitle="保存文件"
    dlgFile.ShowSave
    Open dlgFile.FileName For Output As #1
    Print #1, txtFile.Text
    Close #1
End Sub
```

提高部分

5.

```vb
Option Base 1

Private Type Student            '自定义记录类型 Student
    code As String * 8          '学号
    score As Integer            '成绩
End Type


Dim stu() As Student            '动态记录类型数组,用于存放学生信息
```

```
    Dim num As Integer                        '已输入的学生人数

Private Sub cmdAdd_Click()
    num=num+1
    ReDim Preserve stu(num)As Student
    stu(num).code=txtCode.Text
    stu(num).score=Val(txtScore.Text)
    lstCode.AddItem Format(stu(num).code, "00000000")
    lstScore.AddItem stu(num).score
    txtCode.Text=""
    txtScore.Text=""
    txtCode.SetFocus
End Sub

Private Sub cmdSave_Click()
    Dim i As Integer
    dlgSave.CancelError=True
    On Error GoTo ErrorHandler
    With dlgSave
        .DialogTitle="保存文件"
        .Filter="*.dat|*.dat"
        .Flags=3
        .Action=2
    End With
    Open dlgSave.FileName For Output As #1
    For i=1 To num
        Print #1, stu(i).code
        Print #1, stu(i).score
    Next i
    Close #1
    Exit Sub
ErrorHandler:
    MsgBox "保存文件失败!", 16, "错误信息"
End Sub

7.

Private Type Student
    name As String*8
    code As String*8
    score As Integer
End Type

Private Sub cmdAdd_Click()
    txtName.Locked=False
```

```
        txtCode.Locked=False
        txtScore.Locked=False
        txtName.Text=""
        txtCode.Text=""
        txtScore.Text=""
        txtName.SetFocus
        cmdAdd.Enabled=False
        cmdDel.Enabled=False
        cmdSave.Enabled=True
End Sub

Private Sub cmdDel_Click()
        Dim i As Integer, j As Integer
        Dim num As Integer
        Dim stu As Student
        Dim reclen As Integer
        reclen=Len(stu)
        Open "Message.dat" For Random As #1 Len=reclen
        Open "temp.dat" For Random As #2 Len=reclen
        num=LOF(1)/reclen
        j=1
        For i=1 To num
            Get #1, i, stu
            If stu.code<>txtCode.Text Then
                Put #2, j, stu
                j=j+1
            End If
        Next i
        Close #1
        Close #2
        Kill " Message.dat "
        Name "temp.dat" As "Message.dat"
        Form_Load
End Sub

Private Sub cmdSave_Click()
        Dim num As Integer                   '文件中保存的学生信息条数
        Dim stu As Student
        Dim reclen As Integer                '每条记录的长度,字节数
        stu.name=txtName.Text
        stu.code=Format(txtCode.Text, "00000000")
        stu.score=Val(txtScore.Text)
        txtName.Text=""
        txtCode.Text=""
```

```
        txtScore.Text=""
        txtName.Locked=True
        txtCode.Locked=True
        txtScore.Locked=True
        cmdDel.Enabled=False
        cmdSave.Enabled=False
        cmdAdd.Enabled=True
        reclen=Len(stu)
        Open "Message.dat" For Random As #1 Len=reclen
        num=LOF(1)/reclen
        Put #1, num+1, stu
        lstCode.Clear
        For i=1 To num+1
            Get #1, i, stu
            lstCode.AddItem Trim(stu.code)
        Next i
        Close #1
    End Sub

    Private Sub Form_Load()
        Dim i As Integer
        Dim num As Integer          '文件中保存的学生信息条数
        Dim stu As Student
        Dim reclen As Integer       '每条记录的长度,字节数
        txtName.Text=""
        txtCode.Text=""
        txtScore.Text=""
        txtName.Locked=True
        txtCode.Locked=True
        txtScore.Locked=True
        cmdAdd.Enabled=True
        cmdDel.Enabled=False
        cmdSave.Enabled=False
        lstCode.Clear
        reclen=Len(stu)
        Open "Message.dat" For Random As #1 Len=reclen
        num=LOF(1)/reclen
        For i=1 To num
            Get #1, i, stu
            lstCode.AddItem Trim(stu.code)
        Next i
        Close #1
    End Sub
```

```
Private Sub lstCode_Click()
    Dim i As Integer
    Dim num As Integer
    Dim stu As Student
    Dim reclen As Integer
    reclen=Len(stu)
    Open "message.dat" For Random As #1 Len=reclen
    num=LOF(1)/reclen
    For i=1 To num
        Get #1, i, stu
        If stu.code=lstCode.Text Then
            txtName.Text=Trim(stu.name)
            txtCode.Text=stu.code
            txtScore.Text=stu.score
            Exit For
        End If
    Next i
    Close #1
    cmdAdd.Enabled=True
    cmdDel.Enabled=True
    cmdSave.Enabled=False
    txtName.Locked=True
    txtCode.Locked=True
    txtScore.Locked=True
End Sub
```

第 8 章　菜 单 设 计

基础部分

1.

```
Private Sub mnuMax_Click()
    Dim max As Integer
    Dim datastr As String
    Open "data.dat" For Input As #1
    max=0
    txtOut.Text=""
    Do While Not EOF(1)
        Line Input #1, datastr
        txtOut.Text=txtOut.Text&datastr&"  "
        If max<Val(datastr)Then max=Val(datastr)
    Loop
```

```
        lblValue.Caption="最大值是:"&max
        Close #1
End Sub


Private Sub mnuMin_Click()
        Dim min As Integer
        Dim datastr As String
        Open "data.dat" For Input As #1
        Line Input #1, datastr
        min=Val(datastr)
        txtOut.Text=datastr&"   "
        Do While Not EOF(1)
            Line Input #1, datastr
            txtOut.Text=txtOut.Text&datastr&"   "
            If min>Val(datastr)Then min=Val(datastr)
        Loop
        lblValue.Caption="最小值是:"&min
        Close #1
End Sub


Private Sub mnuAve_Click()
        Dim sum As Integer, n As Integer
        Dim ave As Double
        Dim datastr As String
        Open "data.dat" For Input As #1
        txtOut.Text=""
        Do While Not EOF(1)
            Line Input #1, datastr
            txtOut.Text=txtOut.Text&datastr&"   "
            sum=sum+Val(datastr)
            n=n+1
        Loop
        ave=sum/n
        lblValue.Caption="平均值是:"&Format(ave,"##.##")
        Close #1
End Sub


Private Sub mnuNew_Click()
        Dim ans As String
        Open "data.dat" For Output As #1
        ans=InputBox("请输入正整数(输入0结束):","输入数据",0)
        Do While Val(ans)<>0
            If Val(ans)>0 Then
                Print #1, ans
```

```
            txtOut.Text=txtOut.Text&ans&"   "
        Else
            MsgBox "输入数据错误,请重新输入……", 16, "错误信息"
        End If
        ans=InputBox("请输入正整数(输入 0 结束):", "输入数据", 0)
    Loop
    Close #1
End Sub


Private Sub mnuAdd_Click()
    Dim ans As String
    Open "data.dat" For Append As #1
    ans=InputBox("请输入正整数(输入 0 结束):", "输入数据", 0)
    Do While Val(ans)<>0
        If Val(ans)>0 Then
            Print #1, ans
            txtOut.Text=txtOut.Text&ans&"   "
        Else
            MsgBox "输入数据错误,请重新输入……", 16, "错误信息"
        End If
        ans=InputBox("请输入正整数(输入 0 结束):", "输入数据", 0)
    Loop
    Close #1
End Sub
```

提高部分

3. "记事本"窗体代码如下:

```
Private Sub tlbEdit_ButtonClick(ByVal Button As MSComctlLib.Button)
    Select Case Button.Index
        Case 1: mdifrm8_3.staNotepad.Panels(1)="复制"
                Clipboard.SetText rtfWord.SelText
        Case 2: mdifrm8_3.staNotepad.Panels(1)="剪切"
                Clipboard.SetText rtfWord.SelText
                rtfWord.SelText=""
        Case 3: mdifrm8_3.staNotepad.Panels(1)="粘贴"
                rtfWord.SelText=Clipboard.GetText
        Case 4: mdifrm8_3.staNotepad.Panels(1)="时间"
                rtfWord.SelText=Time()
    End Select
End Sub
```

"父窗体"窗体代码如下:

```
Private Sub MDIForm_Activate()
```

```
    frmTi8_3.Hide
    mdiTi8_3.SetFocus
End Sub


Private Sub mnuExit_Click()
    staNotepad.Panels(1).Text="退出"
    End
End Sub


Private Sub mnuNew_Click()
    staNotepad.Panels(1).Text="新建"
    frmTi8_3.Show
    frmTi8_3.rtfWord=""
End Sub


Private Sub mnuOpen_Click()
    Dim fname As String
    staNotepad.Panels(1).Text="打开"
    dlgFile.ShowOpen
    fname=dlgFile.FileName
    If Right(fname, 3)="txt" Then
        frmTi8_3.rtfWord.LoadFile fname, 1
    ElseIf Right(fname, 3)="rtf" Then
        frmTi8_3.rtfWord.LoadFile fname, 0
    Else
        MsgBox "文件类型错!"
    End If
End Sub


Private Sub tmrClock_Timer()
    staNotepad.Panels(2).Text=Time()
End Sub
```

第9章　访问数据库

基础部分

1.（不用编写代码）

3.

```
Private Sub cmdSearch_Click()
    Dim income As Single
    income=Val(InputBox("请输入月收入", "查询"))
```

```
    adoWork.Recordset.MoveFirst
    adoWork.Recordset.Filter="月收入>"&income
    If adoWork.Recordset.EOF=True Then
        MsgBox "未找到所需信息!",,"提示"
        adoWork.RecordSource="职工基本信息"
        adoWork.Refresh
    End If
End Sub
```

提高部分

5.

```
Private Sub Form_Load()
    Combo1.AddItem "1000-2000"
    Combo1.AddItem "2000-3000"
    Combo1.AddItem "3000-4000"
    Combo1.AddItem "全部"
End Sub


Private Sub Combo1_Click()
    Select Case Combo1.ListIndex
        Case 0
            datWork.RecordSource="select * from 职工基本信息
            where 月收入>=
            1000 And 月收入<2000"
        Case 1
            datWork.RecordSource="select * from 职工基本信息
            where 月收入>=
            2000 And 月收入<3000"
        Case 2
            datWork.RecordSource="select * from 职工基本信息
            where 月收入>=
            3000 And 月收入<4000"
        Case 3
            datWork.RecordSource="select * from 职工基本信息 "
    End Select
    datWork.Refresh
End Sub
```

上机考试样题

（完成时间 90 分钟）

一、编程题 1（本大题共 3 个小题，共 15 分）

1. 如图 1.1 所示设计窗体界面，其中包括 1 个标签（黄色底纹，蓝色前景色，居中对齐）和 2 个命令按钮（【英文】命令按钮不可用）。要求窗体标题为本人学号和姓名。

2. 请实现如下功能：单击【中文】按钮，标签中显示"你好"，同时【英文】按钮可用，而【中文】按钮不可用，如图 1.2 所示。

图 1.1　编程题 1 的界面设计

图 1.2　运行界面

3. 请实现如下功能：单击【英文】按钮，标签中显示"Hello"，同时【中文】按钮可用，而【英文】按钮不可用。

二、编程题 2（本大题共 5 个小题，共 25 分）

1. 如图 2 所示设计窗体 1 和窗体 2，其中窗体 1 中包括 1 个文本框和 2 个命令按钮；窗体 2 中包括 1 个标签（红色背景）、2 个单选按钮（【红色】单选按钮处于选中状态）和 1 个命令按钮。2 个窗体标题均为本人学号和姓名。

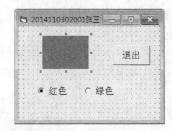

图 2　编程题 2 的界面设计

2.请实现如下功能:在窗体1中,单击【产生数据】按钮,随机产生一个[1,100]范围内的整数显示在文本框中。

3.请实现如下功能:在窗体1中,单击【切换】按钮,进入窗体2。

4.请实现如下功能:在窗体2中,单击【绿色】单选按钮,标签的背景变为绿色(vbGreen),单击【红色】单选按钮,标签的背景变为红色(vbRed)。

5.请实现如下功能:在窗体2中,单击【退出】按钮,结束整个程序。

三、编程题3(本大题共2个小题,共15分)

1. 如图3所示设计窗体,其中包括1个计时器、1个图像框和2个命令按钮。要求窗体标题为本人学号和姓名。

图3 编程题3的界面设计

2. 请实现如下功能:单击【前进】按钮,图形缓慢向右移动;单击【停止】按钮,图形停止移动。

四、编程题4(本大题共5个小题,共20分)

1. 如图4.1所示设计窗体,其中包括1个水平滚动条(取值范围是1~100)、3个标签和2个命令按钮。要求窗体的标题为本人学号和姓名。

2. 请实现如下功能:当改变滚动条的值时,在标签中显示滚动条当前值,如图4.2所示。

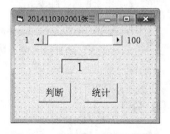

图4.1 编程题4的界面设计

图4.2 显示滚动条当前值

3. 请实现如下功能:单击【判断】按钮,判断标签中的数是奇数还是偶数,并以消息框的形式显示判断结果,如图4.3所示。

4.请实现如下功能：编写名为 MyFun 的函数，返回 1 到 n 中能被 3 整除的整数个数。

5.单击【统计】按钮，调用函数 MyFun 计算 1 到 n 中能被 3 整除的整数个数并在标签中显示结果，如图 4.4 所示(其中 n 的值为滚动条当前值)。

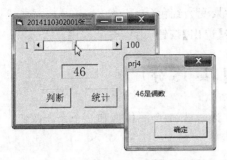

图 4.3　消息框显示判断结果　　　　　　图 4.4　显示统计结果

五、编程题 5(本大题共 3 个小题，共 15 分)

准备工作：将"给学生"文件夹中"第五题"文件夹内的所有文件复制到本人本大题文件夹中。本题窗体和工程文件不必改文件名。

1.请实现如下功能：单击【添加】按钮，弹出如图 5.1 所示的输入框接受用户输入，并将其添加到列表框中。

2.请实现如下功能：单击【删除】按钮，将列表框中当前所选列表项删除。

3.请实现如下功能：单击【项数】按钮，在标签中显示列表框当前项目数，如图 5.2 所示。

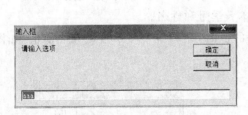

图 5.1　输入框　　　　　　　　图 5.2　显示列表项个数

六、编程题 6(本大题共 3 个小题，共 10 分)

1.如图 6.1 所示设计窗体，其中包括 1 个菜单(包括 4 个菜单项)、1 个框架和 2 个复选框(均放在框架内，且处于未选中状态)。要求窗体的标题为本人学号和姓名。菜单设计如图 6.2 所示。

2. 请实现如下功能：单击【选项 1】菜单项时，使【选项 1】复选框处于选中状态，如图 6.3 所示；单击【选项 2】菜单项时，使【选项 2】复选框处于选中状态。

图 6.1 编程题 6 的界面设计

图 6.2 菜单设计

图 6.3 单击【选项 1】菜单项时

3. 请实现如下功能：单击【清空】菜单项时，使两个复选框均处于未选中状态。

参 考 文 献

[1] 谭浩强,薛淑斌,袁枚编著.Visual BASIC 程序设计(第 3 版).北京:清华大学出版社,2012
[2] 龚沛曾,杨志强,陆慰民编著.Visual Basic 程序设计教程(第 3 版).北京:高等教育出版社,2001
[3] 崔武子,李青,李红豫,鞠慧敏编著.C 程序设计教程(第 3 版).北京:清华大学出版社,2012